高等学校计算机专业系列教材

数据库技术及应用

林育蓓 汤德佑 汤娜 ●编著

机械工业出版社
CHINA MACHINE PRESS

本书在内容组织上采用了双主线的结构。一是以数据库基础理论与应用技术为主线，沿着"问题的提出—数据建模—数据库设计—数据库实现与维护—数据管理技术前沿与发展"的脉络逐步展开叙述。二是以数据库应用系统设计与实现的案例为主线，以师生熟悉的教务信息管理为背景，以一个开发案例贯穿全书：从软件工程角度出发，先概述软件工程开发方法，再介绍数据库应用系统设计与实现的具体流程，包括数据库概念结构设计、数据库逻辑结构设计与优化、关系数据库的实现与外模式设计、关系数据库的行为设计、数据库的连接与用户界面设计等。

　　本书适合作为高等学校"数据库技术及应用"课程的教材，也适合作为数据库相关专业人士的参考书。

图书在版编目（CIP）数据

数据库技术及应用 / 林育蓓，汤德佑，汤娜编著 .—北京：机械工业出版社，2024.4
高等学校计算机专业系列教材
ISBN 978-7-111-75254-7

Ⅰ.①数…　　Ⅱ.①林…　②汤…　③汤…　　Ⅲ.①数据库系统 – 高等学校 – 教材　　Ⅳ.① TP311.13

中国国家版本馆 CIP 数据核字（2024）第 049139 号

机械工业出版社（北京市百万庄大街 22 号　邮政编码 100037）
策划编辑：关　敏　　　　　　　　　　责任编辑：关　敏　　王　芳
责任校对：杜丹丹　　薄萌钰　　韩雪清　　责任印制：任维东
天津嘉恒印务有限公司印刷
2024 年 6 月第 1 版第 1 次印刷
185mm × 260mm · 18.75 印张 · 439 千字
标准书号：ISBN 978-7-111-75254-7
定价：79.00 元

电话服务　　　　　　　网络服务
客服电话：010-88361066　机　工　官　网：www.cmpbook.com
　　　　　010-88379833　机　工　官　博：weibo.com/cmp1952
　　　　　010-68326294　金　书　网：www.golden-book.com
封底无防伪标均为盗版　机工教育服务网：www.cmpedu.com

前　言

　　数据库技术是信息时代计算机领域应用最广泛的技术之一。数据库技术相关课程不仅是计算机及相关专业的必修课，也是面向非计算机专业的计算机公共基础核心课程。本书结合华南理工大学计算机公共基础教学的教学计划和特点，针对大学本科一年级第二学期开设的"数据库技术及应用"课程而编写。本书作为"数据库技术及应用"课程的配套教材，教学目标是培养和提高学生运用数据库技术管理、加工和利用数据的意识与能力。

　　考虑到读者众多，计算机基础参差不齐，为了令读者理解本书的知识并掌握使用数据库技术解决实际问题的步骤和方法，本书在内容组织上采用了双主线的结构：一是以数据库基础理论与应用技术为主线，包括了第 1 章（从数据到信息）、第 2 章（数据模型）、第 3 章（数据库系统概述）、第 4 章（关系数据模型）、第 5 章（关系运算）、第 6 章（关系模式的规范化）、第 7 章（关系数据库标准语言 SQL）、第 8 章（数据保护技术）、第 9 章（应用系统开发技术）和第 10 章（大数据时代的数据管理），沿着"问题的提出—数据建模—数据库设计—数据库实现与维护—数据管理技术前沿与发展"的脉络逐步展开叙述。二是以数据库应用系统设计与实现的案例为主线，以师生熟悉的教务信息管理为背景，以一个开发案例贯穿全书：从软件工程角度出发，先概述软件工程开发方法，再介绍数据库应用系统设计与实现的具体流程，包括数据库概念结构设计、数据库逻辑结构设计与优化、关系数据库的实现与外模式设计、关系数据库的行为设计、数据库的连接与用户界面设计等。这两条主线相互穿插，使得读者能够将理论应用到实践。结合基于项目的课程教学法，在授课时，教师可以让学生分组完成一个课程设计大作业，使学生能够通过实践加深对理论知识的理解。为了减少学生的畏难情绪，编者在授课时把课程设计大作业拆分成若干个小任务，每一个小任务都和数据库应用系统设计与实现这条主线上的一个步骤相对应。学生参考数据库应用系统设计与实现案例中的步骤，可举一反三，将案例中介绍的知识迁移到小组要解决的问题领域，从而完成课程设计大作业。

　　为了配合课程思政教育的开展，本书在数据管理技术的发展史、数据安全等方面融入了思政教育元素，弘扬社会主义核心价值观和爱国主义精神，培养学生的法律意识和职业道德观。本书以国产开源数据库产品华为 openGauss 作为实践环境。由于 openGauss 的部署对软硬件环境有一定的要求，对于非计算机专业的学生来说有一定的难度，因此本书附录中提供了 Win10 下 openGauss 的安装指引。目前，市面上的数据库产品有很多，学生在做实验时可以根据自有设备条件以及所解决问题的实际情况，选择合适的数据库产品。

　　本书共 10 章，其中，第 1 ～ 6 章、数据库应用系统设计与实现（一）～（六）、课程设计任务 1 ～ 6、附录由林育蓓编写，第 7 章由林育蓓与汤娜共同编写，第 8 章由汤娜编写，第 9 和 10 章、数据库应用系统设计与实现（七）、课程设计任务 7 由汤德佑编写。全书由林育蓓统稿。

　　本书是 2019 年广东省在线开放课程——"数据库技术及应用"的配套教材，课程已在华南理工大学"雨课堂"平台上免费开放。课程配套资源包括课件、习题库与微视频，有需要的读者可以发邮件到 *yupilin@scut.edu.cn* 向作者索取。

教师采用本书作为教材，组织教学时可参考以下教学计划（见表 0-1），其中第 7 ～ 10 章上机实验的详细步骤在习题参考答案中给出，供读者参考。

表 0-1 教学计划

教学内容	学时	学生完成内容
第 1 章 从数据到信息	2	3 ～ 4 人组成一队并选定课程设计题目
数据库应用系统设计与实现（一）	2	课程设计任务 1
第 2 章 数据模型	4	课程设计任务 2
数据库应用系统设计与实现（二）		
第 3 章 数据库系统概述	2	—
第 4 章 关系数据模型	2	课程设计任务 3
数据库应用系统设计与实现（三）		
第 5 章 关系运算（理论基础）	4	—
第 6 章 关系模式的规范化	4	课程设计任务 4
数据库应用系统设计与实现（四）		
第 7 章 关系数据库标准语言 SQL	6	课程设计任务 5
数据库应用系统设计与实现（五）		
—	4	上机实验（一）
第 8 章 数据保护技术	2	—
数据库应用系统设计与实现（六）		课程设计任务 6
—	2	上机实验（二）
第 9 章 应用系统开发技术	2	—
数据库应用系统设计与实现（七）		课程设计任务 7
—	2	上机实验（三）
第 10 章 大数据时代的数据管理	2	上机实验（四）
总学时		30 理论学时 +10 实验学时

本书吸取了众多数据库从业人员和教学工作者的智慧成果与经验；本书的出版得到了 2019 年广东省在线开放课程项目、2019 年华南理工大学本科特色课程项目、2021 年华南理工大学软件学院一流本科课程遴选培育项目、2021 年华南理工大学软件学院精品教材建设项目的资助，也有赖于机械工业出版社工作人员的辛勤付出，在此一并致谢。

尽管本书作者教授数据库课程多年，但是本书仍难免会出现错误或不妥之处，望读者不吝批评指正，谢谢！

编者

2023 年 9 月于广州

目　录

第 1 章　从数据到信息

人类的发展历史可以被视为一部数据编年史。在语言和文字还没出现时，人类的结绳记事就是一种最朴素的数据记录方式。随着要记录的事物越来越多，结与事物的对应变得越来越困难。在这样的背景下，文字诞生了。人们开始用文字把要记录的事物刻在龟背和兽骨上。随着时间的推移和文明的进步，人类记录数据的方式越来越多样化。从用笔墨记事，到用电子计算机存储和处理数据，再到如今移动互联网时代我们可以通过云端对数据进行虚拟化存储和管理，并从中提炼出有价值的信息来指导生产与生活，数据与信息技术在人类社会发展中占据了越来越重要的地位。

本章将会介绍数据与信息的概念，以及如何从数据中获取信息。在学习本章时，请思考以下两个问题：①为何要存储数据？②为何要获取信息？在学习一种新技术之前，我们有必要知道这种技术被发明出来的缘由。

1.1　数据、信息和数据处理

1.1.1　数据

要介绍数据库技术，首先得从数据讲起。数据（Data）是指人类为记录客观事物的性质、状态以及相互关系等而使用的可以鉴别的物理符号。它不仅可以是数字，还可以是具有一定意义的文字、符号、图形等。在电子计算机诞生之后，在计算机科学领域，数据是指所有能被计算机存储与处理、反映客观事实的物理符号。在计算机的世界里，数据的表现形式是多种多样的，有数字、文本、图形、图像、音频、视频、动画、网页等。例如，我们要记录雷暴雨天气既可以使用"雷暴雨"这种文字的形式，也可以使用一个如图 1.1 所示的图像，还可以通过声音、动画等形式来表达。

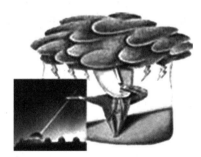

图 1.1　雷暴雨

数据与数字这两个概念的名字只有一字之差，以至于我们很容易混淆它们。数字指的是用于表示数值大小的物理符号，如 1、2、3 等。数字只是一种常见的数据表现形式而已。任何一种类型的数据，都是以二进制的形式存储在电子计算机中的。

1.1.2　信息

进入 21 世纪之后，随着互联网和移动互联网技术的普及，人类世界进入了数据大爆炸的年代。短短几年间产生的数据量级就远超之前好几百年的总和。在海量的、杂乱无章的数据当中隐藏着一些对人类生产生活决策有价值的数据，这部分有价值的数据往往需要经过加工提炼过程才能得到。我们将这些为了满足决策的需要而加工处理的数据称为信息（Information）。

世间万物皆有其特性和发展规律。信息就是客观事物的状态和运动特征的一种普遍形式，它以物质介质为载体，反映和传递世间万物存在方式和运动状态的表征，是事物现象及其属性标识的集合。信息是一种资源，是有价值的。就像离不开空气和水一样，人类也离不开信息。例如，某超市的营业时间为 9:00—21:00。人们获悉这条信息后，不会选择在早上 9 点前或晚上 9 点后去超市购物。由此可见，信息在人类社会活动中占据着非常重要的位置，因此有"物质、能量和信息是构成世界的三大要素"的说法。当今社会是信息社会，信息技术与生物技术、新材料技术一起构成了 21 世纪人类社会重大发展的三大支柱。

信息具有可感知、可理解、可存储、可传递等特征。人们常使用数据来表现信息，例如文字、音频、图像、视频、动画等。因此，数据是信息的载体，信息是数据的内涵，两者既紧密联系又相互区别。

如果把数据比喻成沙子，那么信息就是隐藏在这些沙子中的金子，是最具价值的部分。同一信息可有不同的数据表现形式，同一数据可以有不同的解释，例如"2046"，可以是一个十进制的数，也可以是一个八进制的数，还可以表示一部电影，因此，我们往往需要联系上下文来理解数据蕴含的信息。

1.1.3　数据处理

人类社会在生产和生活过程当中产生了海量的数据。比如，我们每天通过即时通信工具与其他人沟通，从而产生了许多文字、语音、图像或者视频等形式的数据。为了从大量的、杂乱无章的数据中获取有价值的、能提供决策依据的信息，必须进行数据处理。数据处理（Data Processing）是指对各种数据进行采集、存储、整理、分类、统计、加工、利用、传输等一系列活动的统称，是一个将数据转换成信息的过程。如果把海量数据比喻为沙子，把信息比喻为沙子里的金子，那么数据处理就是在沙子里淘金。

数据处理存在于人类社会生产和生活的各个领域。数据处理技术发展及应用的广度和深度，极大地影响着人类社会发展的进程。现在，让我们从计算工具的进化演变来回顾数据处理的发展历程。

1. 算盘

起源于我国古代的算盘（见图 1.2）是一种手动操作的辅助计算工具。使用算盘可以进行十进制数字的计数及运算。由于计数简便、快速、精准，算盘成为在阿拉伯数字出现之前人们广为使用的一种计算工具。新中国成立后，我国开始研制原子弹。当时条件艰苦，设备落后，据说国内仅有的两台计算机承担着大量繁重的计算工作，许多数据得不到及时处理，导致整个研制过程进展缓慢。在这种

图 1.2　算盘

情况下，我国科学家采用算盘结合手摇计算器的方法进行人工计算，对原子弹的成功研

制做出了贡献。

2007 年 11 月算盘被英国最有影响力的报纸之一《独立报》评选为 101 件改变世界的小发明之一。2013 年 12 月，以算盘为工具的珠算被列入了联合国"人类非物质文化遗产代表作名录"，可见算盘在人类文明发展史上的重要地位。

2. 加法器

1642 年，年仅 19 岁的法国哲学家、数学家和物理学家 Blaise Pascal 为了帮助税务官父亲解决税务计算问题，发明了能自动进位的齿轮式加法器（见图 1.3）。这个加法器上有六个轮子，分别代表个、十、百、千、万、十万等，其原理和手表相似，顺时针拨动齿轮，就可以进行加法计算，而逆时针拨动齿轮则可以进行减法计算。这是人类历史上第一台机械式计算机，对后来计算机械的发展产生了巨大而持久的影响。

图 1.3　Blaise Pascal 和齿轮式加法器

3. 差分机

英国发明家 Charles Babbage 设计了差分机并于 1822 年研制成功（见图 1.4）。差分机能把函数表的复杂算式转化为差分运算，用简单的加法代替平方运算。它能够按照设计者的意图，自动处理不同函数的计算过程。差分机的设计蕴含着程序控制的思想，它的出现为现代计算机设计思想的发展奠定了基础。

图 1.4　Charles Babbage 和差分机

4. 穿孔制表机

1880 年以前，美国的人口普查都是人工完成的。人口普查需要处理大量数据，如公民的年龄、性别，社区中儿童、老人的比例，男女性公民的比例等。1880 年人口普查完成后，美国人意识到按照当时的人口增长速度，无法依照美国的法律规定在 10 年内完成下一个 10 年的人口普查工作。在这样的情况下，1888 年美国统计专家 Herman

Hollerith 参照 80 年前纺织工程师 Joseph Marie Jdakacquard 通过穿孔纸带上的小孔来控制提花操作的步骤，设计发明了穿孔制表机，用于人口数据的采集并实现数据的自动统计。Hollerith 把每个人的所有调查项目依次排列在一张卡片上，然后根据调查结果在相应项目的位置上打孔。这些穿好孔的卡片会被放置在一组盛满水银的小杯上，卡片上方有几排精心调好的探针，探针连接在电路的一端，水银杯则连接于电路的另一端。只要某根探针撞到卡片上有孔的位置，便会自动跌落下去，与水银接触接通电流，启动计数装置前进一个刻度。由此可见，穿孔卡存储的是二进制信息：有孔处能接通电路计数，代表该调查项目为"有"，即"1"；无孔处不能接通电路计数，表示该调查项目为"无"，即"0"。1900 年采用穿孔制表机进行人口普查时，平均每台机器可代替 500 人工作，大大地提高了数据统计的效率。

Hollerith 为其设计的穿孔制表机（见图 1.5）申请了专利，并"下海"创办了一家专业制表机公司，但不久就因资金周转不灵陷入困境，被一家名为 CTR 的公司兼并。1924 年，CTR 公司更名为"International Business Machines Corporation"（即"IBM"），专门生产穿孔机、制表机一类产品。

穿孔制表机是人类历史上第一次把数据转换为二进制信息来存储，这种数据输入方法一直沿用到 20 世纪 70 年代，数据处理也成为计算机系统的主要功能之一。

图 1.5　Herman Hollerith 和穿孔制表机

5. 电子计算机

在第二次世界大战期间，飞机和大炮是占主要地位的战略武器。美国军方在研制新型大炮和导弹时，需要计算弹道。每条弹道的数学模型是一组非常复杂的非线性方程组，使用当时的计算工具求解这些方程组需要耗费大量人力及时间。因此，美国军方拨款研制高速的电子管计算装置。1946 年，为满足计算弹道需要而定制的世界上第一台电子计算机"Electronic Numerical Integrator And Calculator"（即"ENIAC"，见图 1.6）在宾夕法尼亚大学问世了。

图 1.6　ENIAC

ENIAC 实现了多年来人类将电子技术应用于计算机的梦想，为进一步提高运算速度开辟了极为广阔的前景，从此人类正式进入电子计算机时代。

人类对高效数据处理的追求不断推动计算工具的发展和演变。在电子计算机诞生之后，计算机硬件和软件技术不断发展，同时也推动了数据处理方式的不断演化。根据处理数据的空间分布方式和时间分配方式的不同，数据处理有多种不同的方式。

如图 1.7 所示根据处理数据的空间分布方式来划分，数据处理可以分为集中式处理、分散式处理和分布式处理。在电子计算机时代早期，数据处理采用集中式处理或分散式处理的方式来进行。集中式处理指的是数据集的存储和处理都由一台计算机完成。集中式处理可实现设备高利用率，并能保证被处理数据的完整性和有效性，然而处理能力非常有限。分散式处理指的是数据集被分块并分别存储在多台计算机上，这些计算机之间没有通信联系，对数据的管理和操纵都是相互独立的。分散式处理的优点是简单，能就地提取数据，变换格式并加工，以及最后输出结果。但是随着数据分散程度的增高，实现统一和控制信息流的困难也增多。20 世纪 70 年代计算机网络出现，电子计算机日益广泛地应用于各个领域，一种新型的数据处理方式——分布式处理出现了。它既能克服分散式处理的缺点，又可避免集中式处理的困难。在分布式处理系统中，数据集被分块分别存储在多台计算机上，这些计算机通过网络连接，不仅可以单独处理存储在本机的数据，也可以和其他联网的计算机一起对整个数据集进行全局处理。

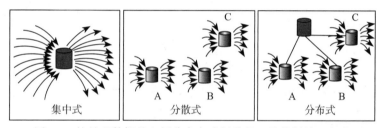

图 1.7　按处理数据的空间分布方式划分的三种数据处理方式

按处理数据的时间分配方式来划分，数据处理可以分为批处理和联机处理。批处理就是对某些对象进行批量的处理。在早期的信息处理系统中，批处理虽能有效地提高设备的利用率，但用户把作业交给系统后便失去了控制和修改作业的能力，而且往往要经过几小时甚至几天才能得到所需要的结果。用户希望能通过自己的终端直接享用计算机资源，因而出现了联机处理。联机处理就是信息直接从产生地输入系统，并将处理结果直接送到信息目的地的数据处理方式。联机处理分为实时处理和延迟处理。实时处理是指立即处理输入的数据并得到结果。延迟处理则是先将输入的数据存储起来，过一段时间再处理。

不同的数据处理方式需要不同的硬件和软件支持。每种数据处理方式都有自己的特点，在解决实际问题时应当根据应用问题的实际环境选择合适的数据处理方式。

1.2　数据管理技术的发展

在数据处理的众多环节中，数据管理是基本环节。数据管理是指对数据的组织、编目、定位、存储、检索和维护等，是数据库系统的核心研究内容。自从 1946 年电子计算机诞生至今，计算机硬件在不断发展，同时也推动了数据管理技术的不断发展。数据管理技术依次经历了以下三个阶段：人工管理阶段、文件系统阶段和数据库系统阶段。

1.2.1　人工管理阶段

在 20 世纪 50 年代中期以前，计算机的软硬件均不完善。在硬件方面，没有外存或只有磁带外存等顺序存储设备，输入输出设备简单；在软件方面，只有汇编语言等非常低级的计算机语言，还没有操作系统和可管理数据的软件系统。计算机主要充当科学计算器的角色。数据的组织是面向应用的，如图 1.8 所示，各个应用使用独立的程序，且数据是程序的组成部分。修改数据会导致程序也需要修改。由于数据是经常会变化的，因此程序员编写和维护程序的工作任务非常繁重。

图 1.8　人工管理阶段面向应用的数据组织

思考：当我们计算 $3+4\times5-6$ 的时候，编写了一个求解程序，接着计算 $4+5\times6-7$ 的时候，又得编写一个求解程序，再计算 $5+6\times7-8$ 时还得编写一个求解程序。有什么办法可以减少编写程序的工作量？

在人工管理阶段进行数据处理时，数据随程序一起送入内存，任务完成后全部撤出计算机，不能长期保留。数据的管理由程序员个人负责，应用程序与计算机物理地址直接关联，数据管理低效且缺乏安全性。不同应用之间存在大量重复数据，无法共享数据。

1.2.2　文件系统阶段

在 20 世纪 50 年代后期至 20 世纪 60 年代中期，计算机的存储技术得到了很大的发展，大容量存储设备——硬盘等直接存取设备的出现，使得数据可以长期保存在磁盘上。这不仅提高了计算机的输入输出能力，也大大推动了软件技术的发展。操作系统和高级程序语言的出现使数据处理迈上了一个新的台阶。操作系统中的文件系统以文件的形式对数据进行统一的管理。数据被组织成文件存储在外存，且文件格式多样。操作系统为用户使用文件提供了友好的界面。如图 1.9 所示，文件的逻辑结构与物理结构分离开了，用户只需要通过文件名——由文件系统负责找到该文件名对应的物理地址——就可以实现对数据的存储、检索、插入、删除和修改。数据可以以文件为单位被多个应用程序共享，数据和应用程序之间有了一定的独立性。有了文件系统，计算机的数据管理就得到了极大的改善，这使得计算机的应用领域从科学计算扩展到企业信息管理。

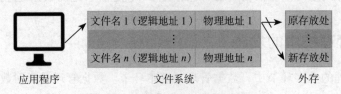

图 1.9　文件系统的文件访问原理

然而，这种数据管理技术也存在不足之处。以校园信息管理系统为例，学校各个部门职能不同，需要对学生的部分相关信息进行存储和管理。教务处主管教务，建立了"教务"文件，以存储与教务相关的信息，如学生的学号、姓名、性别、班级、电话、课程号、课程名、成绩等信息；保卫处负责校园门禁管理和人员的户籍管理，建立了"户籍"文件，以存储学生的学号、姓名、性别、班级、籍贯、户口所在地、电话等信息；校医院则建立了"健康"文件来记录学生的健康状况，如学生的学号、姓名、性别、班级、身高、体重、药物过敏、电话等信息。"教务"文件、"户籍"文件和"健康"文件既存在部分相同的数据，如学生的学号、姓名、性别、班级、电话等，也各自存储着一些特有的数据，如图 1.10 所示。

"教务"文件

学号	姓名	性别	班级	电话	课程号	课程名	成绩
202101231234	张怡	女	21 软件工程 3 班	135××××××××	0211	计算机概论	85

⋮

"户籍"文件

学号	姓名	性别	班级	籍贯	户口所在地	电话
202101231234	张怡	女	21 软件工程 3 班	广州	广州番禺	135××××××××

⋮

"健康"文件

学号	姓名	性别	班级	身高	体重	药物过敏	电话
202101231234	张怡	女	21 软件工程 3 班	160	45	无	135××××××××

⋮

图 1.10　采用文件系统进行校园信息管理

每一个职能部门针对一个特定的应用独自建立一个文件时，数据缺乏统一的规范化标准，同一个数据，如学号，在"户籍"中可能是字符型的，在其他文件中却是数值型的；这些文件的格式可能是多种多样的。虽然文件内数据间的关联被记录了，但不同文件之间的数据关联却缺乏记录。因此，要实现一些复杂问题的查询，就要编写程序。

文件系统中应用程序与数据分离（见图 1.11）。由于一个文件对应一个应用，尽管不同部门所需数据有部分是相同的，仍需建立各自的文件，数据不能共享，这就导致了大量数据重复存储，如学生的基本信息（学生的学号、姓名、性别、班级、电话等）要记录三次，浪费存储空间。我们把这种在一个以上位置不必要地重复存储数据的现象称为数据冗余（Data Redundancy）。数据冗余问题会随着学生人数的增加而变得越发严重。

数据冗余不仅浪费存储空间，而且会导致数据不一致（Data Inconsistency）和数据异常（Data Abnormally）。所谓数据不一致，

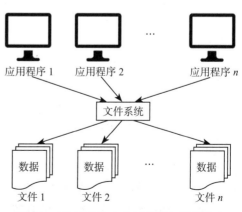

图 1.11　文件系统中应用程序与数据分离

是指本应相同的数据在不同的位置上出现不同且相互冲突的版本。数据异常则可简单地理解为数据的不正常。例如，学生张怡在大二时转专业了，教务处在"教务"文件中对其班级进行了更新，但保卫处和校医院不知情，因此"户籍"和"健康"文件中记录的张怡依旧属于原班级。这是由于数据更新没有在这三个文件中统一执行而导致的数据不正常。我们把这种数据更新所引发的数据异常称为更新异常。在某新生入学时，教务处在"教务"文件中增加了一条记录，若"户籍"和"健康"文件中没有同时增加该学生的信息，就会导致该学生的信息缺失。我们把这种数据插入所引发的数据异常称为插入异常。同理，由于没有统一执行数据删除而导致的数据异常称为删除异常。由此可见，数据冗余会导致数据不一致和数据异常，进而增加数据修改和维护的难度。此外，文件系统以文件为基本单位存储数据，在数据安全保密方面无法做到更细的粒度，可采取的安全保密措施十分有限。

思考：既然数据冗余会带来这么多问题，有没有方法可以降低数据冗余？全校众多部门共同保存一份学生基本信息是否可行？

1.2.3　数据库系统阶段

在前述校园信息管理系统的例子中，如果全校统筹考虑，各职能部门抽取共同的数据需求（例如学生的基本信息），共同存储一个数据备份并共享该备份，则可以降低数据冗余，避免数据不一致和数据异常的发生。到了20世纪60年代中后期，随着计算机在数据管理领域得到普遍应用，要处理的数据量急剧膨胀，要联机实时处理的业务不断增多，人们对数据共享提出了更迫切的要求。计算机硬件技术的飞速发展使得硬件价格大幅下降，软件研发及维护成本占系统开发成本的比重相对增加。要降低软件研发和维护的费用，在数据经常发生变化的情况下，必须减少修改程序代码的工作量。在此类需求推动下，以及随着大容量磁盘和网络技术的出现，数据库技术问世。

数据库是存储在计算机里的关联数据的集合。这些数据是结构化的，不存在有害的或不必要的冗余，并为多种应用服务。数据存储独立于使用它的程序。对数据库插入新数据，修改和检索原有数据，均能按一种公用的和可控制的方式进行。

数据库技术研究如何组织和存储数据，如何高效地获取数据并处理数据。数据库技术的根本目标是降低数据冗余，实现数据共享。在管理数据时，从整体关联用户出发而不再只针对某种特定的应用来考虑数据的组织和存储。以前述校园信息管理系统为例，可统一分析教务处、保卫处、校医院等部门的数据管理需求，从数据共享的角度出发，将各部门关心的学生基本信息抽取出来构建一个独立的数据表，各部门共享学生基本信息表里面的数据。此外，还可根据各个部门职能相关的业务单独构建数据表，而且这些职能相关的业务数据表只对相关的业务人员开放访问权限，如图1.12所示。例如，校医院的医生具有访问健康表的权限，而无权查看户籍表与教务表的数据；当校医院的医生需要联系某学生时，可以通过学号在学生基本信息表里找到该学生的电话号码。

事实上，图1.12中的学生基本信息表、户籍表、健康表与教务表的数据是相关联的。我们把这些相关联的数据集合称为**数据库**（Database，DB）。数据库是为了解决数据管理问题而构建的，存储了反映真实世界某些方面的数据，具有特定的用户群体。数据库系统（Database System，DBS）采用数据库技术有组织地、动态地存储大量关联数据，方便多用户（或应用程序）访问。如图 1.13 所示，数据库系统中有一个重要的组成部分——数据库管理系统（Database Management System，DBMS），它帮助用户创建和管理数据库。用户对数据库的一切操作，包括定义、构造、更新、查询等，都是通过DBMS 进行的。此外，DBMS 还能解决数据存储过程中的一系列问题，保证数据库正常运作。

学生基本信息表

学号	姓名	性别	班级	电话
201101231234	张怡	女	21 软件工程 3 班	135××××××××
⋮				

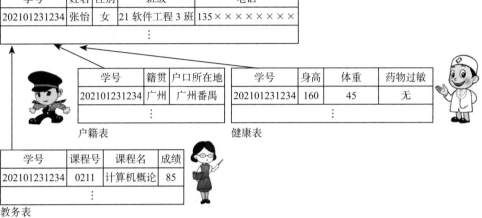

学号	籍贯	户口所在地
201101231234	广州	广州番禺
⋮		

户籍表

学号	身高	体重	药物过敏
201101231234	160	45	无
⋮			

健康表

学号	课程号	课程名	成绩
201101231234	0211	计算机概论	85
⋮			

教务表

图 1.12　采用数据库系统进行校园信息管理

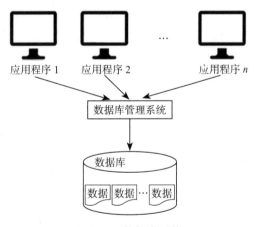

图 1.13　数据库系统

思考：对比数据库系统阶段与文件系统阶段数据管理思路的根本区别。

早期的数据库系统是从文件系统发展而来的。这些数据库系统使用不同的数据模型来描述数据库中的信息结构，如 1968 年 IBM 公司研制的基于层次模型的数据库管理系统 IMS（Information Management System）。20 世纪 60 年代末 70 年代初美国数据库系统语言协会 CODASYL（Conference on Data System Language）下属的数据库任务组DBTG（Database Task Group）提出了著名的 DBTG 报告，对网状数据模型和语言进行了定义。早期的模型和系统存在一个问题，即它们不支持高级查询语言。在使用这些系统时，即便只完成一个简单的查询，用户也得花费很大的力气去编写查询程序。

1970 年，IBM 公司的研究员 E.F.Codd 发表了一篇题为 "A Relational Model of Data for Large Shared Data Banks" 的论文。该论文提出了数据库系统应以表格的形式将数据组织给用户看，这种形式被称作关系。尽管在关系的背后可能隐藏着极其复杂的数据结构，但用户无须关心数据的存储结构就可以实现对数据的快速查询，从而大大提高了数据库程序员的工作效率。关系数据库模型和方法为关系数据库技术奠定了理论基础，并开创了数据库技术领域的新纪元。1981 年美国计算机协会（Association for Computing Machinery，ACM）给 E.F.Codd 颁发了图灵奖以表彰他所做出的杰出贡献。

20 世纪 70 年代后期，关系数据库从实验室走向了社会。之后几乎所有新研发的数据库系统都是关系型的，数据库技术得到了迅猛发展。许多数据库供应商开发了各种针对不同应用的数据库管理系统，使数据库技术日益渗透到企业管理、商业决策、情报检索等领域，微机的普及进一步推动了数据库技术走向更广大的用户群，使其成为实现和优化信息管理的有效工具。

进入 21 世纪，随着计算机网络技术的发展，人们对数据的联机处理提出了进一步的要求。互联网使数据库技术的重要性得到了充分的提升。一些新的领域如计算机集成制造、计算机辅助设计、地理信息系统等对数据库提出了新的需求，它们为数据库的应用开辟了新的天地，同时也直接推动了数据库技术的革新和发展。

如今，数据库技术的应用已经从最初某个特定领域的数据管理渗透到各行各业，无论是在超市购物，还是在图书馆检索馆藏书目，无论是在银行存取款，还是在网上预订火车票或飞机票，我们都或多或少会和数据库发生某些联系。这些应用都具有以下共同特点：①涉及的数据量大；②数据需要被长期保存；③数据需要被多个应用程序（或多用户）所共享。数据库技术已经成为信息系统的一个核心技术。没有数据库技术，人们在浩瀚的信息世界中将手足无措。

<u>思考</u>：你的日常生活中，有哪些场景会应用到数据库技术？

1.3　本章小结

本章首先介绍了数据与信息的概念、联系与区别。数据是原材料，从中可以提取有价值的信息，有价值的信息是帮助个人或企业做决策的锦囊。数据处理是从数据中获取信息的过程。为了更加高效地处理数据，人类研制各种计算工具，推动数据处理技术不断发展。本章还介绍了数据处理方式的若干种分类，每种数据处理方式都有自己的特点，在解决实际问题时应当根据应用问题的实际环境选择合适的处理方式。

在数据处理众多环节中，数据管理是基本环节，也是数据库系统的核心研究内容。本章最后回顾了电子计算机时代数据管理技术发展的三个阶段，以帮助读者理解数据库技术诞生的背景以及深层次的原因。

在学习本章时需要重点掌握以下知识点：

1）数据与信息的联系与区别。

2）数据处理方式的若干种分类。

3）文件系统实现数据管理的特点。

4）数据库系统实现数据管理的特点。

1.4 习题

一、单选题

1. 以下各种类型的数据处理中,( )宜采用联机实时处理方式。

 A. 固定周期的数据处理

 B. 需要迅速反馈的数据处理

 C. 需要累积到一定程度后再做的数据处理

 D. 需要对大量来自不同方面的数据进行综合处理

2. 由于应该插入的数据没有被插入而导致的数据异常,称为( )。

 A. 插入异常 B. 修改异常 C. 删除异常 D. 查询异常

3. ( )是数据处理的基本环节。

 A. 数据采集 B. 数据检索 C. 数据管理 D. 数据存储

4. ( )是顺序存储设备。

 A. U 盘 B. 光盘 C. 磁盘 D. 磁带

5. ( )不是按处理时间分配的数据处理方式。

 A. 批处理 B. 延迟处理 C. 集中式处理 D. 实时处理

二、多选题

1. 以下选项中,( )是数据的表现形式。

 A. 动画 B. 视频 C. 网页 D. 文字

2. 以下说法正确的是( )。

 A. 数据是信息的载体 B. 信息是数据的载体

 C. 数据是信息的内涵 D. 信息是数据的内涵

3. 根据处理数据的空间分布方式来划分,数据处理方式可分为( )。

 A. 集中式 B. 分散式 C. 分布式 D. 离散式

4. 根据时间分配方式,数据处理可以划分为批处理和联机处理两种方式,分别适用于不同的情况。以下宜采用批处理方式进行数据处理的有( )。

 A. 人口普查 B. 飞机订票 C. 达人赛投票 D. 信用卡消费

5. 数据管理技术经历了( )阶段。

 A. 人工管理 B. 文件系统 C. 操作系统 D. 数据库系统

三、判断题

1. 数据指的是数字。

2. 分布式处理中,数据集被分块并分别存储在多台计算机上,这些计算机之间没有通信联系,对数据的管理和操纵都是相互独立的。

3. 卡片和磁带属于直接存取设备。

4. 实时处理是指立即处理输入的数据并得到结果的一种数据处理方式。

5. 数据冗余是指产生重复的数据。

四、名词解释

1. 数据不一致

2. 信息

    3. 数据异常

    4. 数据库

    5. 分布式处理

五、简答题

    1. 简述数据与信息的联系与区别。

    2. 简述文件系统实现数据管理的优缺点。

    3. 简述数据库系统实现数据管理的特点。

    4. 简述使用数据库技术的应用所具有的共同特点。

数据库应用系统设计与实现（一）

——方法概述

如今，数据库技术可帮助人们处理各种各样的信息数据，数据库已经成为信息管理、办公自动化、计算机辅助设计等应用系统的基础和核心部件。我们把这些以数据库为基础的应用系统称为数据库应用系统。在进行数据库应用系统开发时，如何做到低成本、高效率？这个问题属于软件工程的范畴。因此，我们要设计与实现一个数据库应用系统，必须要了解和遵循软件工程的基本原则、步骤和方法。

本部分将首先简单介绍软件工程的概念，再结合数据库的特点，介绍数据库应用系统开发的基本步骤。

1. 软件工程的概念

在电子计算机诞生之初，根本没有软件的概念，人们通过输入机器码指令驱动计算机硬件工作，就像现在我们用洗衣机等家用电器时要调节按钮一样。直到 1947 年，现代电子计算机之父——John von Neumann 提出用流程图描述计算机的运行过程，人们才认识到程序设计是完全不同于硬件研制的另一项工作。从此以后，软件的开发和研究才开始独立进行。在这一时期，计算机硬件价格非常昂贵，计算机存储容量小，软件作为硬件的附属，往往是个人为了解决某个科学计算问题而定制的，软件规模较小。

到了 20 世纪 60 年代，计算机硬件得到了快速的发展，计算机的存储容量及计算速度得到了很大的提升，计算机不再局限于科学计算用途。随着计算机应用范围的迅速扩大，软件开发需求急剧增长。高级语言、操作系统的出现与发展，引起了计算机应用方式的变化；大量数据处理的需求推动了第一代数据库管理系统的诞生。由于软件的规模越来越大，复杂程度越来越高，个体已经不能独自胜任一个软件的开发，需要团队分工合作完成软件开发任务。

随着计算机硬件的不断发展，计算机应用领域的进一步扩大，软件的规模不断增加，软件复杂度不断提高，软件质量及可靠性问题越发突出。一方面，软件需求方希望软件开发的时间短、成本低，另一方面，计算机软件开发人员缺乏科学的指导和系统的训练，无法对软件开发进行良好的预估和规划，因此开发过程混乱，存在大量重复劳动，开发进度缓慢，浪费资源，且产出的软件质量低下，"软件危机"开始爆发。

1968 年秋季，北大西洋公约组织的科技委员会召集了近 50 名专家，包括一流的编程人员、计算机科学家和工业界巨头在联邦德国召开国际会议，讨论和制订摆脱"软件危机"的对策，并正式提出了软件工程（Software Engineering）这个概念，这标志着一个新兴的工程学科的诞生。

软件工程是应用计算机科学、数学、工程学及管理科学等原理，开发软件的工程。

软件工程借鉴传统工程的原则和方法，以提高质量、降低成本和改进算法。其中，计算机科学、数学用于构建模型与算法，工程科学用于制订规范、设计范型、评估成本及权衡，管理科学用于计划、资源、质量、成本等管理。如今，软件工程已成为一门研究用工程化方法构建和维护有效、实用和高质量软件的学科，是指导计算机软件开发和维护的工程学科。

软件工程采用"分而治之，逐个击破"的策略，根据开发软件的规模和复杂程度，从时间上分解软件开发的整个过程，形成几个相对独立的阶段，并对每个阶段的目标、任务、方法做出规定，然后按照规定顺序依次完成各阶段的任务，还要规定一套标准的文档作为各个阶段的开发成果，最后生产出高质量的软件。这就是软件的生存周期（也称生命周期），一般可包括项目规划、需求分析、概要设计、详细设计、编码、测试、运行与维护等阶段。

在软件的生存周期中，每一个阶段有相对独立的任务，便于不同人员分工协作，从而降低整个软件开发工程的难度。软件开发团队在每一个阶段都要撰写与该阶段任务相关的符合标准的文档，将文档作为该阶段任务完成交付的标志和展开下一阶段任务的工作基础。由于在软件生存周期的每一个阶段都采用科学的方法进行管理，而且对每个阶段的成果都进行严格的审查，只有验收合格才能展开下一阶段的工作，因此软件开发的全过程得以有条不紊地进行，它们既保证了软件的质量和可靠性，也提高了软件开发效率，降低了开发成本。

2. 数据库应用系统开发的基本步骤

软件可以分为两大类：应用软件和系统软件。应用软件是为了满足特定应用领域各种应用需求的专用软件，如文档编辑器、音乐播放器、浏览器等。系统软件是用于控制和协调计算机以及外部设备，支持应用软件开发与运行的软件，如操作系统、编译器、数据库管理系统等。数据库应用系统是以数据库为核心和基础，在数据库管理系统支持下建立的计算机应用系统，如人事管理系统、财务管理系统、图书管理系统等，属于应用软件的范畴。

无论是系统软件还是应用软件，其开发过程都应该遵循软件工程学科定义的规范和标准。基于软件工程的基本思想，结合数据库的特点，数据库应用系统开发的基本步骤总结如下：

（1）项目规划

项目规划阶段的主要任务包括：对项目开展的必要性进行论证，确定值得投入财力、人力去解决的问题（即为什么做）；对项目进行可行性分析（即是否可以做），如项目开展的必要性，以及在当前的法律（项目开发和开发成果投入使用是否合法）、技术（技术条件能否支持项目实现）、经济（经济条件能否支持项目实现）、使用（用户使用是否存在困难）等方面的可行性。完成上述任务后，就可以制订开发实施计划了。

项目规划阶段具体要完成的工作包括：

1）明确项目要解决的问题和项目目标，收集整理相关资料，明确数据库应用系统的系统定位、规模大小、用户范围等。

2）明确数据库应用系统的基本功能和数据来源，分析数据结构的特点，估算数据量的大小。

3）估计项目开发需要的计算机硬件资源、软件开发工具和应用软件包、开发人员数目及层次，并对项目开发、运行和维护等成本费用做出估算。

4）制订项目开发任务的实施计划，拟定各阶段要达成的目标及时间节点。

根据项目规划阶段要完成的任务，撰写项目规划文档，其内容应包括必要性和可行性分析、系统定位及功能、数据来源及系统的数据处理能力、项目所需资源、人力资源配置、开发成本估算、项目开发进度计划等。

项目规划文档经过专家评估审核并通过之后，就可以开展下一阶段的工作了。

（2）需求分析

需求分析阶段的主要任务是分析系统需要实现哪些功能。需求分析的目标是分析和整理用户对软件提出的要求或需求，确认后形成描述完整、清晰且规范的文档。需求分析的内容具体分为功能性需求、非功能性需求和设计约束三个方面。功能性需求即软件必须实现哪些功能，以及为了向用户提供有用的功能所需执行的动作。功能性需求是软件需求的主体。非功能性需求主要包括在软件使用时对性能方面的要求和对运行环境的要求，是功能性需求的补充。设计约束也称为设计限制条件，通常是对一些设计或实现方案的约束说明。

在需求分析阶段，系统分析员和用户密切配合，充分交流各自的看法和观点，充分理解用户的业务流程，完整并全面地收集、分析用户业务中的信息和处理过程，从中分析出用户要求的功能和性能，并以书面形式完整和准确地表达出来，最终形成软件需求说明书。

专家对软件需求说明书中系统功能的正确性、完整性、清晰性以及其他需求评审通过后，才可以进行下一阶段的工作，否则需要重新进行需求分析。

（3）概念模型设计

概念模型用于信息世界的建模，它与具体的计算机系统无关，纯粹反映信息需求的概念结构。概念模型设计就是把现实世界中的具体事物抽象为一种信息结构，既是现实世界到信息世界的第一层抽象，也是用户与数据库设计人员之间进行交流的语言。

在进行概念模型设计时，数据库设计人员应该站在用户的角度看待数据处理的需求，并使用具有较强语义表达能力的、简单且清晰的概念模型工具，通常是 E-R 图（实体－联系图）对用户所需处理的数据以及数据间的关联进行抽象描述，这种描述不涉及具体实现的技术细节，也不需要考虑计算机软硬件等因素。

概念模型设计阶段的成果是概念模型说明书。对于概念模型设计，一方面，可由用户评审，确认模型能否准确反映出用户的需求，能否准确表达现实世界中事物和事物之间的关联；另一方面，可由项目负责人、专家、开发人员等评审，从技术层面讨论并确认模型的完整性和结构的合理性。

（4）逻辑模型设计

逻辑模型是指数据的逻辑结构。逻辑模型设计的目标是把概念模型转换为具体某种数据库管理系统所支持的结构数据模型。逻辑模型是真正能在计算机中实现的模型，它是面向数据库管理系统开发的，主要用于数据库管理系统的实现。它包括三个部分：数据结构、数据操作和完整性约束。数据结构描述的是计算机数据组织方式和数据间联系的框架，是对系统的静态描述，解决数据和数据之间的联系如何表达和实现等问题。数据操作是指对数据库中各种对象的实例或取值所允许执行操作的集合，其中包括操作方法及有关规则，它是对数据库动态特性的描述，解决数据库检索和更新如何实现等问题。完整性约束描述数据和数据之间的联系应该具有的制约和依赖规则，从而保证数据库中的数据是与事实相符的。

在进行逻辑模型设计时，需要先选定一种逻辑模型类型。常见的逻辑模型有层次模型、网状模型和关系模型。它们的主要区别在于数据结构不同，即数据间联系的表达方式不同。目前，关系模型在数据库系统产品市场上占据主导地位。例如使用关系模型来描述数据库的逻辑结构，由数据库设计人员将概念模型中所描述的数据和数据之间的联系转化为关系模式，并采用关系规范化理论对这些关系模式进行优化，最终撰写出数据库逻辑结构说明书。在设计好概念模型后，还需要结合应用需求，规划应用程序的架构，制订每个应用程序的数据存取功能和逻辑接口；同时，整理物理模型设计阶段所需要的一些重要数据和文档，如数据库的数据容量、系统的相应速度、程序的访问路径建议等。

（5）物理模型设计

物理模型是面向计算机系统的，主要用于选择逻辑模型数据与联系在计算机内部的表示方式和存取方法，是计算机中数据存储和管理的基础。物理模型设计是为上一阶段得到的逻辑模型配置一个最适合应用环境的物理结构。

物理模型设计的步骤如下：

1）综合分析数据存储要求和应用需求，设计存储记录结构。

2）以提高系统性能为原则，分配存储空间。

3）根据应用需求，设计对存储结构的访问方法。

在物理模型设计的过程中，需要评价系统的时间、空间、效率、开销等性能，并反复修改和优化模型设计，直至得到较优的方案，保证数据库系统可以高效率地运行。物理模型设计阶段需要撰写数据库物理结构说明书，其内容包括数据库物理结构、存储记录格式、存储记录位置分配及访问方法等。逻辑模型转换为物理模型可由数据库管理系统完成。

（6）编码

编码就是把每个模块的控制结构转换成计算机可接受的程序代码，即写成以某特定程序设计语言表示的"源程序"。在完成数据库的逻辑模型设计之后，应用程序的编写可以和物理模型设计并行展开。在这一阶段，由程序设计人员根据逻辑模型设计的方案规划应用程序的架构和数据存取需求，并编写应用程序源代码。

在编码阶段，可以直接使用数据库管理系统提供的语言，实现对数据库中数据的定义、更新、检索和控制。为了便于不具备计算机专业知识的一般用户使用数据库应用系统，程序设计人员可使用高级程序语言如 Python、C++ 等实现对数据库的链接与访问，并为用户构建友好的图形用户界面。

（7）测试

测试是保证软件质量的重要手段，其主要方式是在设计测试用例的基础上，检验软件的各个组成部分。测试分为模块测试、组装测试、确认测试。模块测试旨在查找各模块在功能和结构上存在的问题。组装测试是将各模块按一定顺序组装起来进行的测试，旨在查找各模块之间接口存在的问题。确认测试按说明书上的功能逐项进行，以发现不满足用户需求的问题，从而决定开发的软件是否合格、能否交付用户使用等。

为了进行程序代码的测试，需要先根据逻辑模型设计和物理模型设计的结果，建立数据库结构，并输入实验数据；设计测试用例，模拟系统实际运行时可能出现的各种情况，测试所有应用程序的功能，记录测试结果并作为程序优化的依据。

在数据库正式交付使用之前，需要制定故障恢复规范和系统安全规范，包括系统出现故障时应采取的恢复措施、为不同用户授予不同的权限和制定相应的约束规则。

（8）运行与维护

数据库正式投入运行后，就进入了维护阶段。软件维护是软件生存周期中持续时间最长的阶段。它可以持续几年甚至几十年。软件在运行过程中，可能由于各方面的原因而需要修改，如运行中发现了软件隐含的错误、为了适应发生变化的软件工程环境、由于用户业务发生变化而需要扩充和增强软件的功能等。在运行与维护阶段，需按照前一阶段制定的故障恢复规范来应对系统运行时出现的错误；根据系统安全规范和用户变化，调整用户权限，维护数据库的安全性和完整性。日常运行时，系统性能由数据库管理员监控，必要时还可扩充原有系统功能。

3. 教务管理系统设计实例

本书将以一个简单的教务管理系统的设计与实现为例，令读者对数据库应用系统的设计与实现过程和步骤有一个整体的了解。实际上，一个完善的教务管理系统具有非常多的功能，为了让读者能在最短时间内熟悉并掌握开发技巧，此例紧紧围绕某几个功能的实现来介绍。读者在掌握了相关知识之后，可以举一反三，触类旁通，实现功能更强大的数据库应用系统的设计与开发。

（1）用户需求

为了方便学生选课和查看成绩，以及教师录入成绩和对成绩进行统计分析，拟开发一个教务管理系统。经过调研与分析可知，每位学生可以选择多门课程，每门课程可由多名学生选修；每位教师可以讲授多门课程，每门课程也可由多位教师讲授；此外，学生学习课程会产生成绩这一重要信息，教师授课的时间和地点也需要记录下来。因此，可以确定教务管理系统需要管理以下信息：

1）学生的基本信息，包括学号、身份证号、姓名、性别、班级、生日等。

2）教师的基本信息，包括工号、身份证号、姓名、性别、生日、学院等。

3）课程的基本信息，包括课程号、课程名、学时、学分等。

4）学生修课的成绩（百分制）。

5）教师授课的时间和地点。

教务管理系统的用户包括管理员（教务员）、教师和学生三种。用户对系统的功能需求描述如下：

1）管理员能增加、删除、修改教师信息、学生信息和课程信息，能录入学生选课信息与教师授课信息。

2）教师能增加、删除、修改和查询所教课程的学生成绩，并可以查看不及格学生及成绩、未考试学生信息，以及统计各分数段的学生成绩。

3）学生能查看自己所选课程的信息及成绩。

（2）系统的功能结构

为了满足上述用户需求，教务管理系统应该包含以下四个模块，如图 1.14 所示：

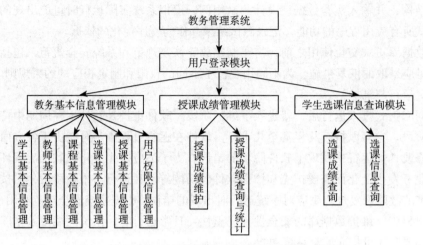

图 1.14　教务管理系统的功能结构

1）用户登录模块。数据库应用系统是面向多用户的，为了保证系统数据的安全性，必须要设置一个用户登录模块，通过用户输入的账号和密码验证该用户是否具有合法的访问权限。此外，还需要区分合法用户的类型（管理员、教师和学生），针对不同类型的用户，展示出不同的交互信息，并开放不同的数据访问权限。

用户登录模块包含以下两个子模块：

①用户登录信息维护：用户能够修改自己登录系统的密码。

②用户权限验证：通过用户输入的用户名和密码确定用户的合法性以及操作权限。

2）教务基本信息管理模块。教务基本信息管理模块包括以下六个子模块：

①学生基本信息管理：实现对学生基本信息的增加、删除和修改操作。

②教师基本信息管理：实现对教师基本信息的增加、删除和修改操作。

③课程基本信息管理：实现对课程基本信息的增加、删除和修改操作。

④选课基本信息管理：实现学生选课信息（包括学号、课程号）的录入与更新操作。

⑤授课基本信息管理：实现教师授课信息（包括工号、课程号、时间、地点）的录入与更新操作。

⑥用户权限信息管理：实现用户登录系统的账号、密码及用户类型（访问权限）的录入与更新操作。

3）授课成绩管理模块。授课成绩管理模块包含以下两个子模块：

①授课成绩维护：实现对学生选课成绩的录入与修改。

②授课成绩查询与统计：查询所教课程的学生成绩；查看不及格学生及成绩；查询未考试学生信息；统计各分数段的学生成绩。

4）学生选课信息查询模块。学生选课信息查询模块包含以下两个子模块：

①选课成绩查询：学生实现对自己所选课程成绩的查询。

②选课信息查询：学生实现对自己所选课程基本信息、任课老师、上课时间与地点等的查询。

课程设计任务 1

3～4位同学组成一个课程设计小组，并推举出一位同学担任组长。小组讨论并选定一个拟采用数据库技术解决的问题，拟定课程设计题目，并撰写数据库应用系统开发说明书。数据库应用系统开发说明书包括以下内容：课程设计的问题描述、项目规划、需求分析与系统的功能结构。

第2章　数据模型

数据库技术是使用计算机技术管理客观事物相关数据的技术，因此，在我们遇到需要解决的实际问题时，首先需要对客观事物进行抽象、模拟，进而建立适合用数据库系统管理的数据模型。数据模型就是对现实世界数据特征的抽象和模拟。

本章将首先介绍数据模型的概念、作用与组成，其次分别详细介绍数据模型的三个层次，即概念数据模型、逻辑数据模型和物理数据模型。通过本章的学习，读者可掌握数据库设计中的建模方法，实现应用数据库技术解决实际问题的关键步骤。

2.1　数据模型概述

客观世界是数据的来源。我们在现实生活中遇到具体问题时，需要对客观事物及事物之间的联系进行抽象。比如，家里的存储空间不够，需要定制一个柜子。首先需要选择放柜子的位置，然后度量这个位置的空间大小并决定柜子的长、宽、高。柜子的尺寸最终以数字的形式呈现在设计方案中，并被转化为二进制存储到计算机中。由此可见，现实世界中的事物经过抽象形成了信息，而信息经过数据化变成了能被计算机处理的数据。工厂要制作柜子的时候，从计算机中调出柜子的尺寸数据去生产柜子。在安装柜子的时候，工人需要根据柜子的设计方案去实施。这就是说，数据存储于计算机以后，可被提取出来，经过信息化呈现，用于指导人们的工作和生活。因此，信息世界是现实世界在人们头脑中的反映，是对现实世界的模拟。信息世界的信息以记录、文件、字段、关键字等形式存储在机器世界中。在现实世界、信息世界和机器世界之间，存在如图 2.1 所示的关联。现实世界、信息世界和机器世界三者之间的交互需要使用不同的数据模型。

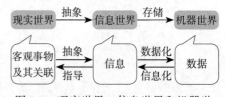

图 2.1　现实世界、信息世界和机器世界之间的关联

2.1.1　数据模型的概念

模型是人们依据特定目的，在一定的假设条件下，对现实世界中某些对象若干特征的抽象和模拟。模型可以是具体的，也可以是虚拟的；可以是平面的，也可以是立体的。如图 2.2 所示，建筑行业使用的沙盘、军事领域使用的地图、航模比赛所用的飞机模型等，都是具体的模型。数据模型也是模型的一种，是对现实世界的抽象和模拟。在应用数据库技术解决实际问题的时候，数据模型这个工具可以抽象、表示和处理现实世界中的事物以及事物与事物之间的联系。也就是说，数据模型是用来描述数据、组织数据和操作数据的。

2.1.2　数据模型的作用

在数据库应用系统开发过程中存在三种不同的人员角色：普通用户、系统设计师和程序员。普通用户是提出系统需求的人，也是系统开发任务完成以后系统的使用者。与普通用户不同的是，系统设计师和程序员都是具备计算机专业知识的人。系统设计师需要了解普通用户对系统的需求，并负责系统整体框架和数据库结构的设计。程序员则负责将系统设计师设计出来的系统框架和数据库结构落地实现。这就类似于在家装行业，普通用户提出装修房屋的需求，家装设计师负责理解用户的需求和喜好，设计出家装方案，并通过效果图的方式呈现给用户看。在装修方案得到用户的确认以后，装修工人负责将方案落地。

图 2.2　现实生活中的模型

由于知识储备、行业背景的不同，普通用户、系统设计师和程序员看待数据的方式是不一样的。在数据库应用系统开发过程中，存在数据该用什么形式表现（是文字、数值、声音还是图像）、数据之间的联系方式应该使用哪种结构方式去表示、数据在计算机中如何高效存储等问题需要解决。在解决问题的过程中，数据模型是普通用户、系统设计师和程序员这三种角色沟通的工具和桥梁。

普通用户通常不具备计算机专业知识，因此，可使用概念数据模型来描述他们所关心的信息结构，而不涉及信息在计算机系统中的表示。系统设计师在理解了用户需求以后，使用直接面向数据库逻辑结构的数据模型来描述信息世界中的信息结构。这种数据模型称为逻辑数据模型，它使用严格的数据库语言来定义和操纵数据。程序员则直接面向计算机系统，站在计算机物理存储的层面，思考数据在存储设备上的存储方式和存取方法。这种描述数据在物理存储设备上的存储方式和存取方法的模型称为物理数据模型。由此可见，概念数据模型是对现实世界中数据的抽象描述，逻辑数据模型是对信息世界中数据的抽象描述，物理数据模型则是对机器世界中数据的抽象描述。数据模型的作用如图 2.3 所示。

图 2.3　数据模型的作用

2.1.3 数据模型的组成

数据模型形式化地描述数据与数据之间的联系、数据操作和有关语义约束规则的方法。数据模型通常由三个部分组成：数据结构、数据操作和完整性约束。

数据结构描述系统的静态特性，如数据类型、内容、性质、数据间联系等。数据结构是数据模型的基础，数据操作和约束都建立在数据结构上。不同的数据结构具有不同的操作和约束。如何表示客观事物以及事物与事物之间的关联，是数据结构要表述的内容和主题，其中难点在于如何表示事物与事物之间的关联。

数据操作描述系统的动态特性，主要描述在相应的数据结构上的操作类型和操作方式，如允许执行的操作和实现操作的语言等。如何实现数据的增、删、改、查，是数据操作要表述的内容和主题。

完整性约束主要描述数据结构内数据间的语法、词义联系，它们之间的制约和依存关系，以及数据动态变化的规则，以保证数据的正确性、有效性和相容性。例如，我们要处理月份数据时，可以定义其为数值型数据，还必须规定月份只能从 1 ～ 12 当中选择；现实生活中月份只能是 {1, 2, …, 12} 中的一个，除此之外的其他值是让人无法理解的。因此，必须根据实际语义情况，给某些数据加上一些约束条件，以防止与事实不符的数据在数据库里出现。

数据结构、数据操作和完整性约束构成了数据模型的三要素，数据模型必须要从这三个方面进行定义和描述。

2.1.4 相关术语

在 2.1.2 节中提到的概念数据模型、逻辑数据模型和物理数据模型分别是对现实世界、信息世界和机器世界中数据的抽象、模拟。

在信息世界中，我们将现实世界中客观存在的并且可以相互区别的事物称为**实体**（Entity）。实体可以指某个可触及的对象，如一个学生、一本书、一辆汽车，也可以指某个抽象的事件，如一堂课、一次比赛等。用实体名及属性名集合来抽象刻画的同类实体称为**实体型**（Entity Type）。同型实体的集合称为**实体集**（Entity Set）。例如，学生 A 是一个实体，学生 B 也是一个实体，同一个班的所有学生构成了一个实体集。

实体所具有的特征称为**属性**（Attribute）。例如，学生可由（身份证号、学号、姓名、性别、班级、电话）等属性来描述。不同的实体依靠不同的属性值来区分。属性有"型"和"值"之分，"型"即属性名，如（身份证号、学号、姓名、性别、班级、电话）是属性的型；"值"即属性的具体内容，如 ('440×××××××××××420', '202101231234', ' 张怡 ', ' 女 ', '21 软件工程 ', '135×××××××') 这些属性值的结合表示了一个学生实体。

每个属性可取的值的范围称为**值域**。例如，性别这个属性的值域为 {' 男 '、' 女 '}。在实体所有属性中，能唯一区分每一个实体的最小属性集合称为**实体标识符**。例如，每个学生的学号都不可能相同，因此学号可作为学生实体的实体标识符。

思考：除了学号之外，还有没有其他属性可以作为学生实体的实体标识符？

在机器世界中，存储实体所对应数据项的有序集合称为**记录**（Record）。同一类记录的汇集称为**文件**（File）。对应于实体属性的数据称为**字段**（Field）。在众多字段中能唯一标识记录的最小属性集称为**关键字**（Key），对应信息世界的实体标识符。

三个世界中各术语的对应关系如图 2.4 所示。

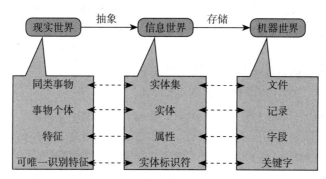

图 2.4　三个世界中各术语的对应关系

在现实世界中，事物内部以及事物之间是存在联系的，这些联系同样也要抽象和反映到信息世界中来，在信息世界中它们被抽象为实体型内部的联系和实体型之间的联系。实体型内部的联系通常是指组成实体的各属性之间的联系，反映在数据上是一个记录内各数据项之间的联系。实体型之间的联系通常是指不同类型实体集之间的联系，反映在数据上是记录与记录之间的联系。

实体型之间的联系分为三种类型：一对一联系、一对多联系和多对多联系。

（1）一对一联系（One-to-One Relationship）

有两个类型不同的实体集 E1 和 E2，如果 E1 中的每个实体最多和 E2 中的一个实体有联系，而且 E2 中的每个实体也最多和 E1 中的一个实体有联系，则称 E1 和 E2 的联系是一对一联系，简记为 1：1 联系（见图 2.5）。例如一个班里只有一个正班长，一个正班长只能在一个班里任职，因此"班"和"正班长"之间的联系是 1：1 联系。

思考：请举例说明日常生活中存在的 1：1 联系。

（2）一对多联系（One-to-Many Relationship）

有两个类型不同的实体集 E1 和 E2，如果 E1 中的每个实体与 E2 中的任意多个（包括零个）实体有联系，但 E2 中的每个实体最多和 E1 中的一个实体有联系，则称 E1 和 E2 的联系是一对多联系，简记为 1：N 联系（见图 2.6）。例如，一位母亲可生多个孩子，而每个孩子只能有一位母亲，因此"母亲"和"孩子"之间的联系是 1：N 联系。

思考：请举例说明日常生活中存在的 1：N 联系。

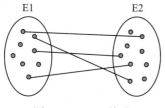

图 2.5　1：1 联系

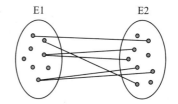

图 2.6　1：N 联系

（3）多对多联系（Many-to-Many Relationship）

有两个类型不同的实体集 E1 和 E2，如果 E1 中的每个实体与 E2 中的任意多个（包括零个) 实体有联系, 而且 E2 中的每个实体也与 E1 中的任意多个实体 (包括零个) 有联系, 则称 E1 和 E2 的联系是多对多联系, 简记为 $M:N$ 联系 (见图 2.7)。例如, 学生选修课程, 每位学生可以选多门课程, 每门课程可被多名学生选修, 因此 "学生" 和 "课程" 之间的联系是 $M:N$ 联系。

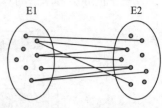

图 2.7　$M:N$ 联系

思考: 请举例说明日常生活中存在的 $M:N$ 联系。

值得注意的是, 在分析实体型之间的联系时, 应该结合具体的语义情况, 不能一概而论。例如, 在每人可以购买的商品数量不受限制的情况下, "买家" 与 "商品" 之间是 $1:N$ 的联系。然而, 若商品限量发售, 每人最多只能买 1 件, "买家" 与 "商品" 之间就是 $1:1$ 的联系。因此, 要结合实际情况分析实体型之间的联系。

2.2　概念数据模型

概念数据模型 (Conceptual Data Model) 简称为概念模型, 是一种面向用户、面向客观世界的模型, 主要用来描述世界的概念化结构。数据库设计人员在设计的初始阶段, 摆脱计算机系统及 DBMS 具体技术问题, 集中精力分析数据以及数据之间的联系等, 建立概念数据模型, 它与具体的计算机系统及 DBMS 无关。

概念模型是数据库设计人员和用户之间交流的工具和语言, 因此要满足两方面的要求: 一是要有较强的语义表达能力, 能够方便、直接地表达应用中的各种语义; 二是要简单、清晰, 便于用户理解。概念模型中最常用的是 E-R 模型、扩充的 E-R 模型、面向对象模型及谓词模型等。由于篇幅所限, 本章只介绍 E-R 模型。

2.2.1　E-R 模型与 E-R 图

E-R 模型是实体 - 联系模型 (Entity-Relationship Model) 的简称, 在 1976 年由美籍华裔计算机科学家陈品山 (Peter Chen) 发明。它给出了数据库结构中实体及其联系的图形表示, 提供不受任何 DBMS 约束的面向用户的表达方法, 在数据库设计中被广泛用作数据建模的工具。

E-R 模型通过 E-R 图来表示实体及其联系。E-R 模型的构成成分是实体型、联系型和属性。在 E-R 图中, 实体型用矩形框表示, 联系型用菱形框表示, 实体型或联系型的属性用椭圆形框表示。画 E-R 图的步骤如下:

1) 用矩形框画出实体型, 用椭圆形框画出其具有的属性, 用无向直线把实体型与属性连接起来, 并在实体标识符相关属性底下画下划线。

2) 重复步骤 1), 直至画出所有实体型。

3) 分析各实体型之间是否存在联系。若实体型之间存在联系, 则用菱形框画出联系型, 并用无向直线把菱形框与有关实体型连接, 在直线上标明联系的类型。如果联系型存在属性, 则用椭圆形框画出其具有的属性, 并用无向直线把联系型与属性连接起来。

4) 重复步骤 3), 直至所有联系型都画出来。

【例 2.1】以教务管理系统为例，教务管理系统要记录学生选修课程的情况。"学生"实体型具有学号、身份证号、姓名、性别、班级、生日等属性，其中学号、身份证号都可以作为"学生"实体型的实体标识符，选取其一作为实体标识符即可。"课程"实体型具有课程号、课程名、学时、学分等属性，其中课程号可作为实体标识符。在"学生"和"课程"之间存在 $M：N$ 联系，可将该联系型命名为"选修"。由于学生选修课程的行为会产生一个非常重要的信息——成绩，因此，成绩作为"选修"联系型的属性要画出来。最后，可得到如图 2.8 所示的选课管理 E-R 图。

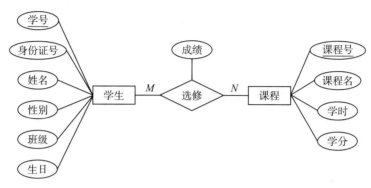

图 2.8　选课管理 E-R 图

思考：在学生选课 E-R 图中，成绩是否可以作为实体型学生或课程的属性画出来？

2.2.2　E-R 模型设计常见问题

为了让读者能更好地掌握 E-R 模型设计的技巧，本小节将通过若干案例详细说明 E-R 模型设计的方法和原则。

1. 两个不同实体型之间的联系（二元联系）

在 E-R 模型设计过程中，两个不同实体型之间存在联系是最常见的情况。如前文所述，两个实体型之间的联系分为三种类型：1：1 联系、1：N 联系和 $M：N$ 联系。例 2.1 已举例说明两个实体型之间存在 $M：N$ 联系的情况，下面将举例说明另外两种情况。

【例 2.2】在教务管理系统里，若记录各班班主任的任职情况，每个班只能有一位老师任班主任，每一位老师也只能任一个班的班主任，则"班"与"班主任"之间是 1：1 联系；班主任管理班有时间期限，"管理"联系型上应加上开始时间和结束时间两个属性，因此，班主任管理班 E-R 图设计如图 2.9 所示。

【例 2.3】在教务管理系统里，若要记录学生分班的情况，由于每个班可有多名学生，而每一名学生只能归属于一个班，则"班"与"学生"之间的联系是 1：N 联系，因此，学生归属班 E-R 图设计如图 2.10 所示。

2. 多个不同实体型之间的联系

【例 2.4】在教务管理系统里，要记录学生上课、教师授课的信息，由于同时涉及"学生""课程""教师"三个实体型，每名学生可以选择多门课程，每门课程可被多名学生选修，每位教师可以讲授多门课程，每门课程也可被多位教师讲授，则"课程"与

"学生"之间的联系、"教师"与"课程"之间的联系都是 $M：N$ 联系。学生选修课程会产生成绩信息，教师授课应记录其上课时间和地点，因此该 E-R 图设计如图 2.11 所示。

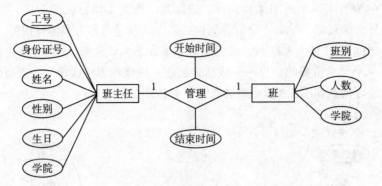

图 2.9　两个实体型之间的 1：1 联系

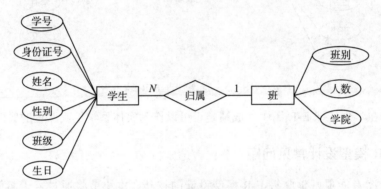

图 2.10　两个实体型之间的 1：N 联系

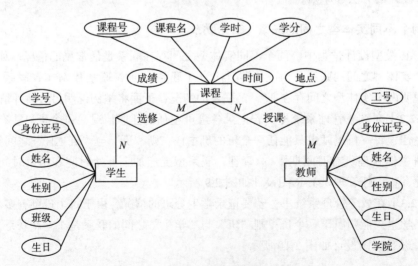

图 2.11　多个实体型之间的二元联系

　　在上例中，若强调"教师"与"学生"之间也存在联系，则图 2.11 所示的 E-R 图可画成多个实体型之间的多元联系结构，如图 2.12 所示。在图 2.12 中，"课程""学生"和"教师"实体型两两之间存在多对多联系。

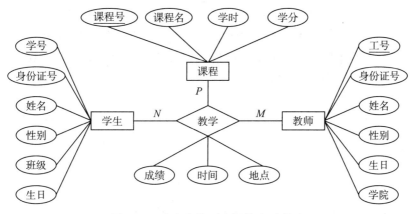

图 2.12　多个实体型之间的多元联系

思考：成绩属性值的个数等于课程门数乘以学生个数，在这种情况下，图 2.11 和图 2.12 的 E-R 图设计中，哪一种设计的存储效率更高？

3. 两个不同实体型之间的多种联系

两个不同实体型之间可能会存在多种不同类型的联系。

【**例 2.5**】学生团队开展学生项目，团队中有且只能有一名学生作为项目负责人，每名学生最多只能参加一个项目，则"项目"与"项目负责人"之间的联系是 1∶1 联系，"项目"与"其他团队成员"之间的联系是 1∶N 联系，"项目负责人"与"其他团队成员"都属于"学生"实体型，因此该 E-R 图设计如图 2.13 所示。

图 2.13　两个不同实体型之间的多种联系

4. 同一实体型内各实体之间的联系

【**例 2.6**】在上例中，一个项目团队里，一位项目负责人管理着多位项目参与人，"项目负责人"与"项目参与人"之间的联系是 1∶N 联系。"项目负责人"与"项目参与人"都属于"学生"实体型，因此，在"学生"实体型内各实体之间的联系如图 2.14 所示。

图 2.14　同一实体型内各实体之间的 1∶N 联系

【**例 2.7**】在大学的专业课程体系中，一些课程是另外一些课程的基础，如"大学计算机基础"是"高级语言程序设计""数据库技术及应用"等课程的基础，"数据库技术及应用""计算机网络"等课程又是"软件工程"课程的基础，因此，"课程"实体型内各实体之间存在的联系如图 2.15 所示。

图 2.15　同一实体型内各实体之间的 $M:N$ 联系

5. 弱实体问题

在现实世界中，有时某些实体对另一些实体有很强的依赖关系，即一个实体的存在必须以另一实体的存在为前提。我们把依赖于另一实体而存在的实体称为**弱实体**，不依赖于任何实体而存在的实体称为**强实体**，它们之间的联系称为**强联系**。反之，如果一个实体与另一个实体之间不存在依赖关系，它们之间的联系称为**弱联系**。

在 E-R 模型中，使用双线矩形框表示弱实体，使用双线菱形框表示强联系。要特别提醒的是：强实体与弱实体之间的联系只能是 $1:1$ 联系或 $1:N$ 联系。弱实体参与联系时应该是"完全参与"，因此弱实体与强联系间的连线也画成双线边。

【**例 2.8**】在人事管理系统中，职工亲属的信息就是以职工的存在为前提的，"亲属"实体是弱实体，"亲属"与"职工"的联系是一种依赖联系，职工具有亲属 E-R 图设计如图 2.16 所示。

图 2.16　存在弱实体的 E-R 图

6. 泛化：超类实体与子类实体

原始的 E-R 模型已经可以描述基本的数据和联系，泛化概念的引入能方便多个概念模型的集成。泛化关系是指抽取多个实体型的共同属性作为超类实体型。泛化层次关系中的低层次实体型为子类实体型，对超类实体型中的属性进行了继承与添加，子类实体型特殊化了超类实体型。E-R 模型中的泛化与面向对象编程中的继承概念相似，但其标记法（构图方式）有些差异。

【**例 2.9**】大学里的人员基本上可以分为两大类：教师和学生。"人员"为其他实体的超类实体型，包含共同属性，"教师"和"学生"是"人员"的子类实体型，子类实体型可以继承超类实体型的所有属性，还能包含自身特有的属性。如"人员"的属性包括身份证号、姓名、性别、生日等，身份证号为实体标识符。"教师"和"学生"都是"人员"的子类实体型，"教师"的属性可以包括身份证号、工号、姓名、性别、生日、学院等，身份证号或工号可为实体标识符。"学生"的属性可以包括身份证号、学号、姓名、性别、生日、班级等，身份证号或学号可为实体标识符。子类实体型和超类实体型可采用相同的实体标识符。"人员"与"教师""学生"等的泛化关系如图2.17所示。

泛化可以表达子类型的两种重要约束：重叠性约束（Disjointness）与完备性约束（Completeness）。**重叠性约束**表示各个子类实体型之间是否排他。若为排他的则用字母"d"标识，否则用"o"标识（o表示Overlap）。图2.17中各子类实体型概念上是排他的。

对商品销售系统中的"员工""客户"实体型进行泛化，抽象出超类实体型——"个人"。由于部分员工也可能是客户，因此子类实体型"员工"与"客户"之间是有重叠部分的，得到的泛化关系如图2.18所示。

图2.17 "人员"与"教师""学生"   图2.18 "个人"与"员工""客户"
　　　　　等的泛化关系　　　　　　　　　　　　　　等的泛化关系

完备性约束表示所有子类实体型在当前系统中能否完全覆盖超类实体型。若能完全覆盖，则在超类实体型与圆圈之间用双线标识（可以把双线理解为等号）。在图2.18中子类实体型"员工"与"客户"能完全覆盖超类实体型"个人"。

7. 多值属性问题

只能有一个取值的属性称为**单值属性**，如性别、生日等。能同时有多个取值的属性称为**多值属性**，例如电话号码。在画E-R图时，需要对多值属性进行处理，处理方法有两种：①将原来的多值属性用几个新的单值属性来表示；②将原来的多值属性用一个新的实体型表示，该实体型为弱实体。

【**例2.10**】"教师"实体型具有工号和电话号码两个属性。由于电话号码可以是办公电话或家庭电话，是多值属性，因此需要处理。如图2.19所示，方法一是用办公电话和家庭电话这两个属性代替电话号码这个属性；方法二是把"电话"作为一个新的实体型单独画出，办公电话和家庭电话作为"电话"实体型的两个属性画出。"电话"是弱实体，依赖于"教师"实体型而存在，"电话"与"教师"之间存在强联系。

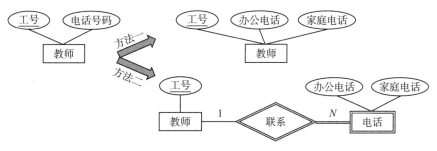

图2.19 多值属性问题处理方法

值得一提的是，可以进一步划分出属性的属性称为**复合属性**，例如地址可以进一步划分为省份、城市、街道、邮编等。不能再划分的属性称为**简单属性**，例如年龄、性别、婚姻状况等。单值属性和多值属性相对，复合属性和简单属性相对，要注意区分。

思考：单值属性一定就是简单属性吗？

8. 派生属性问题

【例 2.11】在图 2.20 中，"教师"实体型中的"年龄"属性的值可根据"生日"属性计算或推导出来，我们把能由其他属性计算或推导出值的属性称为**派生属性**。派生属性是不需要物理存储在数据库中的，因此，在进行 E-R 图设计时，要避免派生属性的出现。

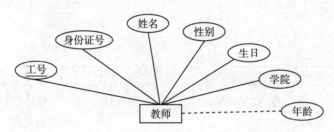

图 2.20 "教师"实体型中的派生属性

思考：在图 2.20 中，"生日"和"年龄"两个属性相比，记录哪一个更好？

9. 用实体型还是用联系型

在抽象表示客观事物及事物之间的联系时，既可以使用实体型，也可以使用联系型。

【例 2.12】客户向银行贷款，每位客户可向多家银行贷款，每家银行可向多位客户提供贷款，因此，银行与客户之间的贷款信息可以使用如图 2.21 所示的 E-R 图表示。假设银行提供贷款有属性 A，客户申请贷款有属性 B。在图 2.21 a 中"贷款"被当作联系型来处理，而在图 2.21 b 中"贷款"被当作实体型来处理。若属性 A 和 B 被访问的频率相差很大，采用图 2.21 b 的 E-R 图结构进行设计，把"贷款"作为实体型来处理，将申请贷款和提供贷款的属性分开，这样会更节省空间，提高访问效率。

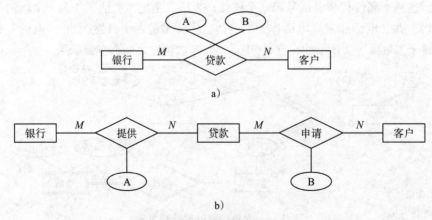

图 2.21 客户向银行贷款 E-R 图

10. 联系型属性的布局问题

在设计 E-R 图时，联系型属性的布局与联系型的类型相关。根据联系型类型的不同，联系型属性的布局有所区别。

若联系型为 1：1 联系时，联系型的属性既可以画在联系型上，也可画在参与该联系的任意一个实体型中，作为实体型的属性画出。如图 2.9 所示的班主任管理班的 E-R 图，可以画成如图 2.22 a 或图 2.22 b 所示。

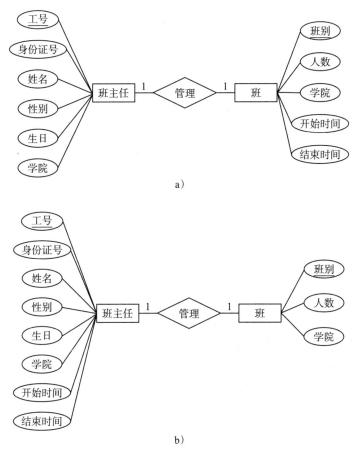

图 2.22　1：1 联系的属性布局

若联系型为 1：N 联系时，联系型的属性既可以画在联系型上，也可画在参与该联系的 N 方对应的实体型上，作为实体型的属性画出。

【例 2.13】学校聘任教师，每一所学校可聘任多位教师，每位教师只能在某一所学校任职，则"学校"与"教师"的聘任联系是 1：N 联系。在设计 E-R 图时，聘任产生的"薪酬"属性既可以作为"聘任"联系型的属性画出（见图 2.23 a），也可以作为"教师"实体型的属性画出（见图 2.23 b）。

若联系型为 M：N 联系时，联系型的属性只能画在联系型上。

思考：在图 2.8 学生选课 E-R 图中，"成绩"属性可以作为"学生"实体型或"课程"实体型的属性画出吗？为什么？

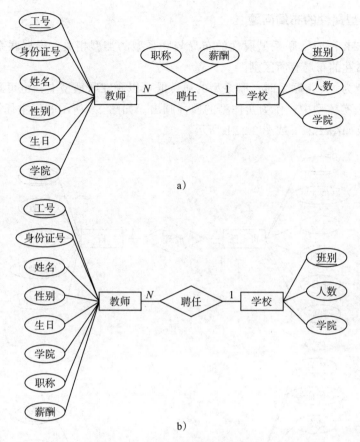

图 2.23   1∶N 联系的属性布局

2.2.3   E-R 模型的优点与缺陷

E-R 模型的目标是捕获现实世界的数据需求，并以简单、易理解的方式表现出来。E-R 图将概念简单化、形式化地表示出来，是非常好用的数据库设计工具，常被用于项目组内部交流或与用户讨论系统数据需求。

然而，E-R 模型也不是完美的：它能表示的数据约束很有限，如"成绩的取值必须在 [0,100] 这个区间范围"这样的约束就不能在 E-R 图上体现出来；它表示实体内部属性之间关系的能力有限；它对信息内容的表示不全面；它没有对应的数据操作语言。

尽管如此，由于 E-R 模型能够很好地与关系数据模型集成，在关系数据库占市场主导地位的今天，E-R 模型仍然是一个非常受欢迎的概念模型层面的建模工具。

2.3   逻辑数据模型

逻辑数据模型（Logical Data Model），又称为逻辑模型，是一种面向数据库系统的模型，是具体 DBMS 所支持的数据模型，如层次数据模型、网状数据模型、关系数据模型、面向对象数据模型、扩展关系数据模型等。这些模型既要面向用户，又要面向系统，主要用于 DBMS 的实现。

2.3.1　层次数据模型

20 世纪 60 年代以前，人们采用文件系统进行数据管理，这种方式以分散、互相独立的数据文件为基础，不可避免地存在数据冗余、数据不一致、处理效率低等问题。这些问题在较大规模的系统中尤为突出。

美国在 20 世纪六七十年代开展了名为"阿波罗计划"的研究。当时"阿波罗"飞船由约 200 万个零部件组成，分散在世界各地制造。为了掌握计划进度及协调工程进展，"阿波罗计划"的总承包商北美 Rockwell 公司（现 Rockwell International Corporation）曾在文件管理系统的基础上开发了一个计算机零部件管理系统。这个系统共用了 18 盘磁带，虽然可以工作，但效率极低，哪怕是一个小小的修改，都会带来"牵一发而动全身"的后果，维护起来十分困难。这 18 盘磁带的数据中有 60% 是冗余的。数据冗余引起的问题促使 Rockwell 公司开发出一种被称为 GUAM（通用更新访问方法，Generalized Update Access Method）的软件，该软件构建的原理是，许多较小的零件将聚集组建成更大部件，持续下去，直到所有部件形成最终的装置。20 世纪 60 年代中期，IBM 公司与 Rockwell 公司联合，用更现代的磁盘存储器（允许使用复杂的指针系统）取代计算机磁带，从而扩充了 GUAM 的能力。

Rockwell 公司与 IBM 公司共同努力的结果就是形成了 IMS（信息管理系统，Information Management System），为"阿波罗"飞船在 1969 年顺利登月奠定了良好基础。由于 IBM 公司的开发实力和市场影响，IMS 在 20 世纪 70 年代和 80 年代早期成为世界领先的大型机层次数据库系统。

IMS 是采用层次数据模型的数据库的典型代表。层次数据模型（Hierarchical Data Model）又称为层次模型，它用一棵倒立的"有向树"的数据结构来表示各类实体以及实体间的联系。这棵"有向树"由根节点和若干棵子树构成。每个节点有零个或多个子节点，如图 2.24 所示。树有且仅有一个节点没有父节点，这个节点称为**根节点**；根以外的其他节点有且只有一个父节点。除了根节点外，每个子节点可以分为多个不相交的子树；没有子节点的节点称为**叶节点**。

图 2.24　自然界的树与数据结构的树

层次模型用一棵倒立的"有向树"的数据结构来表示各类实体以及实体间的联系。在树中，每个节点表示一个记录类型，节点间的连线表示记录类型间的联系，每个记录类型可包含若干个字段，记录类型描述的是实体，字段描述的是实体的属性，各个记录类型及其字段都必须命名，且各个记录类型、同一记录类型中各个字段不能同名。每个记录类型可以定义一个排序字段，也称码字段，如果定义该排序字段的值是唯一的，则它能唯一地标识一个记录值。如果要存取某一记录类型的记录，可以从根节点起，按照有向树层次向下查找。

【例 2.14】图 2.25 展示了一个"学生"层次模型，它包含了"学院""系""实验室""班"和"学生"5 个记录类型。"学院"包含学院编号、院名、院办公地点等字段；"系"包含系编号、系名、系办公地点等字段；"实验室"包含实验室编号、实验室名、实验室地点等字段；"班"包含班编号和班名两个字段；"学生"包含学号、身份证号、姓名、性别和生日等字段。图 2.26 显示的是对应图 2.25 的一个实例，有软件学院、软件工程系、计算中心、21 软件工程 3 班、张怡等 5 个记录值。

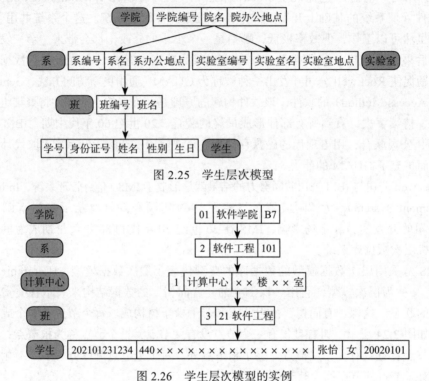

图 2.25　学生层次模型

图 2.26　学生层次模型的实例

（1）层次模型支持的数据操作

层次模型支持的数据操作主要有查询、插入、删除和更新。插入、删除和更新操作要满足层次模型的完整性约束条件，具体如下：

1）进行插入操作时，如果没有相应的父节点值就不能插入它的子节点值。例如，在例 2.14 的层次数据库中，在新调入一名学生，但尚未将他分配到某个班时，就不能将该学生插入数据库中。

2）进行删除操作时，如果删除父节点值，则相应的子节点值也被同时删除。例如，在例 2.14 的层次数据库中，如果删除了 21 软件工程 3 班，则该班所有学生的数据会全部丢失。

3）进行更新操作时，应更新所有相应记录，以保证数据的一致性。

（2）层次模型的优点

层次模型适用于表示现实世界中有"上下辈"分层级的事物以及事物间具有 1∶N 联系的情况，如制造流程、行政层次、家族关系、银行的客户账户系统等。层次模型具有以下优点：

1）层次模型的数据结构比较简单、清晰。基于层次结构的数据库，各层之间的联系在逻辑上（或概念上）简单并且设计也简单。

2）层次数据库查询效率高。层次模型中记录之间的联系用有向边表示，这种联系在 DBMS 中常常用指针来实现，因此这种联系也就是记录之间的存取路径。当要存取某个节点的记录值时，DBMS 沿着这一条路径就可以很快找到该记录值，因此层次数据库的性能优于关系数据库，不低于网状数据库。

3）层次模型提供了良好的完整性支持。给定父/子联系，在父记录和它的子记录之间存在链接。由于子记录是自动引用它的父记录的，所以这种模式保证了数据完整性。

4）层次数据库实现了数据共享。因为所有数据都保存在公共数据库里，所以数据共享成为现实。

5）层次模型具有数据安全保障。层次模型是第一个由 DBMS 提供和强制数据安全的数据库模型。

（3）层次模型的缺陷

层次模型存在以下缺陷：

1）表示的局限性：现实世界中很多联系是多对多联系，不适合用层次模型表示。

2）实现复杂：虽然层次数据库概念简单、容易设计而且没有数据依赖性问题，但实现起来特别复杂。由于使用导航式结构，数据库设计者必须具备一定的关于物理数据存储特性的知识。数据库结构的任何变化都要求所有访问数据库的应用程序随之改变。因此，数据库设计的实现变得非常复杂。

3）缺乏结构独立性：结构独立性是指数据库结构的改变不会影响 DBMS 访问数据的能力。层次数据库被称为导航式系统，这是因为其数据访问要求使用前序遍历导航到合适的记录。所以，应用程序应该掌握从数据库访问数据的相关访问路径。物理结构的修改或变化会导致应用程序出现问题，这就要求必须随之修改应用程序。在层次数据库系统中，结构依赖使得数据独立性是非常有限的，数据库和应用程序的维护也变得非常困难。

4）应用程序编写复杂：编写应用程序非常费时和复杂。由于导航式结构，查询子节点必须通过父节点，应用程序编程人员和终端用户必须准确地掌握数据库中数据的物理描述以及访问数据的控制代码，这要求具有复杂指针系统的知识，普通用户往往不具备这些知识。此外，对数据插入和删除操作的限制比较多，因此应用程序的编写复杂、耗时。

5）缺乏标准：在层次模型里，没有精确的标准概念集，也没有明确指定模型执行的特定标准。

2.3.2　网状数据模型

20 世纪 60 年代，在层次数据库产品问世的同时，在通用电气公司任职程序设计部门经理的 Charles W. Bachman 主持设计与开发了最早的网状数据库管理系统 IDS（Integrated Data System）。IDS 于 1964 年推出后，成为最受欢迎的数据库产品之一，而且它的设计思想和实现技术被后来的许多数据库产品所效仿。后来，在 Bachman 积极推动下，美国数据系统语言会议（CODASYL）下属的数据库任务组（DBTG）提出了网状数据库模型以及数据定义语言（Data Definition Language，DDL）和数据操纵语言（Data Manipulation Language，DML）的规范说明，并于 1971 年推出了第一个正式报告——DBTG 报告。

DBTG 报告明确了数据库管理员（Database Administrator，DBA）的概念，规定了 DBA 的作用与地位，并首次确定了数据库的三层体系结构，包括模式（Schema）、子模式（Subschema）、物理模式（Physical Schema）。模式对应数据库的概念层，是对数据库中数据整体逻辑结构的描述，由 DBA 使用 DDL 定义。子模式对应于数据库的外层或用户视图（user view），是某一用户对他所关心的那部分数据的逻辑结构的描述，由该用户自己或委托 DBA 使用子模式 DDL 定义。物理模式也叫存储模式（Storage Schema），对应于数据库的物理层，是对数据库数据存储组织方式的描述，由 DBA 通过数据存储描述语言（Data Storage Description Language，DSDL）定义。在 DBMS 的控制下，用户借助应用程序通过 DML 引用某一模式的子模式操纵数据库中的数据。这些数据被找到之后，将被放置于名为用户工作区（User Work Area，UWA）的数据缓冲区中，等待应用程序的访问。DBTG 体系结构如图 2.27 所示。

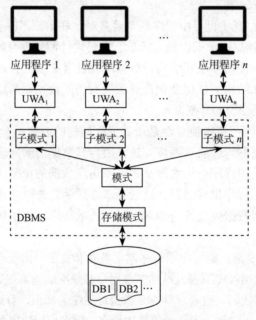

图 2.27   DBTG 体系结构

DBTG 报告是数据库历史上具有里程碑意义的文献。DBTG 报告描述的虽然是一种方案而非实际的数据库，但它所提出的基本概念却具有普遍意义，不仅国际上大多数网状数据库管理系统，如 IDMS、PRIMEDBMS、DMSl70、DMS Ⅱ 和 DMS1100 等都遵循或基本遵循 DBTG 模型，而且后来产生和发展的关系数据库技术也深受它的影响，关系 DBMS 的体系结构也遵循 DBTG 的三级模式。

在 DBTG 报告中基于 IDS 的经验所确定的方法称为 DBTG 方法或 CODASYL 方法。被世人公认为"网状数据库之父"或"DBTG 之父"的 Bachman 因在数据库技术方面做出了杰出的贡献，成为 1973 年图灵奖获得者。

网状数据模型 (Network Data Model) 又称为网状模型，它使用一种名为"有向图"的数据结构表示实体类型及实体之间的联系。在这个有向图中，每个节点表示一个记录型（实体型），每个记录型可包含若干个字段（实体型的属性），节点间的连线表示记录型（实体型）间的父子关系。网状模型中允许有一个及以上节点无父节点，至少有一个节点可以有多于一个父节点。有向图如图 2.28 所示，节点 A 和 B 没有父节点，而节点 C 和 D 有两个父节点。

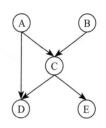

图 2.28　有向图

图 2.29 展示了一个学生所属组织网状模型，它包含了"班""社团"和"学生"等三个记录型。"班"包含班编号和班名两个字段；"社团"包含社团编号、社团名称和活动地点等三个字段；"学生"包含学号、身份证号、姓名、性别和生日等字段。图 2.30 显示的是对应图 2.29 的一个实例，有 21 软件工程 3 班、张怡、舞蹈团、小程序开发俱乐部等记录值。

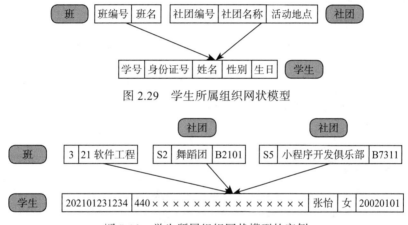

图 2.29　学生所属组织网状模型

图 2.30　学生所属组织网状模型的实例

与层次模型不同，在网状模型中子节点与父节点的联系不是唯一的，因此，在网状模型中要为每个联系命名，并指出构成该联系的父节点和子节点。我们把两个或两个以上的记录型之间的联系称为系类型。一个系类型就是一棵二级树。在一个系类型中，有一个记录型处于主导地位，称为**系主记录类型**，其他称为**成员记录类型**。系主和成员之间的联系是一对多的联系。例如，可将图 2.29 的学生所属组织网状模型转换为图 2.31 的两个系类型。其中，"班"和"社团"为这两个系类型的系主记录类型，"学生"为成员记录类型。

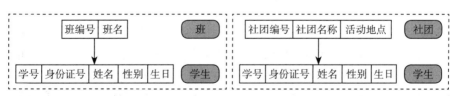

图 2.31　学生所属组织网状模型转换为两个系类型

（1）网状模型支持的数据操作

网状模型支持的数据操作主要有查询、插入、删除和更新。插入、删除、更新操作要满足层次模型的完整性约束条件，具体如下：

1）进行插入操作时，允许插入尚未确定父节点的子节点。例如，可插入一些刚来报到但还未分配到班的学生信息，也可插入一名尚未参加社团的新同学信息。

2）进行删除操作时，允许只删除父节点。例如，一个社团解散了，可只删除社团节点，而该社团所有学生的信息仍保留在数据库中。

3）进行更新操作时，只需更新指定记录即可。

（2）网状模型的优点

网状模型没有层次模型那样严格的完整性约束条件，相比于层次模型，网状模型的适用范围更广，它具有以下优点：

1）网状模型能够更为直接地描述客观世界中实体间的复杂联系。

2）网状模型中节点间的联系简单，数据访问灵活，存取效率较高。

3）网状模型有对应的数据库行业标准，使得基于网状模型的数据库产品大受欢迎。

（3）网状模型的缺陷

网状模型存在着以下缺陷：

1）与层次模型相比，网状模型的结构更加复杂。涉及实体越多，数据库的结构就越复杂，不利于用户使用。

2）与层次模型类似的是，在网状模型中，由于实体间的联系本质上是通过存取路径表示的，因此应用程序在访问数据时要指定存取路径，这导致网状数据库的结构独立性较差。

2.3.3　关系数据模型

层次模型和网状模型被称为第一代数据模型。基于层次模型和网状模型的数据库产品虽然已经很好地解决了数据的集中管理和共享问题，但是在数据独立性和抽象级别上仍存在很大的欠缺。用户要存取这两种数据库，就需要深入了解数据本身的导航结构，并由专业的程序员编写代码来实现数据的存取，信息检索是非常复杂的任务。

为了解决上述问题，1970 年，IBM 的研究员 Edgar Frank Codd 博士发表了题为"A Relational Model of Data for Large Shared Data Banks"的论文，建议将数据独立于硬件来存储，程序员使用非过程语言来访问数据。他在论文中首次提出了关系数据模型的概念，开启了对关系数据库方法和数据规范化理论的研究。关系数据模型（Relational Data Model）又称为关系模型，它提供了关系操作的特点和功能要求，但对 DBMS 的语言没有具体的语法要求。对关系数据库的操作是高度非过程化的，数据库用户或应用程序查询数据时不需要知道该数据的结构，数据存取路径的选择由 DBMS 的优化机制来完成。由于关系模型具有坚实的数学理论基础且简单明了，一经提出就受到了学术界和产业界的高度重视和广泛应用，并快速成为数据库市场的主流。因在关系数据库方面的杰出贡献，Codd 博士被称为"关系数据库之父"，并获得了 1981 年的图灵奖。这篇论文还于 1983 年被美国计算机协会评为自 1958 年以来的 1/4 个世纪中具有里程碑式意义的最重要的 25 篇研究论文之一。

令人遗憾的是，在这篇研究论文发表之时，IBM 已经投资了 IMS，对关系数据库理论没有给予足够的重视。Larry Ellison 却发现了关系数据库潜在的巨大商业利益，他在 1977

年与 Ed Oates 和 Bob Miner 一起研制了世界上第一个商用关系数据库管理系统，并创办了
Oracle 公司。这家公司后来不断发展壮大，成为 IBM 在数据库领域的最大竞争对手。

　　1973 年 IBM 启动了一个研究项目，创建了一个名为 System R 的数据库系统。该
项目是一个具有开创性的项目，它第一次实现了 SQL 语言，从此 SQL 成为标准关系
数据库查询语言；它还首次论证了关系数据库管理系统能够提供良好的事务处理性能。
System R 中的设计决策以及一些基本的选择算法对后来的关系系统产生了巨大的影响。

　　20 世纪 70 年代早期，System R 项目组发表了一系列关于关系数据库的文章，引起
了加利福尼亚大学伯克利分校的两位科学家 Michael Stonebraker 和 Eugene Wong 的强
烈关注，于是他们也启动了一个关系数据库的研究项目——Ingres（Interactive Graphics
and Retrieval System，交互式图形和检索系统）。Ingres 在概念上与 System R 相似，但
是它基于比较低端的系统，主要是 UNIX 和 DEC。Ingres 项目在 20 世纪 80 年代早期
结束。从 20 世纪 80 年代中期开始，在 Ingres 基础上产生了很多商业数据库软件，包括
Sybase、Microsoft SQL Server、NonStop SQL、Informix 等。在 20 世纪 80 年代中期启
动了 Ingres 的后继项目 Postgres，并产生了 PostgreSQL、Illustra。无论从何种意义上来
说，Ingres 都是历史上最有影响的计算机研究项目之一。1988 年，System R 和 Ingres 双
双获得美国计算机协会颁发的"软件系统奖"。

　　在关系模型中，无论是实体还是实体之间的联系均用关系（relation）来表示。每个
关系的数据结构均是一个规范化的二维表。在这个二维表中，每一行称为元组，也叫记
录；每一列是一个属性，也称为字段。关系中元组的一个属性值称为分量。"学生"关
系的属性和分量如图 2.32 所示。

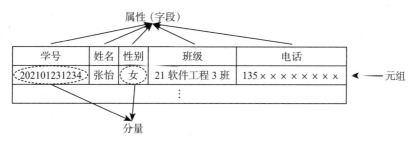

图 2.32　"学生"关系

　　在设计数据库时，我们常把关系形式化地表示为：关系名（属性 1，属性 2，…，属
性 n，…）。这种关系的形式化描述称为关系模式。例如，前面描述的"学生"关系，其
关系模式可表示成：学生（学号，身份证号，姓名，性别，生日）。关系模式相当于一个表
的抽象框架，是相对稳定的。当我们往框架里面填入具体的数据之后，每一个元组可以
称为关系实例。关系会随着数据的插入、删除和修改而发生变化。

　　（1）关系模型支持的数据操作

　　关系模型支持的数据操作主要包括查询、插入、删除和修改，这些操作必须满足关
系的完整性约束条件，即实体完整性、参照完整性和用户定义的完整性。关系的完整性
约束的具体含义以及关系模型的概念和理论知识将在第 4 章中详细介绍。

　　（2）关系模型的优点

　　关系模型被称为第二代数据模型，它具有以下优点：

1）与非关系模型不同，它有较强的数学理论根据。

2）数据结构简单、清晰，用户易懂易用。在关系模型中，数据模型是一些表格的框架，实体通过关系的属性（即表格的栏目）表示，实体之间的联系通过这些表格中的公共属性（可以不同属性名，但必须同域）表示。结构非常简单，非专业人员一看就能明白。

3）关系数据库语言是非过程化的，用户只需要指出"做什么"，而不必详细说明"怎么做"。用户对数据的操作可以不涉及数据的物理存储位置，只需给出数据所在的表、属性等有关数据自身的特性即可。这将用户从需编程实现的数据库记录导航式检索中解脱了出来，大大降低了用户编程的难度，同时提高了数据的独立性。

4）在关系模型中，操作的基本对象是关系，关系是一个集合而不是某一个元组。在非关系模型中，操作对象是单个记录；关系模型中的数据操作是面向集合的操作，操作对象和操作结果都是关系，即若干元组的集合，对于用户而言，这提高了数据访问的便利程度。

（3）关系模型的缺陷

没有一种数据模型是完美的，关系模型也不例外，它存在以下这些不足：

1）在关系模型中，复合属性往往需要拆分成若干个简单属性，例如"地址"属性，可包含省份、城市、街道、邮编等信息。如果直接使用字符串存储地址的全部信息，则不利于数据的检索、更新和删除。然而，"地址"被拆分之后，省份、城市、街道、邮编等作为独立的属性存在，会割裂数据间的层次关系。

2）关系模型不能表示变长的属性。例如，保卫处负责校园门禁管理和人员的户籍管理，建立了"户籍"文件存储教师的工号、姓名、性别、班级、籍贯、户口所在地、电话、配偶、子女等信息，由于所有教师的子女数目不是统一的值，为了兼容子女数目多的情况，可设置多个子女属性列，如"子女 1""子女 2"等。子女属性列若设置得过少，则不能满足使用需求；若设置得过多，则浪费存储空间。关系模型不支持可变数组和嵌套表格，对于这种情况的处理缺乏灵活性。

3）关系模型简单易用，大大降低了用户设计和使用的门槛，有可能助长一些拙劣的数据库设计和实现。

4）由于关系模型提供了较高的数据独立性和非过程化的查询功能，查询的时候只需指明数据所在的表和列，具体的查找路径由系统来指定，因此系统性能面临更高的要求。

2.3.4　面向对象数据模型

面向对象的基本概念是 20 世纪 70 年代提出的，它的基本思想是对问题领域进行自然的分割，用更接近人类的思维方式建立问题领域的模型，并进行结构模拟和行为模拟，从而使设计出的软件能尽可能直接地表现出问题的求解过程。

面向对象的方法把系统工程中的某个模块或构件视为问题空间的一个或一类对象。**对象**（object）表示现实世界中的实体。一名学生、一门课程、一次选修记录都可以看作对象。每个对象包含一组属性和一组方法。**属性**用来描述对象的状态、组成和特性，是对象的静态特征，如学生的姓名、性别等。**方法**是用来改变对象一个或多个属性的值的操作（通常使用函数过程实现），是对象的动态特征。在对象状态上操作的方法集称为对象的**行为**。具有相同的属性集和方法集的所有对象的集合称为**类**（class）。类允许嵌套结构。现有的类称为**超类**，子类是从现有类派生出来的，称为**派生类**。子类**继承**了超类上定义的全部属性和方法，从而实现软件的可重用性。同时，子类本身还可包含其他属性和方法。通过继承构造了子类后，还可以为每个子类指定其独特的表现行为，这称为**多态**。继承体现了这些对象的共性，多态则体现了每个对象的个性。在前文例 2.9 中，若定义大学里的人员为一个类，属性包括身份证号、姓名、性别、生日等，从人员类中可派生出两个子类：教师和学生。教师和学生能继承人员类包含的所有属性，还能定义自身特有的属性，如教师可包含工号属性，学生可包含学号属性。

每一个对象都是一系列属性和方法的**封装**。用户虽能看见对象封装界面上的信息，却看不见对象内部的细节。封装的目的是使对象的使用和实现分开，使用者只需通过消息来访问对象，而不必知道行为实现的细节。这种数据与操作统一的建模方法既提升了用户使用程序的便利程度，也有利于程序的模块化，增强了系统的可维护性。

由于面向对象的思想简单、直观，十分接近人类分析和处理问题的自然思维方式，同时又能有效地组织和管理不同类型的数据，因此面向对象的程序设计方法成为目前程序设计的主要方法之一。

无论是第一代层次模型和网状模型，还是第二代关系模型，它们都存在以下不足：采用简单固定的数据类型，不能表示复杂的数据和嵌套数据；只能实现实体之间的简单联系，不能实现实体间聚合、继承等复杂联系；结构与行为分离，模拟数据和行为的能力不足。随着数据环境和系统需求变得越来越复杂，一方面传统的数据库产品显得力不从心，另一方面生成和维护日益复杂的计算机程序所需要的成本也越来越高。

为了弥补传统数据模型的不足，并进一步降低信息系统的开发成本，增强系统的可维护性，20 世纪 90 年代数据库技术领域引入了面向对象的程序设计方法。面向对象数据模型（object oriented data model）采用面向对象的方法来设计数据库。面向对象的数据库以对象为单位存储内容，每个对象均包含对象的属性和方法，具有类和继承等特点。面向对象数据模型既继承了关系模型已有的优势、特性，又支持面向对象建模、基于对象的存取与持久化以及代码级面向对象的数据操作，从而成为现在较为流行的新型数据模型，在电信、金融和互联网应用等涉及多媒体信息管理及实体关系非常复杂的场景中备受欢迎。Computer Associates 公司的 Jasmine 就是面向对象数据模型的数据库系统。

（1）面向对象数据模型的优点

1）适合处理各种各样的数据类型。与传统的数据库（如层次数据库、网状数据库或关系数据库）不同，面向对象数据库适合存储不同类型的数据，如图片、声音、视频、文本、数字等。

2）提高开发效率。面向对象数据模型结合了面向对象程序设计方法与数据库技术，从而提供了一个集成应用开发系统的方法。面向对象数据模型具有继承、多态和动态绑定等特性，用户无须编写特定对象的代码就可以构成对象并提供解决方案，从而有效地提高数据库应用程序开发人员的开发效率。

3）改善数据访问。面向对象数据模型明确地表示联系，支持用导航式和关联式两种方式访问信息。它比基于关系值的联系更能提高数据访问性能。

（2）面向对象数据模型的缺陷

1）没有准确的定义。面向对象数据模型很难提供一个准确的定义来说明面向对象
DBMS 是什么样的，这是因为很多不同的产品和原型都称自己用到面向对象 DBMS，但
这些产品和原型考虑的方面是不一样的。

2）维护困难。组织的信息需求改变时，对象的定义也要随之改变，并且需移植现
有数据库，以完成新对象的定义。在改变对象的定义和移植数据库时，面向对象数据模
型可能面临真正的挑战。

3）不适合所有应用。面向对象数据模型适用于需要管理数据对象之间复杂关系的
应用，特别适用于特定的应用，如工程、电子商务、医疗等；面向对象数据模型并不适
合所有应用，当用于普通应用时，其性能会降低并要求很高的处理能力。

2.4　物理数据模型

物理数据模型（Physical Data Model）又称为物理模型，是一种面向计算机物理表
示的模型，用于描述数据在储存介质上的组织结构，包括数据如何在计算机中存储、如
何表达记录结构和访问路径等。它不仅与具体的 DBMS 有关，而且与操作系统和硬件
有关。每一种逻辑模型在实现时都有其对应的物理模型。物理模型的目标是指定如何用
数据库模式来实现逻辑模型，以及真正地保存数据。DBMS 中为了保证独立性与可移植
性，大部分物理模型的实现工作由系统自动完成，设计者只需要添加索引、聚集等结构
即可。

2.5　本章小结

数据模型是对现实世界中的事物以及事物之间联系的抽象和模拟。数据模型应满足
三方面要求：①能较好地模拟现实世界；②容易为人所理解；③便于在计算机中实现。
一种数据模型要很好地、全面地满足这三方面要求目前还很困难。在数据库技术领域，
数据模型分为三个层次：概念模型、逻辑模型和物理模型。概念模型是数据库设计人员
在最初的数据库设计阶段，从业务角度出发对现实世界中数据的抽象描述。逻辑模型是
对概念模型的进一步具体化，是用户所使用的具体 DBMS 支持的数据类型，是开发物理
数据库的依据。物理模型则是概念模型和逻辑模型在计算机中的具体表示。因此，在数
据库系统中，应针对不同的使用对象和应用目的采用不同的数据模型。如同在建筑设计
和施工的不同阶段需要不同的图纸一样，在开发和实施数据库应用系统的不同阶段也需
要使用不同的数据模型。

在学习本章时需要重点掌握以下知识点：

1）数据模型的作用与组成。

2）实体型之间联系的三种类型。

3）E-R 图的画法。

4）层次模型的特点。

5）网状模型的特点。

6）关系模型的特点。

7）面向对象模型的特点。

2.6　习题

一、单选题

1. 医生与病人之间的联系属于（　　）联系。

　　A. 一对一　　　　　B. 一对多　　　　　C. 多对一　　　　　D. 多对多

2. 使用表格来表示实体及实体间联系的数据模型是（　　）。

　　A. 层次模型　　　　B. 网状模型　　　　C. 关系模型　　　　D. 面向对象模型

3. 层次模型不能直接表示（　　）联系。

　　A. 一对一　　　　　B. 一对多　　　　　C. 多对一　　　　　D. 多对多

4. 名为"列车运营"的实体，含有车次、日期、实际发车时间、实际抵达时间、情况摘要等属性，该实体的实体标识符是（　　）。

　　A. 车次　　　　　　B. 日期　　　　　　C. 车次 + 日期　　　D. 车次 + 情况摘要

5.（　　）描述了数据在储存介质上的组织结构。

　　A. 概念模型　　　　B. 逻辑模型　　　　C. 物理模型　　　　D. E-R 模型

二、多选题

1. 以下选项中，属于逻辑模型的有（　　）。

　　A. 层次模型　　　　B. 网状模型　　　　C. 关系模型　　　　D. 面向对象模型

2. 以下选项中，（　　）是网状模型的优点。

　　A. 概念简单　　　　　　　　　　　　　B. 数据访问灵活

　　C. 可处理各种联系类型　　　　　　　　D. 缺乏标准

3. 面向对象模型的主要特点有（　　）。

　　A. 继承　　　　　　B. 多态　　　　　　C. 封装　　　　　　D. 简单

4. E-R 图的基本成分包括（　　）。

　　A. 椭圆形框　　　　B. 菱形框　　　　　C. 矩形框　　　　　D. 直线

5. 数据模型包括（　　）等几个层次。

　　A. 概念模型　　　　B. 逻辑模型　　　　C. 网状模型　　　　D. 物理模型

6. 数据模型由（　　）几个选项组成。

　　A. 数据结构　　　　B. 数据操作　　　　C. 数据　　　　　　D. 完整性约束

7. 数据模型需要满足（　　）等要求。

　　A. 真实模拟现实世界　　　　　　　　　B. 容易为人所理解

　　C. 便于在计算机上实现　　　　　　　　D. 模拟人为操作

三、判断题

1. 数据模型是对客观事物及事物之间联系的数据描述。

2. 在一个模型里，依赖于另一实体的存在而存在的实体称为弱实体。

3. 能进一步划分出属性的属性称为多值属性。

4. 子类和超类之间具有继承性，子类还能包含比超类更多的属性。

5. 性别是简单属性。

6. 若实体 A 和 B 是一对多的联系，实体 B 和 C 是多对一的联系，则实体 A 和 C 是一对一的联系。

四、名词解释

1. 对象

2. 类

3. 实体标识符

4. 泛化关系

5. 叶节点

6. 派生属性

五、简答题

1. 简述层次模型使用的数据结构及其特征。

2. 简述网状模型使用的数据结构及其优点。

3. 简述关系模型使用的数据结构及其优点。

数据库应用系统设计与实现（二）

——数据库概念结构设计

概念结构设计就是在了解用户的需求和业务领域具体情况以后，经过分析和总结，提炼出用以描述用户业务需求的一些概念。在概念结构设计阶段，应根据系统分析的结果，以实体为基本元素，基于实体的概念对各个数据对象进行分析并厘清各个实体之间的关系。在使用 E-R 图进行概念结构设计时，若系统的规模较大，涉及实体较多，在同一篇幅里无法完全描述出来，则可以把系统切分成多个子系统，把系统的 E-R 图分成多个子 E-R 图。以教务管理系统为例，学生选修课程，教师授课，因此涉及"学生""课程"和"教师"三个实体型，而且"学生"与"课程"之间、"教师"与"课程"之间存在联系。使用 E-R 图，我们可以先把教务管理系统的整体概念结构描述为如图 2.33 所示。

图 2.33　教务管理系统的整体概念结构

接着，利用系统分析阶段得到的对业务对象数据存储的需求，确定各实体的属性、各实体的实体标识符以及实体间联系的类型。教务管理系统需要记录以下信息：学生的基本信息，包括学号、身份证号、姓名、性别、班级和生日等，其中，学号可作为"学生"实体的实体标识符；教师的基本信息，包括工号、身份证号、姓名、性别、生日、学院等，其中，工号可作为"教师"实体的实体标识符；课程的基本信息，包括课程号、课程名、学时、学分等，其中，课程号可作为"课程"实体的实体标识符。由于每名学生可以选择多门课程，每门课程可被多名学生选修，每位教师可以教授多门课程，每门课程也可被多位教师讲授，则"课程"与"学生"之间的联系、"教师"与"课程"之间的联系都是 $M:N$ 联系。此外，学生修课会产生成绩、学分等重要信息，教师授课的时间和地点也需要记录下来。基于上述分析，进一步完善教务管理系统 E-R 图（见图 2.34）。

若 E-R 图篇幅较大，可以不在 E-R 图上给出实体的属性，而是先把整体概念结构E-R 图画出，并在整体概念结构 E-R 图上补充各联系型的属性，如图 2.35 所示；再采用一个专门的表格来描述实体及其属性的详细信息，如"学生"实体、"课程"实体和"教师"实体可表示为如图 2.36 所示的表格形式。

此外，为了实现系统的用户登录功能，还需要构建"用户"实体，其属性包括账号、密码和用户类型，其中，账号可作为"用户"实体的实体标识符，如图 2.37 所示。

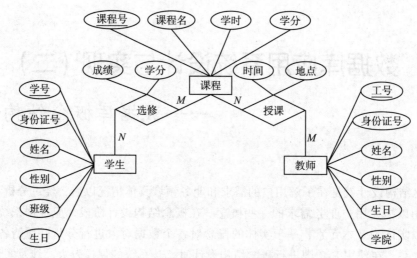

图 2.34   完善后的教务管理系统的 E-R 图

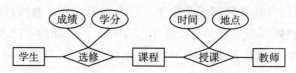

图 2.35   在整体概念结构上补充联系型的属性

学生					
学号	身份证号	姓名	性别	班级	生日

课程			
课程号	课程名	学时	学分

教师					
工号	身份证号	姓名	性别	生日	学院

图 2.36   实体及各属性的表格形式

用户		
账号	密码	用户类型

图 2.37   "用户"实体及各属性的表格形式

课程设计任务 2

课程设计小组完成课程设计的数据库概念结构设计，画出系统的 E-R 图。

第3章 数据库系统概述

在第 1 章，我们介绍了数据管理技术的发展史。在数据处理需求以及计算机软硬件技术发展的共同推动下，数据库技术出现并渗透到各行各业，从而在现代人类社会生产与生活中起到了重要的作用。为了让读者更加深刻地理解数据库系统取代文件系统成为现代信息社会中最重要的信息处理方式的原因，本章将详细介绍数据库系统的各个组成部分及其作用，以及数据库系统的体系结构，进而总结数据库系统的特点，阐述数据库技术的意义。本章最后将介绍数据库技术的研究方向与发展现状，特别是我国近年来在数据库技术领域所取得的突破，使读者对国内外数据库技术的发展有更全面的了解。

3.1 数据库系统的组成

数据库技术研究和管理的对象是数据。数据库技术通过对数据进行统一的组织和管理，按照指定的结构建立相应的数据库，利用相关理论和方法实现对数据库中数据的处理、分析和理解。**数据库系统**（Database System，DBS）是指采用数据库技术有组织地、动态地存储大量关联数据，由方便多用户（或应用程序）访问的计算机软硬件资源组成的系统。如图 3.1 所示，数据库系统由数据库（DB）、数据库管理系统（DBMS）、计算机系统（包括应用程序、OS 等）和相关人员（包括 DBA、应用程序开发人员以及最终用户等）组成。

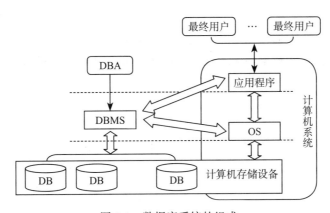

图 3.1 数据库系统的组成

3.1.1 数据库

数据库（Database，DB）是长期存储在计算机中按照一定结构组织在一起的、可共享的、相互关联的数据集合，是数据库系统的基础。

3.1.2 数据库管理系统

数据库系统的软件包括操作系统（Operating System，OS）、数据库管理系统（Database Management System，DBMS）和各种应用程序等。其中，**DBMS** 是数据库系统的核心，它由一系列帮助用户创建和管理数据库的应用程序组成。DBMS 位于用户 / 应用程序和操作系统之间，用于建立、使用和维护数据库，并对数据库进行统一的管理和控制，以保证数据的安全性和完整性。DBMS 提供了良好的界面接口，供用户访问数据库中的数据，方便地定义和操纵数据，以及进行多用户下的并发控制和数据库恢复。通过 DBMS，多个应用程序和用户可用不同的方法同时或在不同时刻建立、修改和查询数据库。

1. DBMS 的功能

DBMS 是由众多程序模块组成的大型软件系统，由软件厂商提供。不同的 DBMS 产品虽然软硬件基础有所差异，大型系统功能较强而小型系统功能较弱，但基本具备以下功能：

（1）数据定义

DBMS 提供了数据定义语言（Data Definition Language，DDL）。用它书写的数据库的逻辑结构、完整性约束和物理存储结构被保存在内部的数据字典（Data Dictionary，DD）中，作为数据库各种数据操作（如查找、修改、插入和删除等）和数据库维护管理的依据。

（2）数据操纵

DBMS 提供了数据操纵语言（Data Manipulation Language，DML），用户可使用 DML 实现对数据的查询、修改、插入和删除。

（3）数据库运行管理

在数据库运行时 DBMS 对所有操作实施管理和监控，包括多用户环境下的并发控制、安全性检查和存取限制控制、完整性检查和执行、运行日志的组织管理、事务的管理和自动恢复等。一方面，DBMS 要保证用户事务的正常运行；另一方面，DBMS 要保证数据库的安全性和数据的完整性。这些功能由 DBMS 提供的数据控制语言（Data Control Language，DCL）来实现。

（4）数据组织、存储与管理

DBMS 要分类组织、存储和管理各种数据，包括数据字典、用户数据、存取路径等，需确定以何种文件结构和存取方式在存储级上组织这些数据，如何实现数据之间的联系。数据组织和存储的基本目标是提高存储空间利用率，选择合适的存取方法来提高存取效率。

（5）数据库的建立与维护

DBMS 提供了数据库初始数据的输入、转换程序，以及为 DBA 提供日常维护的软件工具（包括工作日志、数据库备份、数据库重组以及性能监控等工具）。

（6）通信

DBMS 具有与操作系统的联机处理、分时系统及远程作业输入的相关接口，负责处理数据的传送。网络环境下的数据库系统，DBMS 还应该包括与网络中其他软件系统的通信功能以及数据库之间的互操作功能。

2. DBMS 的层次结构

根据处理对象的不同，DBMS 的层次结构由高级到低级可分为应用层、语言翻译处理层、数据存取层和数据存储层（见图 3.2）。

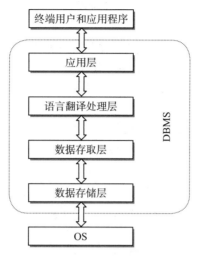

图 3.2 DBMS 的层次结构

（1）应用层

应用层是 DBMS 与终端用户和应用程序的界面层，处理的对象包括各种各样的数据库应用，如一些应用程序、终端用户通过应用接口发来的事务请求等。

（2）语言翻译处理层

语言翻译处理层处理的对象是数据库语言。该层对数据库语言的各类语句进行语法分析、视图转换、授权检查、完整性检查、查询优化等。通过调用下一层的基本模块，生成可执行代码，并运行代码，完成上一层的事务请求。

（3）数据存取层

数据存取层处理的对象是单个记录。它将上一层基于集合的操作转换为基于单记录的操作。这些操作包括扫描、排序，记录的查找、插入、修改、封锁等，并完成数据记录的存取、存取路径的维护、并发控制、事务管理等工作。

（4）数据存储层

数据存储层处理的对象是数据页和系统缓冲区，使用 OS 提供的基本存取方法执行数据物理文件的读写操作。

3. 常见的 DBMS 及其特点

DBMS 实际上是某种数据模型在计算机系统上的具体实现。根据数据模型的不同，DBMS 可以分成层次型、网状型、关系型、面向对象型等。目前市场上应用最广泛的是 RDBMS（关系数据库管理系统），商业化的代表产品有 IBM DB2、Oracle、Microsoft SQL Server、Microsoft Access、Sybase、MySQL 等，它们的特点和适用范围如下：

IBM DB2、Oracle 一直是大型数据库应用领域的主流产品，价格较为昂贵，主要应用在银行、保险、电信等大型企业中，被称为企业级数据库。它们的优点是性能高、故障率低、扩展能力强。这些数据库一般安装在大型机或 UNIX 机器上。

Microsoft SQL Server、Microsoft Access 都是微软公司推出的产品，一般只能安装在 Windows 操作系统上。其中，Microsoft SQL Server 使用 Transact-SQL 语言完成数据操作。为打开市场，微软公司一直计划增强 SQL Server 对非 Windows 操作系统的支持。该产品具有开发、维护简单，价格低廉的优点，一般应用于对性能与故障率要求不高的组织、中小型企业中。Microsoft Access 是集成在 Microsoft Office 里的在 Windows 环境下非常流行的桌面型 DBMS。使用 Microsoft Access 无须编写任何代码，通过直观的可视化操作就可以完成大部分数据管理任务。它具有界面友好、易学易用、开发简单、接口灵活等优点。

Sybase 首先提出 Client/Server（简称 C/S）数据库体系结构的思想，可在 UNIX 或 Windows NT 平台上 C/S 环境下运行。它介于大型与小型产品之间，可作为一个中间的可选方案。

MySQL 数据库是 Oracle 公司的产品，采用双授权政策，分为社区版和商业版。它由于拥有体积小、速度快、总体拥有成本低、开放源码等优点而被互联网上许多中小型网站所采用。

上述产品都源自国外。我国自主研发的关系数据库基本发源于 20 世纪 90 年代，具有代表性的厂商有达梦、人大金仓、神州通用、南大通用等，这些数据库多应用于央企、政府部门、军事等领域。受限于产品技术创新、稳定性、性能等方面的不足，这些产品在商业市场上并没有产生很大的影响力。2020 年，华为将其数据库产品 openGauss 正式开源。这是一款高性能、高安全、高可靠的企业级 RDBMS，具有多核高性能、全链路安全、智能运维等企业级特性。

随着互联网 Web 2.0 的兴起，传统关系数据库在应对超大规模和高并发的社交网络数据处理时显得力不从心。在新的应用需求推动下，NoSQL 诞生了。NoSQL 指的是非关系型的分布式数据库，它在高并发的大规模访问方面有效率优势。NoSQL 的主要代表性产品有 MongoDB、BigTable、Cassandra 等。

MongoDB 是一款用 C++ 语言编写的基于分布式文件存储的数据库，旨在为 Web 应用提供可扩展的高性能数据存储解决方案。它是介于关系数据库与非关系数据库之间的产品。它最大的特点是支持的查询语言非常强大，其语法类似于面向对象的查询语言，几乎可以实现类似关系数据库单表查询的绝大部分功能，而且还支持对数据建立索引。目前 The New York Times、趋势科技等公司已经应用了 MongoDB。

BigTable 是一款基于 Google 文件系统的数据存储系统，用于存储大规模结构化数据，具有高压缩、高性能、高可扩展性等特点，适用于云计算。它被广泛应用于 Google 的应用程序，如 MapReduce、Google 地图、YouTube 视频等。

Cassandra 是一款类似于 BigTable 的混合型非关系数据库。它最初由 Facebook 开发，后转变成了一个开源的项目。它是一个网络社交云计算方面的理想数据库。Facebook、Twitter、思科等公司都应用了 Cassandra。

3.1.3　计算机系统

计算机系统包括数据库赖以存在的硬件设备，为 DBMS 提供支持的操作系统，以及一些能够方便用户使用数据库、提高系统开发效率的应用程序。

3.1.4　数据库管理员

数据库管理员（Database Administrator，DBA）由一个或一组专业人士来担任，负责为数据库的用户授权，协调和监督用户对数据库和 DBMS 的使用，维护系统的安全性和确保系统的正常运作。DBA 的具体工作职责包括：

1）数据库的设计与创建，包括数据库、表等结构创建，以及存储结构的定义和访问策略的制定。

2）数据库的日常运行监控，包括对数据库会话、日志、文件碎片、用户访问等的监控，随时发现数据库服务的运行异常和资源消耗情况，评估数据库服务运行状况，从而及时发现数据库的隐患。

3）数据库的用户管理，包括访问权限分配与密码修改等。DBA 可为不同用户分配不一样的访问权限，以保护数据库不被未经授权地访问或破坏。

4）数据库的备份管理，包括制定和调整备份策略、监控备份、定期删除备份等，并在灾难出现时对数据库信息进行恢复。

5）故障处理，包括及时处理数据库服务出现的任何异常（如设备故障、网络故障、程序错误等），尽可能地避免问题的扩大化甚至中止服务。

DBA 是 DBS 中最重要的角色。DBA 不仅能够接触数据库中的核心数据，而且掌握着数据库其他用户数据访问权限的分配权。因此，DBA 不仅需要具备广博的知识和深厚的技术能力，还应该具有良好的职业道德素养和高度的信息安全意识。DBA 除了要认真完成责任范围之内的数据库维护之外，还要承担保护数据库数据的责任，否则，有可能引起非常严重的后果。

数据工作人员接触数据时应遵守职业道德和法律法规，尽职尽责地维护数据安全，坚决避免不必要的信息泄露和传播。无论是个人还是单位，都有保护数据安全的责任与义务，特别是持有、掌握大量公民个人信息的单位，更应该严格依法采取保护措施，有效保障公民个人信息安全。利用职务之便，非法获取、出售公民个人信息的，既要承担相应民事赔偿责任，也要承担相应的刑事责任。

2021 年 9 月 1 日，《中华人民共和国数据安全法》正式施行。

3.1.5　终端用户

终端用户是数据库的主要使用者，他们会对数据库提出查询和更新等操作要求。

3.2　数据库系统的体系结构

采用分级的方法，可以将数据库系统的结构划分为多个层次。其中，最著名的是美国 ANSI/SPARC 数据库系统研究组 1975 年提出的三级划分法，数据库被分为三个抽象级别——用户级、概念级、物理级，并分别对应三级模式——外模式、概念模式、内模式。这使得不同级别的用户可以根据其角色和工作职能观察到数据库的不同数据范围，从而有效地组织、管理数据，相比文件系统的数据管理方法而言，降低了数据冗余，保证了数据的一致性，提高了数据的独立性。

3.2.1   三级模式结构

所谓**模式**（schema），是数据库的抽象描述，数据模型是其主题。模式主要描述内容包括数据项的名称、数据项的数据类型、约束、文件之间的相互联系等。如教务管理系统中选课管理数据库的模式如图 3.3 所示。模式只是对数据记录类型的描述，不涉及具体实例的值，是相对稳定的。

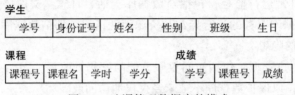

图 3.3   选课管理数据库的模式

三级模式结构是数据库领域公认的标准结构。依照三级模式结构构建起来的数据库分别称为用户级数据库、概念级数据库、物理级数据库。不同级别的用户所看到的数据库是不一样的，从而形成数据库中不同的视图。所谓**视图**，是指观察、认识和理解数据的范围、角度和方法，是数据库在用户"眼中"的反映。

1. 概念模式

概念模式简称模式，描述的是现实世界中的实体及其性质与联系，定义记录、数据项、数据的完整性约束条件及记录之间的联系，是数据库的框架。概念模式是数据库中全体数据的逻辑结构和特征的描述，是所有用户的公共数据视图。一个数据库只有一个概念模式。概念模式把用户视图有机地结合成一个整体，综合权衡所有用户的需求，实现数据的一致性，并最大限度地降低数据冗余度，准确地反映数据间的联系。依照概念模式构建的数据库就是概念级数据库，是 DBA 看到和使用的数据库，又称为 DBA 视图。概念级数据库由概念记录（即模式的一个逻辑数据单位）组成，一个数据库可有多个不同的用户视图，每个用户视图由数据库某一部分的抽象表示所组成。但一个数据库应用系统只存在一个 DBA 视图，它把数据库作为一个整体加以抽象表示。

2. 外模式

外模式又称子模式、用户模式，描述的是数据库用户（包括程序员和终端用户）能够看见和使用的局部数据的逻辑结构和特征。用户级数据库对应于外模式，是最接近用户的一级数据库，是用户能够看到和使用的数据库，又称为用户视图。用户级数据库主要由外部记录（用户所需要的数据记录）组成，不同用户视图可以互相重叠，用户的所有操作都是针对用户视图进行的。外模式是与某一应用有关的数据的逻辑表示。用户根据外模式，用数据操纵语句或应用程序操作数据库中的数据。外模式主要描述用户视图的各个记录的组成，以及记录之间的关系、数据项的特征、数据的安全性和完整性约束条件。一个数据库可以有多个外模式。一个应用程序只能使用一个外模式。

3. 内模式

内模式是整个数据库的最底层表示，它定义了存储记录的类型、存储域的表示、存储记录的物理顺序、索引和存储路径等数据的存储组织，是数据物理结构和存储方式的描述。一个数据库只有一个内模式。

物理级数据库对应于内模式，是数据库的低层表示，它描述数据的实际存储组织，又称内部视图。物理级数据库由内部记录（包含了实际所需数据，DBMS 管理数据时所需的系统数据如相关指针和标志等）组成，物理级数据库并不是真正的物理存储，而是最接近于物理存储的一个抽象级。

如图 3.4 所示，在数据库的三级模式结构中：概念模式只有一个，是数据库的中心与关键；内模式只有一个，它依赖于概念模式，独立于外模式和存储设备；外模式面向具体的应用程序，可以有多个，它们独立于内模式和存储设备；应用程序依赖于外模式，独立于概念模式和内模式。

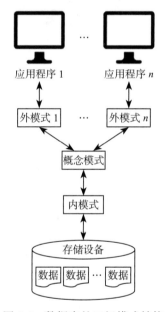

图 3.4　数据库的三级模式结构

3.2.2　两级映射

两级映射实现了数据库体系结构中三个抽象层次之间的联系与转换。对于每一个外模式，都存在一个外模式 / 概念模式的映射，它确定了数据的局部逻辑结构与全局逻辑结构之间的对应关系。外模式可有多个，有多少个外模式，就有多少个外模式 / 概念模式的映射。由于概念模式和内模式都是唯一的，从概念模式到内模式的映射是唯一的，因此可以确定数据的全局逻辑结构与存储结构之间的对应关系。

数据库的三级模式结构通过两级映射联系了起来。用户向数据库提出数据访问请求时，通过应用程序向 DBMS 发出操作指令。DBMS 接收到指令后，检查该操作权限是否合法。若该操作权限合法，则在数据字典中找到数据库的三级模式结构定义，把外模式中的用户请求转换成概念模式中对应的请求，然后再把这个请求转换成内模式中的请求，OS 根据这一请求在存储设备中提取出数据并以物理记录的形式返回。如果是查询操作，必须经过反向的映射，即由 OS 把物理记录转换成内部记录，再由 DBMS 转换成对应的概念记录，最终根据用户外部视图匹配成外部记录的格式返回给用户，如图 3.5 所示。在这个数据查询的过程中，DBMS 在内存为应用程序开辟一个数据库的系统缓冲区，用于数据的传输和格式的转换。

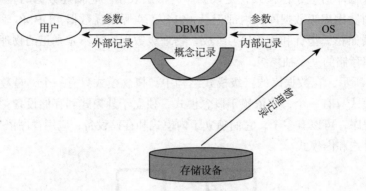

图 3.5   用户查询数据的过程

3.2.3   数据独立性

数据独立性是指在数据库三级模式结构中，某一层次上模式的改变不会使其上一层的模式也发生改变的能力。数据独立性是数据库系统最重要的目标之一。在使用数据库系统管理数据时，把数据的定义从应用程序中剥离开来，并由 DBMS 专门负责对数据的存取，可以大大减少数据结构改变所引起的应用程序修改和维护工作量，降低软件开发和维护的成本。数据库的三级模式结构和两级映射维护了数据与应用程序之间的无关性，保证了数据库系统具有较高数据独立性。数据库系统的数据独立性包括两个层次：逻辑独立性和物理独立性。

数据的**逻辑独立性**是指用户的应用程序与数据库的逻辑结构是相互独立的。例如，在不破坏原有记录类型之间联系的情况下增加新的记录类型，在原有记录类型之间增加新的联系，或在某些记录类型中增加新的数据项时，数据的整体逻辑结构发生变化，而用户对数据的需求没发生变化，那么数据的局部逻辑结构无须修改。这时，只需修改外模式 / 概念模式的映射，保证数据的局部逻辑结构不变。由于应用程序是依据数据的局部逻辑结构编写的，所以应用程序不需要修改，从而保证了数据的逻辑独立性。

数据的**物理独立性**是指用户的应用程序与存储在磁盘上的数据库中的数据是相互独立的。数据在磁盘上如何存储是由 DBMS 管理的，用户不需要了解，应用程序只需要处理数据的逻辑结构即可。当数据的存储改变时，例如改变存储设备或引进新的存储设备、改变数据的存储位置、改变物理记录的体积、改变数据的物理组织方式等，相应地调整概念模式 / 内模式的映射，使概念模式保持不变，因此外模式保持不变，从而不必修改应用程序，确保了数据的物理独立性。

由于应用程序对它们所访问的数据的逻辑结构依赖程度很高，因此数据的逻辑独立性往往比数据的物理独立性更难实现。

3.3　数据库系统的分类

从数据库终端用户角度看，数据库系统按照体系结构的不同可分为单用户数据库系统、主从式数据库系统、分布式数据库系统和客户/服务器（Client/Server，简称 C/S）结构的数据库系统。

1. 单用户数据库系统

单用户结构的数据库系统的应用程序、DBMS 和数据都装在一台计算机上，被一个用户独占。其优点是结构简单，数据易于管理和维护；缺点是不同计算机之间不能共享数据。

2. 主从式数据库系统

在主从式数据库系统（见图 3.6）里，一个主机连接多个终端的用户，应用程序、DBMS 和数据都集中存放在主机上，多个用户可以通过不同的终端向主机发出数据处理请求，主机处理后将处理结果返回给终端。这种结构可以实现并发地存取数据库，共享数据资源，且数据集中管理、易于维护。但主机的性能成为系统的关键。如果主机的任务过于繁重，则容易成为系统的瓶颈，导致系统性能大幅下降。一旦主机出现故障，则整个系统瘫痪，因而系统的可靠性不高。

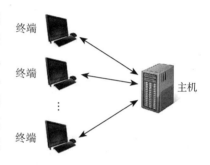

图 3.6　主从式数据库系统

3. 分布式数据库系统

分布式数据库系统有两种。一种是数据库中的数据在逻辑上是一个整体，但物理分布在计算机网络的不同节点上。这种系统只适用于用途比较单一的，例如在小型组织或者部门里的数据库应用。另一种分布式数据库系统在逻辑上和物理上都是分布式的，各个子系统是相对独立的，适用于多用途、差异大的数据库和大范围的数据库集成。分布式数据库系统是计算机网络发展的必然产物，它满足了跨地域的公司或组织对数据库应用的需求。但数据的分布式存储给数据的处理、管理和维护带来了一定的困难，系统的效率往往受到计算机网络状态的制约。分布式数据库系统如图 3.7 所示。

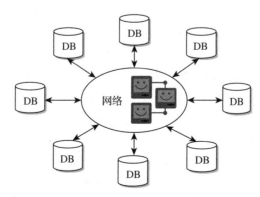

图 3.7　分布式数据库系统

4. C/S 结构的数据库系统

在 C/S 结构的数据库系统里，由网络中一个或多个节点上的计算机执行 DBMS 功能，这些计算机称为数据库服务器。其他节点上的计算机上安装 DBMS 的外围应用开发工具，来支持用户的应用，称为客户机。当用户通过客户机发出数据处理请求，这些请求被传送到数据库服务器。数据库服务器处理后，将结果通过客户机返回给用户。这种系统具有较高的性能和负载能力以及更强的可移植性，可在多种不同的软硬件平台上通过多种不同的数据库开发工具来构建。C/S 结构的数据库系统如图 3.8 所示。

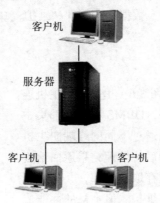

图 3.8　C/S 结构的数据库系统

3.4　数据库系统的特点与意义

数据库系统是在文件系统的基础上发展起来的，然而数据库系统与文件系统存在本质的区别。

文件系统是操作系统中负责管理辅助存储器上数据的子系统。在文件系统中，数据根据其内容、结构和用途被组织成相互独立的文件。文件是面向应用的，每一个文件都属于一个特定的应用程序。不同的应用程序独立地定义和处理自己的文件。因此，文件系统存在以下的不足之处：

1）数据共享性差，冗余度大。由于文件与应用程序紧密相关，因此相同的数据集在不同的应用程序中会被重复定义和存储，无法共享。

2）数据不一致性高。由于相同的数据在不同的文件中重复存储，而这些文件又是相对独立的，若在某个文件中修改了某数据，而在存储该数据的另一文件中没有进行同样的修改，就会造成数据的不一致。

3）数据独立性差。文件是为某一特定应用服务的，随着应用环境和需求的变化，文件结构可能要修改，如扩充字段的长度，改变字段的表示格式等。文件结构一旦改变，应用程序无可避免就要修改。此外，应用程序的改变也有可能影响文件的定义。

4）数据结构化程度低。文件与文件之间是相对独立的，缺乏对现实世界中事物间联系的描述能力，很难从整体上组织数据以适应不同的应用需求。

5）数据缺少统一管理。文件系统在数据的结构、编码、表示格式、命名以及输出格式等方面不易做到规范化、标准化，数据安全和保密性较差。

针对文件系统的缺点发展出来的数据库系统以统一管理和共享数据为目标。在数据库系统中，数据不再面向某个应用，而是被作为一个整体来描述和组织，并由 DBMS 统一管理，因此数据可被多个用户、多个应用程序共享。它具有以下特点与意义：

1）数据结构化。采用一定的数据模型，不仅描述了数据本身的特点，而且描述了数据之间的联系。

2）实现数据共享。以数据为中心组织数据，全盘考虑所有用户的应用需求形成综合性数据库，供不同的应用共享。

3）数据冗余度小。数据库系统采用三级模式结构实现数据的组织，同一个概念模式可衍生出多个不同的外模式，在不同的外模式下可有多个用户共享系统中的数据，从而更好地保证数据的一致性，减少数据冗余；不同的应用程序根据处理要求，从数据库中获取需要的数据，这样就减少了数据的重复存储，有利于维护数据的一致性。

4）程序和数据之间具有较高的独立性。数据库系统采用三级模式结构实现数据的组织，用户按照外模式编写的应用程序访问数据即可，而不需要了解数据的存储方式和存取路径等细节，降低了用户使用系统的门槛，实现了较高的数据独立性。程序和数据相互独立，有利于加快软件开发速度，节省开发费用。

5）具有良好的用户接口。数据库系统为不同的用户提供不同的用户界面。例如：为具备数据库专业知识的用户提供数据库查询语言界面，为程序员提供程序设计语言界面，为普通用户提供简单易用的图形化界面。

6）对数据实行统一管理和控制。数据库系统对数据的统一管理包括数据库的恢复、保证数据的安全性和完整性以及并发控制等，从而确保系统可靠地运行并迅速排除故障，保护数据不受非授权者访问和破坏，并防止错误数据的产生。

3.5 数据库技术的研究与发展

3.5.1 数据库技术的研究方向

数据库技术自 20 世纪 60 年代问世之后，其研究领域主要包括以下三个方面：

1. 数据库理论

早期，数据库理论的研究主要集中于对关系规范化理论、关系数据理论等的研究。近年来，随着人工智能与数据库理论的结合及并行计算技术的发展，数据库逻辑演绎、知识推理和并行算法、演绎数据库、知识库和数据仓库等都成为新的研究方向。

2. 数据库设计

数据库设计的研究范围包括数据库的设计方法、设计工具和设计理论的研究，数据模型和数据建模的研究，计算机辅助数据库设计及其软件系统的研究，数据库设计规范和标准的研究等。数据库设计的主要任务是在 DBMS 的支持下，按照应用要求，为某一个部门或组织设计一个结构合理、使用方便、效率较高的数据库及其应用系统。

3. DBMS 软件的研制

DBMS 是数据库系统的基础。DBMS 软件的研制包括研制 DBMS 本身及以 DBMS

为核心的一组相互联系的软件系统，包括工具软件和中间件，它们使得系统既可以支持传统的数据格式，也可以支持新的数据格式，如非格式化的声音、图像、对象、多媒体等数据。其研制的目标是提高系统的性能和提高用户的生产率。

随着数据库应用领域的不断扩大，许多新的应用领域，如自动控制、计算机辅助设计等，都需要数据库系统能够处理与传统数据类型不同的新的数据类型，如声音、图像等非格式化的数据。面向对象的数据库系统、多媒体数据库系统等就是在这些新的需求和应用背景下产生的。

3.5.2　数据库技术的发展现状和趋势

数据库技术的应用领域非常广泛，涉及现代社会的方方面面。大到公司、大型企业或是政府部门，小到家庭或个人，都需要使用数据库技术来存储和管理数据信息。很多传统数据库用于商务领域，如证券、银行、其他企业，以及学校、医院等。以银行为例，银行中大量的客户资料、客户资金信息、每一笔交易的流水都是重要的数据。这些数据存储在数据库中，便于查询和管理，包括：随时根据一定的条件把数据从数据库中调阅出来；客户取钱后，把原有的资金余额扣减了取款金额后再存储回数据库中。数据库技术的支持，使得数据的管理更加易于操作，处理效率更高。

关系数据库走出实验室走向商业领域并取得了巨大的成功，这也刺激了其他领域对数据库技术需求的迅速增长。然而，传统的关系数据库并不能完全满足新领域所提出的数据管理需求。例如，多媒体数据的形式和操作都比传统数据的要复杂。新的挑战带来了新的发展契机。新一代数据库技术的研发促进了数据库技术与其他学科的结合，各种新型数据库不断涌现，如：数据库技术与多媒体技术相结合的产物是多媒体数据库；数据库技术与分布式处理技术相结合的产物是分布式数据库；数据库技术与移动计算技术相结合的产物是嵌入式移动数据库；数据库技术与 Web 技术相结合的产物是 Web 数据库；数据库技术与人工智能相结合的产物是演绎数据库；数据库技术与地理信息系统相结合的产物是空间数据库；等等。

随着大数据、人工智能、物联网的崛起，数据库技术有以下几个发展趋势：

1. 从集中式逐渐转到分布式

随着数据量的增加，硬件性能的瓶颈尤其是摩尔定律的限制，使得传统的集中式架构无法满足客户的要求，不论是数据库还是整个应用软件，都有从集中式转到分布式的趋势。

2. 从 SQL 到 NoSQL

目前 Oracle、MySQL、SQL Server 等大部分数据库产品是基于二维表结构的，使用 SQL 语言，但是随着数据库应用领域的不断扩大，图像、文档、流媒体迅速增多，数据量爆发式增长，数据库形态将越来越丰富，未来将从 SQL 发展到 NoSQL，NoSQL 数据库包括文档数据库、键值数据库、图数据库和时序数据库。目前，根据 DB Engines 第三方的统计，图数据库是发展最快的。

3. 从云下到云上

以云为基础的云数据库将越来越多地影响人们的生活。现阶段云数据库更多地应用在互联网行业以及传统行业的互联网场景。随着产业端产生更多的业务创新，云数据库的需求将有望被进一步拉动。

4. 智能化

随着复杂的、海量的数据不断增长以及越来越多种类的数据库出现，DBA 所承担的优化任务越来越繁重，人工调优能力逐渐跟不上数据库的发展，必须引入人工智能来弥补人能力的不足。通过人工智能优化算法，可有效地自动化分析任务，减少人工成本并提高数据库的性能。云数据库更大范围的普及将推动数据库智能化的实现。

3.6　我国在数据库技术领域的突破

数据库技术领域的主导权一直被掌控在以美国为首的西方国家手中。我国数据库技术实力薄弱，长期处于被动和弱势地位。我国数据库技术的发展比西方国家晚了大约 15年。20 世纪 70 年代，以中国人民大学萨师煊教授为代表的老一代专家将数据库技术引入我国。到了 20 世纪 80 年代，数据库技术被广泛引入院校或教研机构，与此同时，国外数据库公司进入中国市场。20 世纪 90 年代，国家大力支持数据库基础和应用技术研究，在"八五"计划、"九五计划"期间攻关开发关系数据库管理系统和并行数据库，1999 年中国计算机学会成立了数据库专业委员会。

进入了 21 世纪后，一方面，随着互联网及移动互联网在我国的普及应用和数字经济的不断成熟，数据的产生速度越来越快，数据类型越来越复杂，数据库产品成为数字经济发展的底层核心技术焦点。对于数亿人同时网购和移动支付这种需求，西方公司毫无经验，我国互联网企业必须自主研究性能更高、成本更低的数据存储和处理方案。另一方面，我国日渐重视科技自主研发，2006 年国务院发布的《国家中长期科学和技术发展规划纲要（2006—2020 年）》提出重点研究开发大型实用支撑软件、中间件、嵌入式软件、网格计算平台与基础设施。在这样的背景下，近几年我国企业在数据库标准制定方面能与欧美国家企业并驾齐驱，在数据库技术先进性方面也取得了很大的突破。

2019 年被称为国产数据库元年。2019 年，我国企业在数据库技术领域取得了值得载入史册的突破性成果。

2019 年 5 月，华为发布了全球首款 AI-Native 数据库——GaussDB，实现了两大革命性突破。第一，GaussDB 首次将人工智能技术融入分布式数据库的全生命周期，实现了自运维、自管理、自调优、故障自诊断和自愈。在交易、分析和混合负载场景下，基于最优化理论，GaussDB 首创基于深度强化学习的自调优算法，调优性能比业界提升60% 以上。第二，GaussDB 通过异构计算创新框架充分发挥 X86、ARM、GPU、NPU多种算力优势，在权威标准测试集 TPC-DS 上，性能比业界提升 50%，排名第一。此外，GaussDB 支持本地部署、私有云、公有云等多种场景。在华为云上，GaussDB 为金融、互联网、物流、教育、汽车等行业客户提供全功能、高性能的云上数据仓库服务。

2019 年 5 月，在国家工业信息安全发展研究中心与上海市经济与信息化委员会主办的数据处理技术与产业峰会上，新一代数据库与人工智能研究中心成立。威讯柏睿数据科技（北京）有限公司（以下简称威讯柏睿）参与了该研究中心的组建。威讯柏睿是一家拥有下一代数据库核心技术的企业，它主导制定的 2018 流数据库国际标准是 30 年来我国首个提案通过的数据库领域国际标准。该标准使拥有国际标准制定权的自主可控的国产数据库技术企业打破了 Oracle、SAP 等国际技术寡头的垄断，实现了国产数据库在国际市场上的引领。此外，威讯柏睿提出了基于全内存的数据库技术，改变了"数据先存储到硬盘，再取出来进行分析"这种传统的数据处理路径，而是在数据产生后，先在内存处理，再存到硬盘。基于全内存的数据库技术对海量动态数据实现了实时分析，提高了数据的实效性和有效性，从而能够实时、科学分析经济社会、经营决策数据，并提供预警预测的结果，指导社会生活及生产经营。

2019 年 10 月，数据库领域最权威的国际机构——国际事务处理性能委员会（Transaction Processing Performance Council，TPC）在官网发表了当时最新的 TPC-C 基准测试结果。如图 3.9 所示，蚂蚁金服自主研发的金融级分布式关系数据库 OceanBase 以两倍于 Oracle 的成绩，打破了由 Oracle 保持了 9 年之久的 TPC-C 数据库基准性能测试的世界纪录，成为全球数据库演进史的重要里程碑。

Hardware Vendor	System	Performance (tpmC)	Price/tpmC	Wattc/KtpmC	System Availability	Database	Operating System	TP Monitor	Date Submitted
ANT FINANCIAL	Alibaba Cloud Elastic Compute Service Cluster	60,880,800	6.25 CNY	NR	10/02/19	OceanBase v2.2 Enterprise Edition with Partitioning, Horizonyal Scalab	Aliyun Linux 2	Nginx 1.15.8	10/01/19
ORACLE	SPARC SuperCluster with T3-4 Servers	30,249,688	1.01 USD	NR	06/01/11	Oracle Database 11g R2 Enterprise Edition w/RAC w/Partitioning	Oracle Solaris 10 09/10	Oracle Tuxedo CFSR	12/02/10
IBM	IBM Power 780 Server Model 9179-MHB	10,366,254	1.38 USD	NR	10/13/10	IBM DB2 9.7	AIX Version 6.1	Microsoft COM+	08/17/10
ORACLE	SPARC T5-8 Server	8,552,523	.55 USD	NR	09/25/13	Oracle 11g Release 2 Enterprise Edition with Oracle Partitioning	Oracle Solaris 11.1	Oracle Tuxedo CFSR	03/26/13
ORACLE	Sun SPARC Enterprise T5440 Server Cluster	7,646,486	2.36 USD	NR	03/19/10	Oracle Database 11g Enterprise Edition w/RAC w/Partitioning	Sun Solaris 10 10/09	Oracle Tuxedo CFSR	11/03/09
IBM	IBM Power 595 Server Model 9119-FHA	6,085,166	2.81 USD	NR	12/10/08	IBM DB2 9.5	IBM AIX 5L C5.3	Microsoft COM+	06/10/08
BULL	Bull Escala PL6460R	6,085,166	2.81 USD	NR	12/15/08	IBM DB2 9.5	IBM AIX 5L C5.3	Microsoft COM+	06/15/08
ORACLE	Sun Server X2-8	5,055,888	.89 USD	NR	07/10/12	Oracle Database 119 R2 Enterprise Edition w/Partitioning	Oracle Linux w/Unbreakable Enterprise Kemel R2	Oracle Tuxedo CFSR	03/27/02
ORACLE	Sun Fire X4800 M2 Server	4,803,718	.98 USD	NR	06/26/12	Oracle Database 11g R2 Enterprise Edition	Oracle Linux w/Unbreskable Enterprise Kemel R2	Oracle Tuxedo CFSR	01/17/12
Hewlett Packard Enterprise	HP Integrity Superdome-Itanium2/1.6GHz/24MB iL3	4,092,799	2.93 USD	NR	08/06/07	Oracle Database 10g R2 Enterprise Edition w/Partitioning	HP-UX 11.i v3	Bea Tuxedo 8.0	02/27/07

图 3.9 蚂蚁金服自主研发的 OceanBase 在一众美国产品中突围而出

注：Hardware Vendor，硬件厂商；System，系统；Performance，性能；Price，价格；Watts，瓦特；System Availability，系统可用性；Database，数据库；Operating System，操作系统；TP Monitor，TP 监控；Date Submitted，提交日期。

过去数十年，TPC-C 一直是海外传统数据库厂商竞技的舞台，而 OceanBase 是登上 TPC-C 排行榜前列的我国公司完全自主研发的第一款大型数据库产品。TPC-C 标准模拟了经典商品销售付款场景来做测试，通过每分钟创建新订单数量来评价数据库的性能和性价比。OceanBase 不仅以 60 880 800 tpmC（每分钟内系统处理的新订单个数）创造了新的联机交易处理（OLTP）系统世界纪录，还成为全球首个通过 TPC-C 审计的分布式无共享关系数据库。

目前，国产数据库发展仍比较慢，国产数据库产品主要应用在党政军领域，在金融、电信等机构及领域应用得较少。国内数据库市场仍被 Oracle、IBM、MySQL 等国外产品主导。国产数据库还存在很大的进步空间。

数据库的研发与应用场景密不可分。如今，我国数字经济发展蓬勃，涌现了大量新零售、新金融、新制造等数字业务场景，而这些场景无论是从创新程度、创新规模上看，还是从用户体量上看都位居世界前列，为我国数据库技术的创新研发提供了极大的推动力。2020 年国务院发布了《中共中央国务院关于构建更加完善的要素市场化配置体制机制的意见》，给"数据"以新的定位，不再视其为信息化的产物，而是将其上升到了生产要素的重要地位。这标志着为我国数据库技术发展释放政策红利，为我国数据库创新提供了前所未有的机遇。

3.7 本章小结

数据库是全球三大基础软件技术之一，也是 IT 系统必不可少的核心技术。各行各业都离不开数据库技术。国产数据库发展关系到国家经济安全。本章首先介绍了数据库系统的组成，包括数据库、数据库管理系统、计算机系统以及相关用户，其中重点介绍了数据库管理系统的功能，以及数据库系统中最重要的角色——数据库管理员的职责，强调数据库管理员应具有的职业道德素养。本章接着介绍了数据库系统的体系结构。数据库的三级模式结构是数据库领域公认的标准结构。三级模式结构和两级映射是实现数据独立性的基础。然后，本章总结了数据库系统的特点，阐述了数据库技术的意义。本章最后概括介绍了数据库技术的研究方向与发展现状，特别是我国近年来在数据库技术领域所取得的突破以及面临的挑战，以使读者对国内外数据库技术的发展有总体的认识以及清晰的了解。

在学习本章时需要重点掌握以下知识点：

1）数据库系统的组成。

2）数据库管理系统的功能。

3）数据库管理员的职责。

4）数据库的三级模式结构。

5）数据独立性。

6）基于三级模式结构的用户访问数据的过程。

3.8 习题

一、单选题

1. 数据库、数据库管理系统和数据库系统三者之间的关系是（　　）。

　　A. 数据库包括数据库管理系统和数据库系统

　　B. 数据库系统包括数据库和数据库管理系统

C. 数据库管理系统包括数据库和数据库系统

D. 不能相互包括

2. 数据库系统的核心是（　　　）。

A. 数据库　　　　　　B. 数据库管理系统　　　C. 数据模型　　　　　　D. 数据字典

3. 下列四项中，不属于数据库系统特点的是（　　　）。

A. 数据结构化　　　　　　　　　　　　B. 数据由数据库管理系统统一管理和控制

C. 数据冗余度大　　　　　　　　　　　D. 数据独立性高

4. 在数据库的三级模式结构中，描述数据库中全体数据的逻辑结构和特征的是（　　　）。

A. 外模式　　　　　　B. 内模式　　　　　　C. 存储模式　　　　　　D. 模式

5. 在数据库三级模式间引入二级映射，其主要作用是（　　　）。

A. 提高数据与程序的独立性　　　　　　B. 提高数据与程序的安全性

C. 保持数据与程序的一致性　　　　　　D. 提高数据与程序的可移植性

二、多选题

1. 数据库技术的研究领域十分广泛，概括地讲可包括（　　　）等三个主要领域。

A. 数据库管理系统软件的研制　　　　　B. 数据库设计

C. 数据库应用系统开发　　　　　　　　D. 数据库理论

2. 数据库管理员的职责包括（　　　）。

A. 数据库的设计与创建　　　　　　　　B. 数据库的日常运行监控

C. 数据库的用户管理　　　　　　　　　D. 数据库的备份管理

3. 以下数据库产品中基于关系数据模型的是（　　　）。

A. DB2　　　　　　　B. MySQL　　　　　　C. MangoDB　　　　　　D. Oracle

4. 数据库三级模式结构实现的两级独立性分别是（　　　）。

A. 逻辑独立性　　　　B. 软件独立性　　　　C. 物理独立性　　　　D. 用户独立性

5. 数据库系统由以下（　　　）几个部分组成。

A. 数据库　　　　　　B. 相关人员　　　　　C. 计算机系统　　　　D. 数据库管理系统

6. 从数据库终端用户角度看，数据库系统按照体系结构的不同可分为（　　　）。

A. 单用户数据库系统　　　　　　　　　B. 主从式数据库系统

C. 分布式数据库系统　　　　　　　　　D. 客户／服务器（C/S）结构的数据库系统

7. 根据处理对象的不同，数据库管理系统的层次结构可分为（　　　）。

A. 应用层　　　　　　B. 语言翻译处理层　　　C. 数据存取层　　　　D. 数据存储层

三、判断题

1. 模式只是对记录类型的描述，而与具体的值（也称为实例或状态）无关，模式相对稳定。

2. 数据库指数据的集合。

3. 数据的物理独立性是指当数据的总体逻辑结构改变时，数据的局部逻辑结构不变。

4. 在三级模式结构中，内模式是全局数据视图的描述。

5. 概念模式／内模式的映射是唯一的，因此可以确定数据的全局逻辑结构与存储结构之间的对应关系。

6. 目前，关系数据库产品仍然是市场的主流。

四、名词解释

1. 数据独立性

2. 数据库管理系统

3. 概念模式

4. 物理独立性

5. 逻辑独立性

6. 数据字典

五、简答题

1. 简述数据库的三级模式结构及其优点。

2. 简述数据库管理系统的主要功能。

3. 简述数据库系统的特点与意义。

4. 简述我国自主研发数据库的必要性。

第4章 关系数据模型

1970 年美国 IBM 公司 San Jose 研究室的研究员 E.F.Codd 首次提出了数据库系统的关系数据模型（以下简称关系模型），开创了数据库的关系方法和关系数据理论的研究，为数据库技术奠定了理论基础。关系模型具有数学理论基础，且结构简单，因而受到了市场的广泛关注。20 世纪 80 年代以来，计算机厂商新推出的数据库管理系统几乎都支持关系模型，非关系数据库系统的产品也大都加上了关系接口。数据库领域当前的研究工作也都是以关系方法为基础的。因此，要学习数据库技术，就必须了解关系模型。只有了解关系模型的理论基础，才能设计出合理的数据库。

关系模型是一种容易被人理解的数据模型，它和其他数据模型一样，由关系的数据结构、关系的数据操作和关系的完整性约束三部分组成。本章将从关系的基本概念开始，介绍关系模型的数据结构、体系结构，以及关系的完整性约束。

4.1 关系与关系模式

4.1.1 关系的数学定义

在关系模型中，无论是实体还是实体之间的联系均用关系（Relation）来表示。由于关系模型是建立在集合代数基础上的，因此一般从集合论的角度对关系进行定义。

1. 域

域（Domain）是一组具有相同数据类型的值的集合。例如，整数、实数、介于某个取值范围的整数、指定长度的字符串集合、介于某个时间段的日期、{'男 ', '女 '} 等等，都可称为一个域。

2. 笛卡儿乘积

给定一组域 $D_1, D_2, \cdots, D_n$，这些域中可以有相同的部分，则 $D_1, D_2, \cdots, D_n$ 的笛卡儿乘积（Cartesian Product）为

$$D_1 \times D_2 \times \cdots \times D_n = \{(d_1, d_2, \cdots, d_n) \mid d_i \in D_i, i = 1, 2, \cdots, n\}$$

式中，笛卡儿乘积中每一个元素 $(d_1, d_2, \cdots, d_n)$ 称为一个 **n 元组**（n-Tuple），简称为**元组**（Tuple）。笛卡儿乘积元素 $(d_1, d_2, \cdots, d_n)$ 中的每一个值 d_i 称为一个**分量**（Component）。

由此可见，笛卡儿乘积是 $D_1, D_2, \cdots, D_n$ 这些域所有取值的组合构成的集合。

思考：在笛卡儿乘积中是否会出现相同的元组？笛卡儿乘积所具有的元组个数一定是有限的吗？

一个集合中包含的元素个数称为**基数**（Cardinal Number）。若 $D_i(i = 1, 2, \cdots, n)$ 为有限

集合，其基数为 m_i $(i=1,2,\cdots,n)$，笛卡儿乘积 $D_1 \times D_2 \times \cdots \times D_i \times \cdots \times D_n$ 的基数为 M，则

$$M = \prod_1^n m_i$$

【例 4.1】给定三个域：D_1 = 研究生导师 ={'汤友德','林娜'}，D_2 = 专业 ={'工商管理','软件工程'}，D_3 = 研究生 ={'刘星','关文清','张蔷'}，则 D_1、D_2、D_3 的笛卡儿乘积为

$D_1 \times D_2 \times D_3$ = {('汤友德','工商管理','刘星'),('汤友德','软件工程','刘星'),
('汤友德','工商管理','关文清'),('汤友德','软件工程',
'关文清'),('汤友德','工商管理','张蔷'),('汤友德',
'软件工程','张蔷'),('林娜','工商管理','刘星'),
('林娜','软件工程','刘星'),('林娜','工商管理',
'关文清'),('林娜','软件工程','关文清'),('林娜',
'工商管理','张蔷'),('林娜','软件工程','张蔷')}

该笛卡儿乘积包含 ('汤友德','工商管理','刘星')、('林娜','软件工程','张蔷') 等元组共 $2 \times 2 \times 3 = 12$ 个，即该笛卡儿乘积的基数为 12。每个元组具有 3 个分量。若使用二维表来表示该笛卡儿乘积，见表 4.1。表 4.1 中的每一行表示一个元组，每一列表示一个分量。

表 4.1　笛卡儿乘积的二维表表示

研究生导师	专业	研究生	研究生导师	专业	研究生
汤友德	工商管理	刘星	林娜	工商管理	刘星
汤友德	软件工程	刘星	林娜	软件工程	刘星
汤友德	工商管理	关文清	林娜	工商管理	关文清
汤友德	软件工程	关文清	林娜	软件工程	关文清
汤友德	工商管理	张蔷	林娜	工商管理	张蔷
汤友德	软件工程	张蔷	林娜	软件工程	张蔷

3. 关系

由表 4.1 可见，$D_1 \times D_2 \times D_3$ 可以构造出一个"完整"的表，即包含"研究生导师指导学生"所有可能出现的情况。然而，事实上，每一个研究生只能就读一个专业、师从一位导师，因此，$D_1 \times D_2 \times D_3$ 中的大部分元组是没有实际意义的。如果事实是刘星和张蔷就读软件工程专业并师从汤友德，关文清就读工商管理专业并师从林娜，我们从表 4.1 中抽取与事实对应的元组构造一个表（见表 4.2），则这个与事实对应的笛卡儿子集就是一个关系。

表 4.2　"研究生导师指导学生"关系

研究生导师	专业	研究生
汤友德	软件工程	刘星
汤友德	软件工程	张蔷
林娜	工商管理	关文清

关系的数学定义如下：给定一组域 $D_1,D_2,\cdots,D_n$，笛卡儿乘积 $D_1 \times D_2 \times \cdots \times D_n$ 的子集称为在域 $D_1,D_2,\cdots,D_n$ 上的关系，表示为 $R(D_1,D_2,\cdots,D_n)$，其中，R 为关系名，n 是关系的度或目（Degree）。当 $n=1$ 时，称关系为单元关系（Unary Relation）；当 $n=2$ 时，称关系为二元关系（Binary Relation）。由于笛卡儿乘积可组织成一个二维表，关系作为笛卡儿乘积的子集，也是一个二维表，即二维表就是关系模型的基本数据结构。在这个二维

表中，每一行称为一个**元组**（Tuple），每一列称为一个**属性**（Attribute），关系中元组的一个属性值称为**分量**（Component）。例如，表 4.2 这个关系中有 3 个元组，有 3 个属性，('汤友德'，'软件工程'，'刘星') 是一个元组，它包含 3 个分量。

思考：关系中是否会出现相同的元组？关系所具有的元组个数一定是有限的吗？

4.1.2 关系的键

1. 超键

若关系中的某一属性或属性组的值能唯一地标识一个元组，则称该属性或属性组为关系的**超键**（Super Key）。

【例 4.2】 假设有"学生"关系如下：学生（身份证号码，学号，姓名），那么该关系中有多少个超键？

【解答】 该"学生"关系一共有 6 个超键，分别是：身份证号码，学号，（身份证号码，姓名），（学号，姓名），（身份证号码，学号），（身份证号码，学号，姓名）。

2. 候选键

若关系中的某一超键，去掉其中任一属性后，均不再能为超键，则称该超键为关系的**候选键**（Candidate Key）。

【例 4.3】 例 4.2 中的"学生"关系有多少个候选键？

【解答】 该"学生"关系一共有 6 个超键，分别是：身份证号码，学号，（身份证号码，姓名），（学号，姓名），（身份证号码，学号），（身份证号码，学号，姓名）。在这些超键中，一共有两个可以作为"学生"关系的候选键，分别是身份证号码和学号，其余的超键都不能作为"学生"关系的候选键。例如，对于超键（身份证号码，姓名），去掉了姓名属性后，身份证号码属性仍为"学生"关系的超键，因此超键（身份证号码，姓名）不能作为"学生"关系的候选键。同理，（学号，姓名）、（身份证号码，学号）和（身份证号码，学号，姓名）也不能作为"学生"关系的候选键。

由此可见，一个关系的候选键是该关系超键中不存在冗余属性的元组的唯一标识符。

最简单的情况是候选键只包含一个属性，在这种情况下，称该候选键是**单属性键**。若候选键是由多个属性构成的，则称它为**多属性键**。若关系当中只有一个候选键，且这个候选键包含了关系的全部属性，则称其为**全键**（All-key）。在关系中，候选键中的属性称为**主属性**（Prime Attribute），不包含在任何候选键中的属性称为**非主属性**（Non-key Attribute）。

例如，设有以下关系：

学生（身份证号码，学号，姓名）

课程（课程号，课程名）

选课（学号，课程号）

"学生"关系具有两个候选键，分别是身份证号码和学号。"课程"关系中具有唯一的候选键：课程号。"选课"关系具有唯一的候选键：属性组（学号，课程号）。因此，"学生"关系和"课程"关系的候选键都是单属性键，而"选课"关系的候选键是多属性键。

由于"选课"关系的候选键（学号，课程号）包含了该关系的全部属性，因此（学号，课程号）就是全键。在"学生"关系中，身份证号码和学号是主属性，姓名是非主属性。在"课程"关系中，课程号是主属性，课程名是非主属性。"选课"关系中没有非主属性。

3. 主键

为了方便管理数据，在关系的候选键中选定一个作为元组的唯一标识符，称为**主键**（Primary Key）。在一个关系中，候选键可能有多个，而主键只有一个。例如，在例4.3的"学生"关系中，可选择身份证号码或者学号作为主键。

4. 外键

若关系R的某个属性或属性组A不是R的候选键，却是另一个关系S的候选键，则称A为R的**外键**（Foreign Key）。

例如，设有以下关系：

学生（身份证号码，学号，姓名）

课程（课程号，课程名）

选课（学号，课程号）

课程号是"课程"关系的候选键，在"选课"关系中课程号不是候选键，则是"选课"关系的外键。同理，学号也是"选课"关系的外键。

4.1.3   关系模式的数学定义

关系模式（Relation Schema）是对关系的描述，可以形式化地表示为

$$R(U, D, \text{Dom}, F)$$

式中，R为关系名，U是组成该关系的属性集合，D是属性组U中属性所来自的域，Dom为属性向域映射的集合，F是属性间的数据依赖关系的集合（关于数据依赖的问题将在第6章专门探讨）。例如，表4.2"研究生导师指导学生"关系中研究生导师与研究生都来自同一个域——人名，在关系模式中可定义研究生导师和研究生向人名的映射，即

$$\text{Dom}（研究生导师）=\text{Dom}（研究生）= 人名$$

关系模式通常可以简单记为$R(U)$或$R(A_1, A_2, \cdots, A_n)$，其中，R为关系名，$A_1, A_2, \cdots, A_n$为属性名，域或属性向域的映射通常直接用属性的类型、长度来说明。

关系模式是对关系的框架或结构的描述，是"型"，是静态的、相对稳定的，在关系设计过程中一旦关系确定下来，一般不随意更改。关系是关系模式在某一时刻的状态或内容，是与数据取值相关联的，是"值"，是动态的、易变的。随着用户对数据不断执行增加、删除或修改等操作，关系的内容会不断变化。

在一个给定的应用领域中，所有实体以及实体之间联系的关系的集合构成了一个关系数据库。关系数据库也有型和值的区别。关系数据库模式即关系数据库的型，是对关系数据库的描述，它包含若干域的定义以及在这些域上定义的若干关系模式。这些关系模式在某一时刻对应的关系的集合就是关系数据库的值，通常简称为关系数据库（Relational Database）。

4.1.4 关系的性质

在关系模型中对关系做了一些规范化限制，要求在数据库中的关系必须满足以下性质：

1. 分量原子性

关系中每一个元组的分量都是不可分割的数据项，不允许表中有表。在现实生活中我们经常会像图 4.1a 这样组织数据，但这不符合关系的规范化定义。在设计数据库的过程当中，如遇到这种情况，必须要将表中嵌套的表拆分，直到每个元组的分量都不能再分为止，如图 4.1b 所示。

学号	成绩	
	语文	数学
202110225221	90	85
202110564613	80	76

a)

学号	语文成绩	数学成绩
202110225221	90	85
202110564613	80	76

b)

图 4.1　关系分量的原子性

2. 元组有限性

在关系中元组的个数是有限的，即关系这个二维表的行数是有限的。由于计算机系统硬件设备的限制，在数据库技术中提到的关系皆指有限的关系。

3. 元组各异性

关系中每个元组均不能相同。关系是一个集合，集合的性质决定了集合里不存在两个相同的元素。在现实生活当中不存在完全相同的两个实体，而且将同一个实体在一个二维表中重复存储也是没有意义的。

4. 元组次序任意性

在关系的二维表中，元组对应行的次序可以任意交换。关系是一个集合，集合中的元素不考虑次序。元组排序的先后不会影响关系的实际含义。在实际的应用当中，为了加快检索速度，提高数据处理的效率，经常会对关系中的元组排序。这将会打乱元组的初始顺序，但对关系不会产生任何影响。

5. 属性名各异性

在同一个关系的二维表中不能存在相同的属性名。属性用于表示实体的特征，重复地描述一个实体的某一特征是没有意义的。即使关系中的两个属性来自同一个域，也要为它们取不同的名字加以区分。表 4.2 "研究生导师指导学生"关系中研究生导师与研究生都是人名，但若这两个属性都取名为"人名"，在数据管理过程中将会引起混淆。

6. 属性同质性

在关系的二维表中，同一列的数据必须是同一种数据类型且来自同一个值域。例如，在"课程"关系中，课程号的取值范围为 $1000 \sim 1099$。即便 1024 指的是"计算机基础"这门课，也不能将课程号取值为"计算机基础"。

7. 属性次序任意性

在定义一个关系模式时，其属性的先后次序不会影响关系的实际意义。然而，关系模式定义好之后，不能随意地调换属性值在元组中的顺序，否则，会引起歧义。如在表 4.2 "研究生导师指导学生"关系模式下，不能插入元组（'刘星'，'软件工程'，'汤友德'），因为这意味着刘星是汤友德的导师，与事实不符。因此，为了保证数据的准确性和有效性，在更改属性值的顺序时必须要对属性的顺序做同样的更改。

4.2　从 E-R 图到关系模型的数据结构

在数据库应用系统的概念结构设计阶段，数据库设计人员通常使用 E-R 图描述出数据库结构中实体及实体之间的联系。在接下来的逻辑结构设计阶段，系统开发人员需要把概念结构设计阶段建立的基本 E-R 图，按选定的数据模型（如层次模型、网状模型、关系模型等），转换成相应的逻辑模型。

E-R 图向关系模型的转换是要解决如何将实体和实体之间的联系转换为关系的问题，并确定这些关系的属性和主键。这种转换要符合关系模型的原则：

1）对于 E-R 图中的每一个实体型，都应将其转换为一个关系模式。该关系模式应包含对应实体型的全部属性，实体标识符就是关系模式的主键。

2）对于 E-R 图中的每一个二元联系型，要根据实体型之间联系的类型采取不同的方法加以处理。具体可分为以下三种情况：

第一种情况，若实体型 R_1 与 R_2 之间的联系是 1：1 联系，则把联系型上的属性加到任一实体型（如 R_1）对应的关系模式中，并把另一实体型 R_2 的实体标识符加到 R_1 对应的关系模式中作为 R_1 的外键。

【例 4.4】请将校长管理学校 E-R 图（见图 4.2）转换为关系模式集。

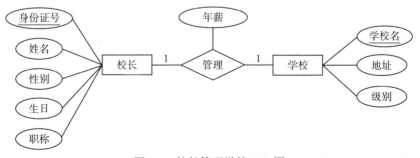

图 4.2　校长管理学校 E-R 图

【解答】从图 4.2 可见，在校长管理学校 E-R 图中共有两个实体型，即"校长"和"学校"，它们的实体标识符分别是身份证号和学校名，"校长"和"学校"之间存在 1：1

联系。

首先，可将这两个实体型转换为以下两个关系模式：

校长（<u>身份证号</u>，姓名，性别，生日，职称）

学校（<u>学校名</u>，地址，级别）

其次，在"校长"关系模式中加入 E-R 图的联系型的年薪属性，并将"学校"实体型中的主键学校名加到"校长"关系模式中作为外键，得到：

校长（<u>身份证号</u>，姓名，性别，生日，职称，年薪，学校名）

因此，最终将校长管理学校 E-R 图转换为以下关系模式集：

校长（<u>身份证号</u>，姓名，性别，生日，职称，年薪，学校名）

学校（<u>学校名</u>，地址，级别）

同理，也可将 E-R 图中联系型的年薪属性加入"学校"关系模式中，并将"校长"实体型中的主键身份证号加到"学校"关系模式中作为外键，则 E-R 图可转换为以下关系模式集：

校长（<u>身份证号</u>，姓名，性别，生日，职称）

学校（<u>学校名</u>，地址，级别，年薪，身份证号）

【例 4.5】请将学生考试排名 E-R 图（见图 4.3）转换为关系模式集。

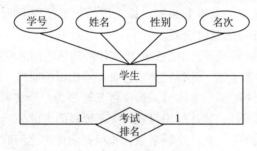

图 4.3 学生考试排名 E-R 图

【解答】从图 4.3 可见，在学生考试排名 E-R 图中只有一个实体型，即"学生"，其实体标识符是学号，在考试排名联系型中，"学生"与"学生"之间存在着 1∶1 联系。

首先，可将学生实体型转换为以下关系模式：

学生（<u>学号</u>，姓名，性别，名次）

其次，处理 E-R 图中的联系型。由于考试排名是 1∶1 联系，且没有属性，因此将与该联系型相关的一个实体型的实体标识符加到另一实体型对应的关系模式中作为外键即可。该联系型相关的实体型只有"学生"一个，因此，得到以下关系模式：

学生（<u>学号</u>，姓名，性别，名次，学号）

根据关系的性质之一——属性名各异性，在一个关系模式中不能存在两个同名的属性，因此我们可以把其中一个学号改为"下一名次的学号"，最终得到以下关系模式：

学生（<u>学号</u>，姓名，性别，名次，下一名次的学号）

第二种情况，若实体型 R_1 与 R_2 之间的联系是 1∶N 联系，则把联系型上的属性加到实体型 R_2 对应的关系模式中，并把实体型 R_1 的实体标识符加入 R_2 对应的关系模式中作为 R_2 的外键。

【例4.6】请将学校聘任教师E-R图（见图4.4）转换为关系模式集。

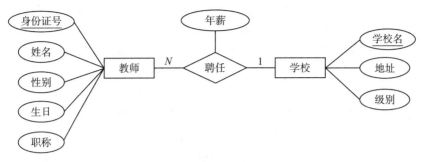

图4.4　学校聘任教师E-R图

【解答】从图4.4可见，在学校聘任教师E-R图中共有两个实体型，即"学校"和"教师"，它们的实体标识符分别是学校名和身份证号，"学校"和"教师"之间存在1∶N联系。

首先，可将这两个实体型转换为以下关系模式集：

学校（<u>学校名</u>，地址，级别）

教师（<u>身份证号</u>，姓名，性别，生日，职称）

其次，在"教师"关系模式中加入E-R图中联系型的年薪属性，并将"学校"实体型中的主键学校名加入"教师"关系模式中作为外键，得到：

教师（<u>身份证号</u>，姓名，性别，生日，职称，年薪，学校名）

因此，最终将学校聘任教师E-R图转换为以下关系模式集：

学校（<u>学校名</u>，地址，级别）

教师（<u>身份证号</u>，姓名，性别，生日，职称，年薪，学校名）

思考：是否可将上述学校聘任教师E-R图转换为以下关系模式集？

学校（<u>学校名</u>，地址，级别，年薪，身份证号）

教师（<u>身份证号</u>，姓名，性别，生日，职称）

【例4.7】请将教师团队E-R图（见图4.5）转换为关系模式集。

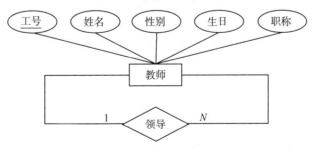

图4.5　教师团队E-R图

【解答】从图4.5可见，在教师团队E-R图中只有一个实体型，即"教师"，它的实体标识符是工号，在一个教师团队中只有一位负责人，因此在领导联系型中，"负责人"与"普通教师"之间存在1∶N联系。

首先，可将教师实体型转换为以下关系模式：

教师（<u>工号</u>，姓名，性别，生日，职称）

其次，处理 E-R 图中的联系型。由于"领导"联系型是 1：N 联系，且其没有属性，因此将与该联系型相关的"1"端实体的实体标识符加入"N"端实体对应的关系模式中作为外键即可。该联系型相关的实体只有一个，因此，得到以下关系模式：

教师（<u>工号</u>，姓名，性别，生日，职称，工号）

根据关系的性质之一——属性名各异性，在一个关系模式中不能存在两个同名的属性，因此我们可以把其中一个工号改为"负责人工号"，最终得到以下关系模式：

教师（<u>工号</u>，姓名，性别，生日，职称，负责人工号）

第三种情况，若实体型 R_1 与 R_2 之间的联系是 M：N 联系，则将联系型也转换成一个关系模式，其属性包括联系型的全部属性，以及 R_1 与 R_2 的实体标识符，而该关系模式的主键为 R_1 与 R_2 的实体标识符的组合。

【例 4.8】请将学生选课 E-R 图（见图 4.6）转换为关系模式集。

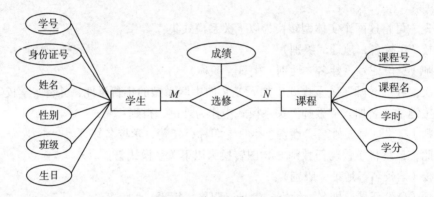

图 4.6　学生选课 E-R 图

【解答】从图 4.6 可见，在学生选课 E-R 图中共有两个实体型，即"学生"和"课程"，它们的实体标识符分别是学号和课程号。首先，可将这两个实体型转换为以下关系模式集：

学生（<u>学号</u>，身份证号，姓名，性别，班级，生日）

课程（<u>课程号</u>，课程名，学时，学分）

其次，由于"学生"和"课程"之间存在着 M：N 联系，因此，为该联系型建立一个名为"选修"的关系模式，该关系模式包含联系型的成绩属性，其主键由"学生"和"课程"的实体标识符共同组成，即：

选修（<u>学号</u>，<u>课程号</u>，成绩）

因此，最终将学生选课 E-R 图转换为以下关系模式集：

学生（<u>学号</u>，身份证号，姓名，性别，班级，生日）

课程（<u>课程号</u>，课程名，学时，学分）

选修（<u>学号</u>，<u>课程号</u>，成绩）

思考：在例 4.8 的结果中，"选修"关系模式的学号与课程号是外键吗？成绩属性是否可以作为"学生"关系模式的属性或者"课程"关系模式的属性？

3）对于 E-R 图中的每一个多元联系型，创建一个新的关系模式，该关系模式包含多元联系型的全部属性，其主键由参与该联系型的全部实体型的实体标识符组成。

【例 4.9】请将教学情况 E-R 图（见图 4.7）转换为关系模式集。

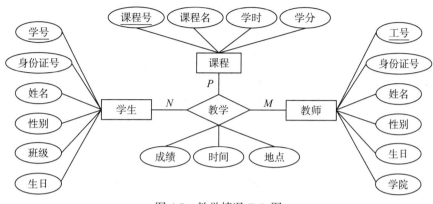

图 4.7　教学情况 E-R 图

【解答】从图 4.7 可见，在教学情况 E-R 图中共有三个实体型，即"学生""教师"和"课程"，它们的实体标识符分别是学号、工号和课程号。首先，可将这三个实体型转换为以下关系模式集：

学生（<u>学号</u>，身份证号，姓名，性别，班级，生日）

课程（<u>课程号</u>，课程名，学时，学分）

教师（<u>工号</u>，身份证号，姓名，性别，生日，学院）

其次，由于"学生"和"课程"之间、"课程"和"教师"之间、"教师"和"学生"之间都存在 $M:N$ 联系，因此，为该多元联系型建立一个名为"教学"的关系模式，该关系模式包含联系型的时间、地点和成绩等属性，其主键由"学生""教师"和"课程"的实体标识符共同组成，即：

教学（<u>工号</u>，<u>学号</u>，<u>课程号</u>，时间，地点，成绩）

因此，最终将教学情况 E-R 图转换为以下关系模式集：

学生（<u>学号</u>，身份证号，姓名，性别，班级，生日）

课程（<u>课程号</u>，课程名，学时，学分）

教师（<u>工号</u>，身份证号，姓名，性别，生日，学院）

教学（<u>工号</u>，<u>学号</u>，<u>课程号</u>，时间，地点，成绩）

4）对于泛化关系 E-R 图，为超类实体 A 创建一个包含其所有属性的关系模式 R_A，为每个子类实体 B_i 创建一个包含其所有专有属性和 R_A 的主键 K 的关系模式 R_{B_i}，并且设置 K 为 R_{B_i} 的主键。

【例 4.10】大学里的人员基本可以分为两大类：教师和学生。"人员"为"教师"和"学生"的超类实体，包含共同属性；"教师"和"学生"是"人员"的子类实体，它们可包含自身特有的属性。因此，"人员"与"教师""学生"等的泛化关系如图 4.8 所示。其中，"人员"的属性包括身份证号、姓名、性别、生日等，身份证号为实体标识符。"教师"的属性包括身份证号、工号、姓名、性别、生日、学院等，身份证号或工号可作为实体标识符。"学生"的属性包括身份证号、学号、姓名、性别、生日、班级等，身份证号或学号可作为实体标识符。请将图 4.8 的泛化关系 E-R 图转换为关系模式集。

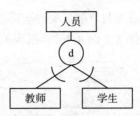

图 4.8　人员与教师、学生等的泛化关系

【解答】在图 4.8 中共有三个实体型，即"人员""教师"和"学生"，其中"人员"是超类实体，"教师"和"学生"是子类实体。首先，可将"人员"这个超类实体转换为以下关系模式：

人员（<u>身份证号</u>，姓名，性别，生日）

其次，对于作为子类实体的"教师"，从其属性集中抽取其专有属性，并加入超类实体"人员"的主键——身份证号，并将身份证号作为主键，得到以下关系模式：

教师（<u>身份证号</u>，工号，学院）

同理，可将另一个子类实体"学生"转换为以下关系模式：

学生（<u>身份证号</u>，学号，班级）

因此，最终将图 4.8 转换为以下关系模式集：

人员（<u>身份证号</u>，姓名，性别，生日）

教师（<u>身份证号</u>，工号，学院）

学生（<u>身份证号</u>，学号，班级）

4.3　关系模型的体系结构

为了降低数据冗余，保证数据的一致性，提高数据的独立性，数据库技术中常采用分级的方法，将数据库系统的结构划分为三个层次——外模式、概念模式、内模式，使不同级别的用户可以根据其角色和工作职能在数据库中观察到相应的数据范围。基于关系模型构建的数据库，其体系结构也可划分为关系外模式、关系概念模式和关系内模式。

关系概念模式是由若干个关系模式组成的集合，描述关系数据库中全部数据的整体逻辑结构。根据关系概念模式构建出来的表称为基本关系。基本关系是实际存在的表，是实际存储数据的逻辑表示。例如，在图 3.3 所示的选课管理数据库关系概念模式包括以下三个关系模式：

学生（<u>学号</u>，身份证号，姓名，性别，班级，生日）

课程（<u>课程号</u>，课程名，学时，学分）

选修（<u>学号</u>，<u>课程号</u>，成绩）

根据这个关系模式集构建出的"学生"关系、"课程"关系和"选修"关系就是基本关系，是选课管理数据库中实际存在的表。

用户访问教务管理系统时，不一定具有访问所有数据的权限。例如，学生只能查看自己所学课程的成绩，而没有权限查看其他同学的成绩；任课老师只能修改自己所教课程以及对应班级学生的成绩，而没有权限修改其他课程相关信息。用户通过查询得到的表称为虚表。虚表中的数据来源于基本关系。例如，计算机概论老师查询选了该课的所有学生成绩，这个查询需要把"课程"关系和"选修"关系中具有相同课程号的元组进行连接，最终得到计算机概论成绩表，如图 4.9 所示。

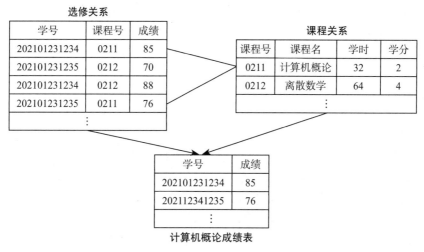

图 4.9　从基本关系导出查询结果

计算机概论成绩表是虚表。一个用户可以使用的全部"表"和"虚表"，构成这个用户的数据视图，简称为**视图**（View）。视图中所有"表"和"虚表"的框架组成关系数据库的外模式，又称为**关系外模式**。关系外模式是关系概念模式的一个逻辑子集，描述关系数据库中数据的局部逻辑结构。在定义关系外模式时，除了要指出用户所用到的那部分数据外，还要给出关系概念模式与关系外模式之间的映射。

关系内模式是数据文件（包括索引等）的集合，描述数据的物理存储。文件是关系存储的基本组织方式。关系中的元组对应文件中的记录。关系内模式中描述关系概念模式与关系内模式之间的映射。

4.4　关系的完整性约束

为了维护数据库中数据与现实世界中相应数据的一致性，防止录入错误数据，关系模型提供了三类完整性约束规则。关系模型的完整性规则是对关系的某种约束条件。关系模型完整性规则的制定，有助于保证关系中数据的正确性、有效性和相容性。

数据的正确性指的是关系中的数据与事实相符。例如，"学生"关系中存在一个元组，姓名为"李楠"，性别为"男"。若事实上李楠是女生，则该数据是不正确的。

数据的有效性指的是关系中的数据在其值域内，是可理解的。例如，"学生"关系中"性别"属性的取值范围为 {'男', '女'}，若存在一个元组的性别属性值是"*"，则该数据是无效的，根据这一数据无法理解该学生的性别。

数据的相容性指的是若对应同一个事实的数据在多个关系中出现，则这些数据应该是一致的。例如，在前述的教务管理系统中，有以下三个关系：

学生（<u>学号</u>，身份证号，姓名，性别，班级，生日）

课程（课程号，课程名，学时，学分）

选修（学号，课程号，成绩）

如果数据操作人员在"选修"关系中录入学生选修记录时操作不当，误将学号为"202110225221"的学生学号录入为"202010225221"，这将会引起数据的不相容，从而导致"选修"关系的这一个元组无法与"学生"关系中学号为"202110225221"的元组产生关联。

在关系数据库运行时，不符合关系模型完整性规则的数据会被DBMS拒之门外，只有通过约束条件检验的数据才可以被录入。

4.4.1　实体完整性

一个关系通常对应现实世界的一个实体集。例如，"学生"关系对应于学生的集合。现实世界中的实体都是可区分的，都具有某种唯一性标识。因此，关系中主键作为唯一性标识，其包含的所有属性不能取空值，否则就意味着主键丧失了唯一性标识的作用，导致某个实体不可识别，这与现实世界的情况矛盾。

实体完整性（Entity Integrity）规定：若属性 A 是关系 R 主键中的属性，则属性 A 不能取空值（NULL）。注意，关系中的主键可由一个或多个属性组成。例如，"学生"关系的主键是学号，而"选修"关系的主键是学号与课程号的集合。根据实体完整性规则，"选修"关系中无论是学号还是课程号，都不允许出现空值。

实体完整性规则有助于防止数据库中出现非法的不符合语义的数据。

4.4.2　参照完整性

在现实世界中实体之间往往存在某种联系，在关系模型中实体及实体之间的联系都是用关系来描述的，因此存在关系之间的引用。这种引用通过外键来实现。在前述的选课管理数据库中有以下三个关系：

学生（学号，身份证号，姓名，性别，班级，生日）

课程（课程号，课程名，学时，学分）

选修（学号，课程号，成绩）

其中，"选修"关系中课程号是"课程"关系的主键，因此，课程号是"选修"关系的外键。"选修"关系引用了"课程"关系，"选修"关系的课程号属性需要参照"课程"的主键。若在"选修"关系中出现元组（'202101231234', '0211', 85），这意味着学号为"202101231234"的学生选修了课程号为"0211"的课程。那么，课程号为"0211"的课程必须在"课程"关系中出现，否则，这名学生就选修了一门不存在的课程。反之，在"课程"关系中出现的课程，并不一定会出现在"选修"关系中，因为事实上存在开设了课程但没有学生选修的情况。

若关系 A 中的某属性或属性集是关系 B 的主键，则称 A 为**参照关系**（Referencing Relation），称 B 为**被参照关系**（Referenced Relation）。因此，在前述的例子中，"选修"关系是参照关系，"课程"关系是被参照关系。

思考：在前述的选课管理数据库中，对于"学生"关系和"选修"关系，其参照完整性规则应该怎么约定？哪一个关系是参照关系？哪一个关系是被参照关系？

参照完整性（Referential Integrity）规则规定：参照关系 A 中外键的取值要么为空，要么为被参照关系 B 中某元组的主键值。简单地说，如果关系 A 中外键的取值不为空时，根据该取值去关系 B 中寻找，必须能找到一条相符的元组。

参照完整性规则要求关系之间不能引用不存在的实体，防止数据库在实现实体之间的联系时存在错误引用。在数据库运行时，若相关实体的数据发生更新，DBMS 依照已定义的参照关系检测数据更新操作的合法性，从而保证数据的一致性。

4.4.3　用户自定义完整性

实体完整性和参照完整性是关系模型必须满足的基本规则，在设计关系模式时定义并由 DBMS 自动支持，适用于任何关系数据库系统。除此之外，用户还可根据应用环境的需要，自定义一些数据的约束条件。

用户自定义完整性（User-defined Integrity）就是用户针对某一具体应用环境而添加的约束规则。例如，如果考试采用百分制，用户可以自定义一条规则，规定每门课的成绩必须在 0 ~ 100，否则不允许录入；针对"学生"关系中的性别属性，用户可以自定义一条规则，规定性别的取值必须是"男"或者"女"。用户自定义的完整性一旦定义，就由系统承担检验与纠错工作。如此一来，用户不必在应用程序中添加额外的代码以检查数据完整性，既大大地减轻了工作量，又可确保数据的正确录入。

实体完整性和参照完整性是关系模型必须满足的完整性约束条件，被称为两个**关系的不变性**，一般情况下由 DBMS 自动支持。用户自定义完整性则需要由数据库开发者根据实际情况添加。

4.5　本章小结

虽然逻辑数据模型有很多，但关系模型由于易于被人理解和实现等特性，目前仍然占据数据库市场的主流。要学习数据库技术，绕不开关系模型。本章从关系的基本概念开始，介绍了关系的数据结构、体系结构和完整性约束，并重点讲述了将 E-R 图转换为关系模式的原则。

在学习本章时需要重点掌握以下知识点：

1）关系与笛卡儿乘积的联系与区别。

2）关系的超键、候选键、主键和外键。

3）关系的性质。

4）从 E-R 图导出关系模式的方法。

5）关系的完整性约束。

4.6　习题

一、单选题

1. 有 A、B、C 三个集合，其基数分别是 2、3、4，则 A×B×C 的基数是（　　　）。

　　A. 8　　　　　　　　B. 9　　　　　　　　C. 10　　　　　　　　D. 24

2. 设 A 是一个二元关系，B 是一个三元关系，则 A × B 是一个（　　）元关系。

A. 2　　　　　　　　B. 3　　　　　　　　C. 4　　　　　　　　D. 5

3. 若关系中某一属性组的值能唯一地标识一个元组，则称该属性组为关系的（　　）。

A. 超键　　　　　　　B. 候选键　　　　　　C. 主键　　　　　　　D. 外键

4. （　　）规定，主属性不能为空。

A. 实体完整性　　　　　　　　　　　　　B. 参照完整性

C. 用户自定义完整性　　　　　　　　　　D. 关系的不变性

5. （　　）是指关系模式中所有属性构成该关系模式的候选键。

A. 超键　　　　　　　B. 主键　　　　　　　C. 外键　　　　　　　D. 全键

二、多选题

1. 下列说法正确的是（　　）。

A. 关系一定是有限的　　　　　　　　　　B. 关系满足交换律

C. 笛卡儿乘积满足交换律　　　　　　　　D. 笛卡儿乘积一定是有限的

2. 关系具有（　　）性质。

A. 分量的原子性　　　B. 属性同质性　　　C. 元组有限性　　　D. 属性次序任意性

3. 关于 E-R 图转换为关系模式的规则，下列说法正确的是（　　）。

A. 若实体间联系是 $1：N$，则在 N 端实体类型转换成的关系模式中加入 1 端实体类型的键和联系类型的属性

B. 若实体间联系是 $1：N$，则在 1 端实体类型转换成的关系模式中加入 N 端实体类型的键和联系类型的属性

C. 对于 $1：1$ 的二元联系 R，参与该联系的实体为 S 和 T。可把 R 的属性放到 S 中，并把 T 的主键作为 S 的外键

D. 对于 $1：1$ 的二元联系 R，参与该联系的实体为 S 和 T。可把 R 的属性放到 T 中，并把 S 的主键作为 T 的外键

4. 下列说法正确的是（　　）。

A. 关系模式是对关系的描述　　　　　　　B. 关系是关系模式在某一时刻的状态

C. 关系模式是相对稳定的　　　　　　　　D. 关系是会随着时间不断变化的

5. 对于关系模式——校内人员（身份证号，姓名，性别，籍贯），以下（　　）是超键。

A. 身份证号　　　　　　　　　　　　　　B. （身份证号，姓名）

C. 姓名　　　　　　　　　　　　　　　　D. （姓名，性别）

三、判断题

1. 外键不可以取空值。

2. 一个关系的候选键可以有多个。

3. 一个关系的主键可以有多个。

4. 关系数据库是在一个给定的应用领域，一些关系模式在某一时刻对应的关系的集合。

5. 将 E-R 图转换为关系模式时，必须为每一个联系单独建立一个关系模式。

6. 用户能看见的数据视图不一定就是实际存在的表的形式。

四、名词解释

1. 外键

2. 参照完整性

3. 实体完整性

4. 关系数据库的外模式

5. 关系数据库的概念模式

6. 用户视图

五、简答题

　　银行业务数据库要记录客户的账户名、身份证号、姓名、出生日期、性别等属性，以及各个账户的业务数据，包括交易号、业务类型、金额、交易日期等属性。

　　1）根据题意在草稿纸上画出 E-R 图。

　　2）将该 E-R 图转换为关系模式。

数据库应用系统设计与实现（三）

——数据库逻辑结构设计

　　数据库逻辑结构设计的任务，就是把概念结构设计阶段建立的基本 E-R 图，按选定的管理系统软件支持的数据模型（层次、网状、关系），转换成相应的逻辑模型。若使用关系数据库实现应用系统的数据存储，则这种转换要符合关系数据模型的原则。

　　根据 4.2 节所述的将 E-R 图转换为关系模型的方法，将前述的教务管理系统的 E-R 图转换为关系模型，其关系模式包括：

　　学生（学号，身份证号，姓名，性别，班级，生日）

　　课程（课程号，课程名，学时，学分）

　　选修（学号，课程号，成绩，学分）

　　教师（工号，身份证号，姓名，性别，生日，职称）

　　授课（工号，课程号，时间，地点）

　　用户（账号，密码，用户类型）

　　其中下划线标记的属性为关系模式的主键；在"选修"关系模式中，学号和课程号都是外键，学号引用的是"学生"关系模式的学号，课程号引用的是"课程"关系模式的课程号；在"授课"关系模式中，工号和课程号都是外键，工号引用的是"教师"关系模式的工号，课程号引用的是"课程"关系模式的课程号。

课程设计任务 3

　　课程设计小组完成课程设计的数据库逻辑结构设计。

第5章 关系运算（理论基础）

关系模型具有数学理论基础，且结构简单，因而一经推出便受到了市场的广泛关注，至今仍是市场上最受欢迎的数据模型。学习和理解关系模型的数学理论基础，有助于我们更好地理解关系数据库中的数据查询机制。关系运算是关系模型数学理论基础中最重要的部分。关系运算可分为两种不同的形式：关系代数和关系演算。

5.1 关系代数

关系代数是一种抽象的查询语言，是以关系为运算对象的一组高级运算的组合，是研究关系数据语言的数学工具。在关系模型中，关系代数的作用是用对关系的运算来表达查询。关系代数的运算对象是关系，运算结果也是关系。由于关系是元组的集合，因此关系代数包括传统的集合运算，如并、差、交、乘积等。除此之外，关系代数还包括专门针对关系而定义的一些运算，如选择、投影、连接和除等。从关系代数完备性的角度，并、差、乘积、选择和投影构成了关系代数最小完备运算集，这五种运算称为基本运算，其他非基本运算可以由这五种基本运算合成。具备这五种基本运算就意味着拥有了访问关系中任意数据的能力。

5.1.1 五种基本运算

关系是元组的集合，因此传统的集合运算同样适用于关系。记关系 R 的属性为 $A_1, A_2, \cdots, A_n$，关系 R 的元组为 t。假设有同类关系 R 和 S（即 R 和 S 对应同样的关系模式），若 R 中的任何一个元组必然是 S 的一个元组，则称关系 S 包含关系 R，记为 $R \subseteq S$ 或 $S \supseteq R$，如图 5.1 所示。若同时存在 $R \subseteq S$ 和 $S \subseteq R$，则称 R 等于 S，记为 $R = S$。

图 5.1 关系 S 包含关系 R

1. 并（union）

假设有同类关系 R 和 S，R 并 S 由两个关系的所有元组构成，如图 5.2 阴影部分所示，即

$$R \cup S = \{t \mid t \in R \ \lor \ t \in S\}$$

【例 5.1】设有同类关系街舞社团 R（见表 5.1）和声乐社团 S（见表 5.2），求 $R \cup S$。

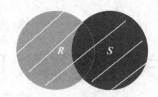

图 5.2　关系 R 和 S 的并

表 5.1　关系 R

学号	姓名	性别
202101231234	张怡	女
202101231235	李述	男
202101231236	陈心仪	女
202101231237	张鑫奕	男

表 5.2　关系 S

学号	姓名	性别
202101231236	陈心仪	女
202101231238	王冲	男
202101231239	刘学明	男

【解答】$R\cup S$ 就是关系 R 和 S 所有元组构成的关系（见表 5.3）

2. 差（difference）

假设有同类关系 R 和 S，R 和 S 的差由属于 R 但不属于 S 的元组构成，如图 5.3 阴影部分所示，即

$$R-S=\{t\,|\,t\in R\,\wedge\,t\notin S\}$$

表 5.3　关系 $R\cup S$

学号	姓名	性别
202101231234	张怡	女
202101231235	李述	男
202101231236	陈心仪	女
202101231237	张鑫奕	男
202101231238	王冲	男
202101231239	刘学明	男

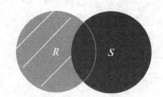

图 5.3　关系 R 和 S 的差

【例 5.2】设有同类关系街舞社团 R（见表 5.4）和声乐社团 S（见表 5.5）如下，求 $R-S$ 和 $S-R$。

表 5.4　关系 R

学号	姓名	性别
202101231234	张怡	女
202101231235	李述	男
202101231236	陈心仪	女
202101231237	张鑫奕	男

表 5.5　关系 S

学号	姓名	性别
202101231236	陈心仪	女
202101231238	王冲	男
202101231239	刘学明	男

【解答】$R-S$ 即参加街舞社团但没参加声乐社团的学生构成的关系（见表 5.6），$S-R$ 即参加声乐社团但没参加街舞社团的学生构成的关系（见表 5.7）。

表 5.6　关系 $R-S$

学号	姓名	性别
202101231234	张怡	女
202101231235	李述	男
202101231237	张鑫奕	男

表 5.7　关系 $S-R$

学号	姓名	性别
202101231238	王冲	男
202101231239	刘学明	男

3. 乘积（product）

关系 R 和 S 的乘积是一个关系，该关系的元组个数为关系 R 和 S 中元组个数之积，关系 R 和 S 的乘积中的每一个元组 $<t^r,t^s>$ 由两部分构成，其中 t^r 是 R 的元组，t^s 是 S 的元组，即

$$R \times S = \{t \mid t = <t^r,t^s> \wedge t^r \in R \wedge t^s \in S\}$$

式中，r 和 s 分别为关系 R 和 S 包含的属性个数。

【例 5.3】设有关系学生 R（见表 5.8）和课程 S（见表 5.9），求 $R \times S$。

<table>
<tr><th colspan="3">表 5.8　关系 R</th></tr>
<tr><th>学号</th><th>姓名</th><th>性别</th></tr>
<tr><td>202101231234</td><td>张怡</td><td>女</td></tr>
<tr><td>202101231235</td><td>李述</td><td>男</td></tr>
<tr><td>202101231236</td><td>陈心仪</td><td>女</td></tr>
<tr><td>202101231237</td><td>张鑫奕</td><td>男</td></tr>
</table>

<table>
<tr><th colspan="2">表 5.9　关系 S</th></tr>
<tr><th>课程号</th><th>课程名</th></tr>
<tr><td>1000</td><td>语文</td></tr>
<tr><td>1001</td><td>英语</td></tr>
</table>

【解答】$R \times S$ 反映了所有学生修读全部课程的情况（见表 5.10）。

表 5.10　关系 $R \times S$

学号	姓名	性别	课程号	课程名
202101231234	张怡	女	1000	语文
202101231235	李述	男	1000	语文
202101231236	陈心仪	女	1000	语文
202101231237	张鑫奕	男	1000	语文
202101231234	张怡	女	1001	英语
202101231235	李述	男	1001	英语
202101231236	陈心仪	女	1001	英语
202101231237	张鑫奕	男	1001	英语

4. 选择（selection）

对于关系 R，给定命题公式 F，选择就是根据 F 指定的条件对 R 进行水平分割，选出符合条件的元组，即

$$\sigma_F(R) = \{t \mid t \in R \wedge F(t) = \text{true}\}$$

【例 5.4】设有关系学生 R（见表 5.10），求 $\sigma_{\text{性别}='女'}(R)$。

【解答】$\sigma_{B=3}(R)$ 即在 R 中选取出女生的元组（见表 5.11）。

<table>
<tr><th colspan="3">表 5.11　关系 R</th></tr>
<tr><th>学号</th><th>姓名</th><th>性别</th></tr>
<tr><td>202101231234</td><td>张怡</td><td>女</td></tr>
<tr><td>202101231235</td><td>李述</td><td>男</td></tr>
<tr><td>202101231236</td><td>陈心仪</td><td>女</td></tr>
<tr><td>202101231237</td><td>张鑫奕</td><td>男</td></tr>
</table>

<table>
<tr><th colspan="3">表 5.12　关系 $\sigma_{\text{性别}='女'}(R)$</th></tr>
<tr><th>学号</th><th>姓名</th><th>性别</th></tr>
<tr><td>202101231234</td><td>张怡</td><td>女</td></tr>
<tr><td>202101231236</td><td>陈心仪</td><td>女</td></tr>
</table>

【例 5.5】设有关系学生 R（见表 5.13），求 $\sigma_{\text{性别}='女' \wedge \text{学号}>'202101231235'}(R)$。

【解答】$\sigma_{性别='女' \wedge 学号>'201101231235'}(R)$ 即在学生 R 中选取学号大于 201101231235 的女生的元组（见表 5.14）。

表 5.13 关系 R		
学号	姓名	性别
202101231234	张怡	女
202101231235	李述	男
202101231236	陈心仪	女
202101231237	张鑫奕	男

表 5.14 关系 $\sigma_{性别='女' \wedge 学号>'201101231235'}(R)$		
学号	姓名	性别
202101231236	陈心仪	女

5. 投影（projection）

给定 r 元关系 R，元组变量为 $t^r =< t_1, t_2, \cdots, t_r >$，投影是对其进行垂直分割，消去某些列，并重新安排列的顺序，即

$$\pi_{i_1, i_2, \cdots, i_m}(R) = \{t \mid t =< t_{i_1}, t_{i_2}, \cdots, t_{i_m} > \wedge\ t^r \in R\}$$

【例 5.6】设有关系学生 R（见表 5.15），求 $\pi_{3,2}(R)$。

【解答】$\pi_{3,2}(R)$ 即取关系学生 R 的第 3 列和第 2 列（见表 5.16）。

表 5.15 关系 R		
学号	姓名	性别
202101231234	张怡	女
202101231235	李述	男
202101231236	陈心仪	女
202101231237	张鑫奕	男

表 5.16 关系 $\pi_{3,2}(R)$	
性别	姓名
女	张怡
男	李述
女	陈心仪
男	张鑫奕

注意，投影运算中既可以用列序号来指定列，也可以用属性名来指定列。$\pi_{3,2}(R)$ 也可以写成 $\pi_{性别, 姓名}(R)$。

5.1.2 非基本运算

1. 交（intersection）

假设有同类关系 R 和 S，R 和 S 的交由既属于 R 又属于 S 的元组构成，如图 5.4 带线阴影部分所示，即

$$R \cap S = \{t \mid t \in R \wedge t \in S\}$$

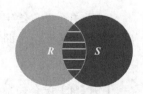

图 5.4 关系 R 和 S 的交

【例 5.7】设有同类关系街舞社团 R（见表 5.17）和声乐社团 S（见表 5.18），求 $R \cap S$。

【解答】$R \cap S$ 就是既参加街舞社团又参加声乐社团的学生构成的关系（见表 5.19）。

表 5.17 关系 R		
学号	姓名	性别
202101231234	张怡	女
202101231235	李述	男
202101231236	陈心仪	女
202101231237	张鑫奕	男

表 5.18 关系 S		
学号	姓名	性别
202101231236	陈心仪	女
202101231238	王冲	男
202101231239	刘学明	男

表 5.19　关系 $R \cap S$

学号	姓名	性别
201101231236	陈心仪	女

【定理 5.1】对于同类关系 R 和 S，有 $R \cap S = R - (R - S)$。

$R \cap S$ 和 $R - S$ 的联系如图 5.5 所示。

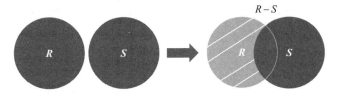

图 5.5　$R \cap S$ 和 $R - S$ 的联系

【例 5.8】对于例 5.3 中的 $R \cap S$，验证 $R \cap S = R - (R - S)$。

【解答】对于例 5.3 中的 R 和 S，R 见表 5.20，关系 $R - S$ 见表 5.21。

表 5.20　关系 R

学号	姓名	性别
201101231234	张怡	女
201101231235	李述	男
201101231236	陈心仪	女
201101231237	张鑫奕	男

表 5.21　关系 $R - S$

学号	姓名	性别
201101231234	张怡	女
201101231235	李述	男
201101231237	张鑫奕	男

因此，有 $R - (R - S)$ 见表 5.22。

表 5.22　关系 $R - (R - S)$

学号	姓名	性别
201101231236	陈心仪	女

可见，有 $R \cap S = R - (R - S)$。$R - S$ 即参加街舞社团但没参加声乐社团的学生构成的关系，$R - (R - S)$ 就是既参加街舞社团又参加声乐社团的学生构成的关系，与 $R \cap S$ 的语义相同。

2. θ 连接（θ join）

θ 连接是在 $R \times S$ 中选择满足条件 "$i\theta j$" 的元组，其中 i 指的是 R 的第 i 列 t_i^r，j 指的是 S 的第 j 列 t_j^s，θ 是一个算术比较运算符，例如 =、>、<、$\geqslant$、$\leqslant$ 等，当 θ 为 "=" 时又称为等值连接。即

$$R \underset{i\theta j}{\infty} S = \{t | t = <t^r, t^s> \wedge t^r \in R \wedge t^s \in S \wedge t_i^r \theta t_j^s\}$$

式中，r 和 s 分别为关系 R 和 S 包含的属性个数。

【例 5.9】设有关系学生 R（见表 5.23）和选课 S（见表 5.24），求 $R \underset{1=1}{\infty} S$。

表 5.23　关系 R

学号	姓名	性别
201101231234	张怡	女
201101231235	李述	男
201101231236	陈心仪	女
201101231237	张鑫奕	男

表 5.24　关系 S

学号	课程号	成绩
201101231234	1000	84
201101231236	1001	78

【解答】连接条件是 R 的第 1 列等于 S 的第 1 列，连接后得到表 5.25。

表 5.25　关系 $R \underset{1=1}{\infty} S$

R. 学号	姓名	性别	S. 学号	课程号	成绩
202101231234	张怡	女	202101231234	1000	84
202101231236	陈心仪	女	202101231236	1001	78

注意，由于关系学生 R 和选课 S 中都有学号属性，为了避免结果关系中出现同名属性，在学号前加上了关系名作为前缀以示区分。

3. F 连接 (F join)

F 连接是在 $R \times S$ 中选择满足条件 F 的元组，其中 F 是由多个 F_x 用"逻辑与"连接而成的逻辑表达式——"$F_1 \wedge F_2 \wedge \cdots \wedge F_n$"，每个 F_x 都是一个形如"$i\theta j$"的条件，即

$$R \underset{F}{\infty} S = \{t \mid t = <t^r, t^s> \wedge t^r \in R \wedge t^s \in S \wedge F(t) = \text{true}\}$$

式中，r 和 s 分别为关系 R 和 S 包含的属性个数。

【例 5.10】设有关系课程 R（见表 5.26）和学生选课 S（见表 5.27）如下，求 $R \underset{1=1 \wedge 2 \leqslant 2}{\infty} S$。

表 5.26　关系 R

课程号	学费
1000	450
1001	500

表 5.27　关系 S

选课	存款余额	学号
1000	1000	202101231234
1001	480	202101231236

【解答】$R \underset{1=1 \wedge 2 \leqslant 2}{\infty} S$ 找到存款余额足够支付所报课程学费的学生信息（见表 5.28）。

表 5.28　关系 $R \underset{1=1 \wedge 2 \leqslant 2}{\infty} S$

课程号	学费	选课	存款余额	学号
1000	450	1000	1000	202101231234

4. 自然连接（natural join）

自然连接是在 $R \times S$ 中，选择 R 和 S 公共属性（A）值均相等的元组，并去掉 $R \times S$ 中重复的公共属性列，即

$$R \infty S = \{t \mid t = <t^r, \tilde{t}^s.A> \wedge t^r \in R \wedge t^s \in S \wedge t^r[A] = t^s[A]\}$$

式中，r 和 s 分别为关系 R 和 S 包含的属性个数，$\tilde{t}^s.A$ 表示关系 S 的元组去掉与 R 的公共属性 A 的剩余部分。

注意，如果两个关系没有公共属性，则自然连接就转化为 $R \times S$。假设 R 和 S 公共属性有 n 个，R 和 S 自然连接可以由基本运算合成

$$R \infty S = \pi_{1,2,\cdots,r,i_1,i_2,\cdots,i_{s-n}}(\sigma_{R.A_1=S.A_1 \wedge R.A_2=S.A_2 \wedge \cdots \wedge R.A_n=S.A_n}(R \times S))$$

式中，$i_1, i_2, \cdots, i_{s-n}$ 对应 S 中非公共属性的下标。

【例 5.11】设有关系学生 R（见表 5.29）和选课 S（见表 5.30），求 $R \infty S$。

表 5.29　关系 R

学号	姓名	性别
202101231234	张怡	女
202101231235	李述	男
202101231236	陈心仪	女
202101231237	张鑫奕	男

表 5.30　关系 S

学号	课程号	成绩
202101231234	1000	84
202101231236	1001	78
202101231238	1000	96

【解答】关系R和S的公共属性是学号，将关系R和S中学号相等的元组拼接，可得到学生选课的具体信息（见表5.31）。

表5.31 关系$R \infty S$

学号	姓名	性别	课程号	成绩
202101231234	张怡	女	1000	84
202101231236	陈心仪	女	1001	78

【例5.12】设有关系学生R（见表5.32）和课程S（见表5.33），求$R \infty S$。

表5.32 关系R

学号	姓名
202101231234	张怡
202101231235	李述
202101231236	陈心仪
202101231237	张鑫奕

表5.33 关系S

课程号	课程名
1000	语文
1001	英语

【解答】由于关系R和S没有公共属性，则$R \infty S$就转化为$R \times S$（见表5.34）。

表5.34 关系$R \times S$

学号	姓名	课程号	课程名
202101231234	张怡	1000	语文
202101231235	李述	1000	语文
202101231236	陈心仪	1000	语文
202101231237	张鑫奕	1000	语文
202101231234	张怡	1001	英语
202101231235	李述	1001	英语
202101231236	陈心仪	1001	英语
202101231237	张鑫奕	1001	英语

5. 除法（division）

设有关系R和S如图5.6所示，$R \div S$的操作思路如下：把S看作一个块，如果R的相同属性集中的元组有相同的块，且除去此块后留下的相应元组均相同，那么可以得到一个元组，所有这些元组的集合就是除法的结果，即

$$R \div S = \{t^r.X | t^r \in R \wedge Y_x \supseteq S(Y)\}$$

式中，r和s分别为关系R和S包含的属性个数，且

$$Y_x = \{t^r.Y | t^r \in R \wedge t^r.X = x\}。$$

关系R和S的除法可由基本运算合成，即

$$R \div S = \pi_{1,2,\cdots,r-s}(R) - \pi_{1,2,\cdots,r-s}(\pi_{1,2,\cdots,r-s}(R) \times S - R)$$

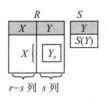

图5.6 关系R和S

【例 5.13】设有关系选课情况 R（见表 5.35）和课程 S（见表 5.36），求 $R \div S$。

表 5.35 关系 R

学号	课程号	课程名
202101231234	1000	语文
202101231234	1001	英语
202101231235	1000	语文
202101231236	1001	英语
202101231237	1000	语文
202101231237	1001	英语

表 5.36 关系 S

课程号	课程名
1000	语文
1001	英语

【解答】求 $R \div S$ 时，把关系 S 看作一个整体，并在关系 R 中找这个整体所在的元组，能找到两个这样的整体，并且除去这个整体后留下的学号均相同，即求得选修了全部课程的学生学号，如图 5.7 所示。

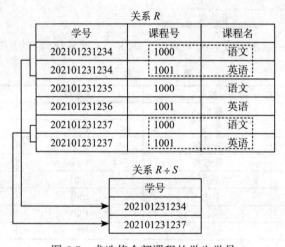

图 5.7　求选修全部课程的学生学号

6. 外连接（outer join）

设有关系 R 和 S，外连接是在 R 和 S 自然连接的基础上，把 R 和 S 原来要舍弃的元组都放到新关系中，若对方关系没有相应的元组，新元组中其他的属性填上空值 NULL。外连接操作符为 ⋈。

【例 5.14】设有关系学生 R（见表 5.37）和选课 S（见表 5.38），求 $R ⋈ S$。

表 5.37 关系 R

学号	姓名	性别
202101231234	张怡	女
202101231235	李述	男
202101231236	陈心仪	女
202101231237	张鑫奕	男

表 5.38 关系 S

学号	课程号	成绩
202101231234	1000	84
202101231236	1001	78
202101231238	1000	96

【解答】首先计算关系 $R \infty S$，见表 5.39。

$R ⋈ S$ 包括 $R \infty S$ 所有元组，以及原来要舍弃的 R 中两个元组和 S 中最后一个元组，无值的属性填空值 NULL，得到表 5.40。

表 5.39 关系 $R\infty S$

学号	姓名	性别	课程号	成绩
202101231234	张怡	女	1000	84
202101231236	陈心仪	女	1001	78

表 5.40 关系 $R\bowtie S$

学号	姓名	性别	课程号	成绩
202101231234	张怡	女	1000	84
202101231236	陈心仪	女	1001	78
202101231235	李述	男	NULL	NULL
202101231237	张鑫奕	男	NULL	NULL
202101231238	NULL	NULL	1000	96

7. 左外连接（left outer join）

设有关系 R 和 S，左外连接是在 R 和 S 自然连接的基础上，把 R 原来要舍弃的元组都放到新关系中，若关系 S 没有相应的元组，新元组中其他的属性填上空值 NULL。左外连接操作符为⋈。

【例 5.15】对于例 5.14 中的关系 R 和 S，求 $R⋈S$。

【解答】$R⋈S$ 包括 $R\infty S$ 所有元组，以及原来要舍弃的 R 中的两个元组，无值的属性填空值 NULL，得到表 5.41。

表 5.41 关系 $R⋈S$

学号	姓名	性别	课程号	成绩
202101231234	张怡	女	1000	84
202101231236	陈心仪	女	1001	78
202101231235	李述	男	NULL	NULL
202101231237	张鑫奕	男	NULL	NULL

8. 右外连接（right outer join）

给定关系 R 和 S，右外连接是在 R 和 S 自然连接的基础上，把 S 原来要舍弃的元组都放到新关系中，若关系 R 没有相应的元组，新元组中其他属性填上空值 NULL。右外连接操作符为⋈。

【例 5.16】对于例 5.14 中的关系 R 和 S，求 $R⋈S$。

【解答】$R⋈S$ 包括 $R\infty S$ 所有元组，以及原来要舍弃的 S 中最后一个元组，无值的属性填上空值 NULL，得到表 5.42。

表 5.42 关系 $R⋈S$

学号	姓名	性别	课程号	成绩
202101231234	张怡	女	1000	84
202101231236	陈心仪	女	1001	78
202101231238	NULL	NULL	1000	96

9. 半连接（semi join）

给定关系 R 和 S，R 和 S 的半连接是在 R 和 S 自然连接的基础上，只取 R 的元组。半

连接操作符为 ∝。

【例 5.17】对于例 5.14 中的关系 R 和 S，求 $R \propto S$ 和 $S \propto R$。

【解答】$R \propto S$ 包括 $R \infty S$ 所有元组中属于 R 的部分（见表 5.43），$R \propto S$ 包括 $R \infty S$ 所有元组中属于 S 的部分（见表 5.44）。

表 5.43　关系 $R \propto S$

学号	姓名	性别
202101231234	张怡	女
202101231236	陈心仪	女

表 5.44　关系 $S \propto R$

学号	课程号	成绩
202101231234	1000	84
202101231236	1001	78

10. 外部并（outer union）

给定关系 R 和 S，外部并的结果关系是由 R 和 S 所有属性组成的（公共属性只取一次），结果关系的元组由属于 R 或属于 S 的元组组成，对于那些没有具体值的新增加的属性，全部填上空值 NULL。

【例 5.18】对于例 5.14 中的关系 R 和 S，求 R 和 S 的外部并。

【解答】R 和 S 的外部并共有 5（3+3-1）个属性，把关系 R 和 S 填进 R 和 S 的外部并关系中，没有具体值的属性填入空值 NULL，得到表 5.45。

表 5.45　R 和 S 的外部并

学号	姓名	性别	课程号	成绩
202101231234	张怡	女	NULL	NULL
202101231236	陈心仪	女	NULL	NULL
202101231235	李述	男	NULL	NULL
202101231237	张鑫奕	男	NULL	NULL
202101231234	NULL	NULL	1000	84
202101231236	NULL	NULL	1001	78
202101231238	NULL	NULL	1000	96

5.1.3　关系代数表达式的应用

使用上述关系代数运算，经过有限次组合得到的表达式称为关系代数表达式。关系代数表达式是关系数据库实现查询运算的数学原型。下面以图 3.3 所示的选课管理数据库为例，说明如何应用关系代数表达式来表示查询。

在选课管理数据库中包括以下三个关系模式：

学生（学号，身份证号，姓名，性别，班级，生日）

课程（课程号，课程名，学时，学分）

选修（学号，课程号，成绩）

【例 5.19】检索学习了课程号为 1001 课程的学生的学号与成绩。

【解答】

1）确定该检索需要查询的关系只有"选修"关系。

2）在"选修"关系中找到课程号为"1001"的元组。

3）取这些元组中学号和成绩两列。

用关系代数表达式表示为

$$\pi_{\text{学号, 成绩}}\left(\sigma_{\text{课程号}='1001'}\left(\text{选修}\right)\right)$$

【例 5.20】检索学习了课程号为 1001 课程的学生的学号与姓名。

【解答】方法一：

1）确定该检索涉及两个关系："学生"和"选修"。因此，先将这两个关系进行自然连接，构造一个新的关系，使得同一名学生的相关信息出现在一个元组上。

2）执行选择和投影操作，找到学习了课程号为 1001 课程的学生的学号与姓名。

用关系代数表达式表示为

$$\pi_{\text{学号, 姓名}}\left(\sigma_{\text{课程号}='1001'}\left(\text{学生} \bowtie \text{选修}\right)\right)$$

方法二：

1）通过执行选择和投影操作在"选修"关系中找到学习了课程号为 1001 课程的学生学号。

2）将这个学号关系与"学生"关系自然连接，就可以找到学习了课程号为 1001 课程的学生信息。

3）执行投影操作，输出这些学生的学号与姓名。

用关系代数表达式表示为

$$\pi_{\text{学号, 姓名}}\left(\sigma_{\text{课程号}='1001'}\left(\text{选修}\right) \bowtie \text{学生}\right)$$

方法三：

1）通过执行选择和投影操作在"选修"关系中找到学习了课程号为 1001 课程的学生学号。

2）在"学生"关系中执行投影操作得到只有学号和姓名属性的子表。

3）将步骤 1）与 2）的结果自然连接，就可以找到学习了课程号为 1001 课程的学生信息。执行投影操作，输出这些学生的学号与姓名。

用关系代数表达式表示为

$$\pi_{\text{学号}}\left(\sigma_{\text{课程号}='1001'}\left(\text{选修}\right)\right) \bowtie \pi_{\text{学号, 姓名}}\left(\text{学生}\right)$$

思考：对于例 5.20 的解题思路，哪一种方法具有最高的效率（速度最快，需要的临时空间最少）？

【例 5.21】检索学习了课程名为英语的课程的学生学号与姓名。

【解答】

1）确定该检索涉及三个关系："学生""课程"和"选修"。因此先将这三个关系自然连接，构造一个新的关系，使得某名学生学习某门课程的相关信息出现在一个元组上。

2）执行选择和投影操作，找到学习了课程名为英语的课程的学生学号与姓名。

用关系代数表达式表示为

$$\pi_{\text{学号, 姓名}}\left(\sigma_{\text{课程名}='英语'}\left(\text{学生} \bowtie \text{选修} \bowtie \text{课程}\right)\right)$$

思考：对于例 5.21，是否存在更高效率的查询方法？

【例 5.22】检索学习了课程号为 1000 或 1001 课程的学生学号。

【解答】本题的解决思路类似于例 5.19。根据题意，选择操作的条件应写为

$$\text{课程号}='1000' \lor \text{课程号}='1001'$$

因此，该查询用关系代数表达式表示为

$$\pi_{\text{学号}}\left(\sigma_{\text{课程号}='1000' \lor \text{课程号}='1001'}(\text{选修})\right)$$

【例 5.23】检索至少选修了课程号为 1000 和 1001 课程的学生学号。

【解答】该查询只涉及"选修"关系，但"选修"关系的一个元组只记录某名学生与某门课程的关联。我们必须要构造出一个关系，该关系的每一个元组中都包含某名学生与两门课程的关联。

1）执行乘积操作：选修 × 选修。

2）在 1）的结果关系中筛选出记录同一名学生选课信息的元组。

3）在 2）的结果关系中筛选出选修了课程号为 1000 和 1001 课程的学生信息。

4）在 3）的结果关系中执行投影操作，输出选修了课程号为 1000 和 1001 课程的学生学号。

用关系代数表达式表示为

$$\pi_1\left(\sigma_{1=4 \land 2='1000' \land 5='1001'}(\text{选修} \times \text{选修})\right)$$

思考：对于例 5.23，还可以用什么样的关系代数表达式表示？

【例 5.24】检索没选课程号为 1000 的学生学号与姓名。

【解答】

1）对"学生"关系执行投影操作，选出所有学生的学号与姓名。

2）采用例 5.20 的方法，找到选修了课程号为 1000 课程的学生学号与姓名。

3）在 1）的结果关系中减去 2）的结果关系，就能得到没选课程号为 1000 课程的学生学号与姓名。

用关系代数表达式表示为

$$\pi_{\text{学号,姓名}}(\text{学生}) - \pi_{\text{学号,姓名}}\left(\sigma_{\text{课程号}='1000'}(\text{学生} \infty \text{选修})\right)$$

【例 5.25】检索选修了全部课程的学生姓名。

【解答】

1）所有学生的选课情况可用 $\pi_{\text{学号,课程号}}(\text{选修})$ 来表示。

2）全部课程可用 $\pi_{\text{课程号}}(\text{课程})$ 来表示。

3）选修了全部课程的学生学号可用 $\pi_{\text{学号,课程号}}(\text{选修}) \div \pi_{\text{课程号}}(\text{课程})$ 来表示。

4）根据 3）的结果关系中的学生学号在"学生"关系中查找姓名信息，可通过执行自然连接和投影操作来实现。

用关系代数表达式表示为

$$\pi_{\text{姓名}}\left(\pi_{\text{学号,课程号}}(\text{选修}) \div \pi_{\text{课程号}}(\text{课程}) \infty \text{学生}\right)$$

【例 5.26】检索所学课程包含学号为 202101231234 的学生所学全部课程的其他学生的学号。

【解答】

1）所有学生的选课情况可用 $\pi_{\text{学号,课程号}}(\text{选修})$ 来表示。

2）学号为 202101231234 的学生所学全部课程可用 $\pi_{\text{课程号}}(\sigma_{\text{学号}='202101231234'}(\text{选修}))$ 来表示。

3）将 1）的结果关系除以 2）的结果关系，就可得到检索所学课程包含学号为 201101231234 的同学所学全部课程的学生学号。

用关系代数表达式表示为

$$\pi_{\text{学号,课程号}}(选修) \div \pi_{\text{课程号}}(\sigma_{\text{学号}='201101231234'}(选修))$$

应用关系代数表达式还能表示对数据的增、删、改。

【例 5.27】为"课程"关系增加一个新元组（'1002',' 数学 ',64,4）。

【解答】可以用并操作在一个关系中增加一个新元组。本例用关系代数表达式表示为

$$课程 \bigcup ('1002', '数学', 64, 4)$$

【例 5.28】在"选修"关系中删除学号为 201101231234 的学生学习课程号为 1000 课程的信息。

【解答】可以用差操作实现信息的删除。本例用关系代数表达式表示为

$$选修 - ('201101231234', '1000', ?)$$

因题目中未给出学号为 201101231234 的学生学习课程号为 1000 课程的成绩，因此用 ? 表示，检索时可忽略其值。

【例 5.29】在"选修"关系中将学号为 201101231234 的学生学习课程号为 1001 课程的成绩改为 80。

【解答】数据的修改可分两步实现：

1）在"选修"关系中删除学号为 201101231234 的学生学习课程号 1001 课程的原成绩。

2）在"选修"关系中加上一条值为 ('201101231234','1001',80) 的新元组。

本例用关系代数表达式表示为

$$选修 - ('201101231234', '1001', ?) \bigcup ('201101231234', '1001', 80)$$

由上述例子可见，在使用关系代数表达式表示查询时，通用的思路是首先分析查询涉及哪些关系，接着执行笛卡儿乘积或连接操作将这些关系整合成一个更大的关系，然后对这个更大的关系执行选择和投影操作，分割出想要得到的查询结果；当查询涉及"否定"逻辑时，往往要用到差运算；当查询涉及"全部"逻辑时，往往要用到除法运算。

5.2 查询优化

在 5.1.3 节介绍的关系代数表达式的若干应用例子中，对于同一个查询问题，不同的解题思路对应不一样的关系代数表达式。在关系代数运算中，若将同样的关系实例代入两个不同的关系代数表达式——E_1 和 E_2 的相应关系，最终得到一样的查询结果，我们就称这两个关系代数表达式等价，记为 $E_1 \equiv E_2$。

若关系代数表达式 E_1 和 E_2 等价，意味着执行 E_1 和 E_2 得到的结果具有相同的属性集和相同的元组集合，但元组中属性的顺序有可能不一样。

对于同一个查询问题，可能存在多个等价的关系代数表达式，能够获取一样的查询结果，但这些等价的关系代数表达式的执行效率（包括时间开销和空间开销）却有所不同。

【例 5.30】 设有两个关系："学生"（学号，身份证号，姓名，性别，班级，生日）和"选修"（学号，课程号，成绩）。"学生"关系和"选修"关系包含的元组个数分别为 1000 和 5000，且"选修"关系中满分的元组为 5 个。查询获得满分的学生姓名，请写出两种不同的关系代数表达式表示该查询，并比较它们的效率。

【解答】 方法一：

1）将"学生"关系和"选修"关系自然连接：学生 ∞ 选修。

2）在 1）的结果关系中执行选择操作，筛选出成绩为 100 的元组：$\sigma_{成绩=100}$（学生 ∞ 选修）。

3）在 2）的结果关系中执行投影操作，分割出学生的姓名：$\pi_{姓名}$（$\sigma_{成绩=100}$（学生 ∞ 选修））。

执行第 1）步最多需要进行 1000 × 5000 = 5000000 次比较运算，第 1）步生成的结果关系中最多有 5000000 个元组，因此，执行第 1）和第 2）步最多查找 5000000 个元组。

方法二：

1）在"选修"关系中执行选择操作，筛选出满分的成绩元组：$\sigma_{成绩=100}$（选修）。

2）将 1）的结果关系与"学生"关系自然连接：$\sigma_{成绩=100}$（选修）∞ 学生。

3）在 2）的结果关系中执行投影操作，分割出学生的姓名：$\pi_{姓名}$（$\sigma_{成绩=100}$（选修）∞ 学生）。

执行第 1）步需要进行 5000 次比较运算；由于满分的元组为 5 个，因此执行第 2）步最多需要进行 5 × 1000=5000 次比较，生成的结果关系中最多有 5 个元组；执行第 3）步时要查找的元组最多只有 5 个。

综上所述，方法二的执行效率相对更高。

由此可见，对关系代数表达式进行等价变换，合理地调整关系代数表达式中的运算顺序，可以减少时间开销和空间开销，提高执行效率。在实际的查询应用中，可以采用以下策略优化关系代数表达式，从而提高查询效率：

1）尽可能早地执行选择及投影操作，以期得到较小的中间结果。

2）把笛卡儿乘积和随后的选择合并成连接操作，使选择与笛卡儿乘积一并完成，避免了做完笛卡儿乘积后要再次扫描一个较大的关系来做选择操作，减少时间开销和空间开销。

3）一连串的选择操作和一连串的投影操作可同时执行，从而避免文件的重复扫描。

4）若在关系代数表达式中多次出现某个子表达式，可预先将该子表达式算出结果并保存起来，从而避免重复计算。

5）在连接前对关系文件进行预处理，如排序和建立索引。将两个有序的关系连接，可避免来回扫描关系文件。

5.3 关系演算

E.F.Codd 提出把数理逻辑中的谓词演算推广到关系运算中，这就是关系演算（Relational Calculus）。关系演算是以数理逻辑中的谓词演算为基础的。以谓词演算为基础的查询语言称为关系演算语言。用谓词演算作为数据库查询语言的思想最早见于 Kuhns 的论文。根据处理对象的不同，关系演算可分为元组关系演算和域关系演算。

5.3.1 元组关系演算

元组关系演算以元组为变量。在元组关系演算中，元组关系演算表达式简称为元组演算表达式，其一般形式为 $\{t | P(t)\}$。其中，P 是公式；t 是元组变量，表示一个元数固定的元组；$\{t | P(t)\}$ 表示满足公式 P 的所有元组 t 的集合，实际上这就是元组演算的结果关系。可见，一个关系可用一个元组演算表达式表示。

1. 元组关系演算的原子公式

元组关系演算的原子公式有以下三种形式：

（1）$R(t)$

R 是关系名，t 是元组变量，$R(t)$ 表示这样一个命题：t 是关系 R 的一个元组。

（2）$t[i]\theta C$ 或 $C\theta t[i]$

C 是常量，$t[i]$ 是元组变量，θ 是算术比较运算符。$t[i]\theta C$ 或 $C\theta t[i]$ 表示这样一个命题：元组 t 的第 i 个分量与 C 之间满足 θ 运算。例如 $t[2]=6$，表示"t 的第 2 个分量的值等于 6"。

（3）$t[i]\theta u[j]$

t、u 是两个元组变量。$t[i]\theta u[j]$ 表示这样一个命题：元组 t 的第 i 个分量与元组 u 的第 j 个分量之间满足 θ 运算。例如 $t[1] < u[5]$，表示"t 的第 1 个分量小于元组 u 的第 5 个分量"。

2. 元组变量的性质

（1）存在量词 $\exists$

$\exists t$ 的含义是"存在这样的 t"或"至少有这样一个 t"。

$(\exists t)R(t)$ 表示命题：关系 R 中至少存在一个元组，即 $R \neq \varnothing$。

（2）全称量词 $\forall$

$\forall t$ 的含义是"对所有的 t"或者"对任意一个 t"。

$(\forall t)(\neg R(t))$ 表示命题：所有的元组 t 都不属于 R，即 R 是一个空关系。

（3）自由元组变量

在一个公式中，如果没有对元组变量使用存在量词 $\exists$ 或全称量词 $\forall$，那么这些元组变量称为自由元组变量。在上述原子公式中出现的元组变量，在自身关系的范围内均为自由元组变量。

（4）约束元组变量

若在一个公式中对元组变量使用了存在量词 $\exists$ 或全称量词 $\forall$，则称这些元组变量为约束元组变量。

元组变量 t 在 $R(t)$ 中是自由的，在 $(\exists t)R(t)$ 中是约束的。R 中其他元组变量的自由或约束性质在 $(\exists t)R(t)$ 中没有改变。同理，元组变量 t 在 $(\forall t)R(t)$ 中是约束的。R 中其他元组变量的自由或约束性质在 $(\forall t)R(t)$ 中没有改变。

3. 元组关系演算公式

元组关系演算公式的递归定义如下：

1）每个原子公式是一个公式。

2）设 P_1 和 P_2 是公式，那么下列四项也是公式：

①$\neg P_1$ 表示命题：若 P_1 为真，则 $\neg P_1$ 为假；若 P_1 为假，则 $\neg P_1$ 为真。

②$P_1 \wedge P_2$ 表示命题：若 P_1、P_2 同时为真，则 $P_1 \wedge P_2$ 为真；否则，$P_1 \wedge P_2$ 为假。

③$P_1 \vee P_2$ 表示命题：若 P_1、P_2 之中有一个为真或两个均为真，则 $P_1 \vee P_2$ 为真；否则，$P_1 \vee P_2$ 为假。

④$P_1 \Rightarrow P_2$ 表示命题：若 P_1 为真同时 P_2 为假，则 $P_1 \Rightarrow P_2$ 为假；否则，$P_1 \Rightarrow P_2$ 为真。

3）设 P_1 是公式，t 是 P_1 中的元组变量，那么下列两项也是公式：

①$(\exists t)P_1(t)$ 表示命题：若有一个 t 使 P_1 为真，则 $(\exists t)P_1(t)$ 为真；否则，$(\exists t)P_1(t)$ 为假。

②$(\forall t)P_1(t)$ 表示命题：若所有的 t，都使 P_1 为真，则 $(\forall t)P_1(t)$ 为真；否则，$(\forall t)P_1(t)$ 为假。

4）在公式中，各种运算符的优先级从高到低依次为：θ；$\exists$ 和 $\forall$；$\neg$；$\wedge$ 和 $\vee$；$\Rightarrow$。加括号时，括号中的运算优先。

5）所有公式均按上述规则经有限次复合求得，除此之外构成的都不是公式。

【定理 5.2】$P_1 \wedge P_2$ 等价于 $\neg(\neg P_1 \vee \neg P_2)$。

【证明】对于 $P_1 \wedge P_2$，使用真值表可表示为表 5.46。

表 5.46　$P_1 \wedge P_2$ 真值表

P_1	P_2	$P_1 \wedge P_2$
真	真	真
真	假	假
假	真	假
假	假	假

对于 $\neg(\neg P_1 \vee \neg P_2)$，其真值表可表示为表 5.47。

表 5.47　$\neg(\neg P_1 \vee \neg P_2)$ 真值表

P_1	P_2	$\neg P_1$	$\neg P_2$	$\neg P_1 \vee \neg P_2$	$\neg(\neg P_1 \vee \neg P_2)$
真	真	假	假	假	真
真	假	假	真	真	假
假	真	真	假	真	假
假	假	真	真	真	假

由 $P_1 \wedge P_2$ 和 $\neg(\neg P_1 \vee \neg P_2)$ 的真值表可知，无论 P_1、P_2 的取值如何，$P_1 \wedge P_2$ 和 $\neg(\neg P_1 \vee \neg P_2)$ 的真值都相等，即 $P_1 \wedge P_2$ 等价于 $\neg(\neg P_1 \vee \neg P_2)$。

【定理 5.3】$P_1 \vee P_2$ 等价于 $\neg(\neg P_1 \wedge \neg P_2)$。

【定理 5.4】$P_1 \Rightarrow P_2$ 等价于 $\neg P_1 \vee P_2$。

【定理 5.5】$(\exists t)P_1(t)$ 等价于 $\neg(\forall t)(\neg P_1(t))$。

【定理 5.6】$(\forall t)P_1(t)$ 等价于 $\neg(\exists t)(\neg P_1(t))$。

类似地，对于定理 5.3 ～ 5.6，可通过写出真值表的方式来证明。

4. 元组关系演算表达式应用实例

对关系数据库的查询和运算可使用元组关系演算表达式表示。下面以图 3.3 所示的选课管理数据库为例说明如何应用元组关系演算表达式来表示查询。

选课管理数据库包括以下三个关系模式：

学生（学号，身份证号，姓名，性别，班级，生日）

课程（课程号，课程名，学时，学分）

选修（学号，课程号，成绩）

为方便公式的书写，下面将"学生"关系记为 S，"课程"关系记为 C，"选修"关系记为 E。

【例 5.31】检索女生的基本信息。

【解答】该查询使用元组关系演算表达式表示为

$$T = \{t \mid S(t) \wedge t[4] = '女'\}$$

式中，t 是结果关系的元组变量，$S(t)$ 表示 t 为"学生"关系的元组，$t[4] = '女'$ 表示元组 t 的第 4 个分量，即性别等于"女"。

【例 5.32】检索学习了课程号为 1001 课程的学生学号与成绩。

【解答】该查询使用元组关系演算表达式表示为

$$U = \{u \mid (\exists t)(E(t) \wedge t[2] = '1001' \wedge u[1] = t[1] \wedge u[2] = t[3])\}$$

式中，u 是结果关系的元组变量，$E(t)$ 表示 t 为"选修"关系的元组，$t[2] = '1001'$ 表示元组 t 的第 2 个分量，即课程号等于"1001"。在本查询中，结果关系 U 是一个全新的关系，其每一个元组 u 只包含两个属性：学生学号和成绩。对于结果关系中的每一个元组 u，在关系 E 中都存在一个元组 t，使得 $t[2]='1001'$，且有 $u[1] = t[1]$ 和 $u[2] = t[3]$ 同时成立。

【例 5.33】检索学习了课程号为 1000 或 1001 课程的学生学号。

【解答】该查询使用元组关系演算表达式表示为：

$$U = \{u \mid (\exists t)(E(t) \wedge (t[2] = '1000' \vee t[2] = '1001') \wedge u[1] = t[1]\}$$

式中，u 是结果关系的元组变量，其只包含学生学号 $u[1]$ 一个属性，而且 $u[1] = t[1]$。对于每一个 u，在"选修"关系中分别存在一个 t，使得 $u[1] = t[1]$，而且 $t[2] = '1000' \vee t[2] = '1001'$。

【例 5.34】检索学习了课程号为 1001 课程的学生学号与姓名。

【解答】该查询使用元组关系演算表达式可表示为

$$U = \{u \mid (\exists t)(\exists v)(E(t) \wedge S(v) \wedge v[1] = t[1] \wedge t[2] = '1001' \wedge u[1] = v[1] \wedge u[2] = v[3])\}$$

式中，u 是结果关系的元组变量，其包含学生学号 $u[1]$ 和姓名 $u[2]$ 两个属性。对于每一个 u，在"学生"关系和"选修"关系中分别存在一个元组 v 和 t，使得 $v[1] = t[1]$、$t[2] = '1001'$、$u[1] = v[1]$ 和 $u[2] = v[3]$ 同时成立。

5. 元组关系演算的完备性

假设 R 和 S 是具有相同关系模式的两个关系，它们的关系模式为：课程（课程号，课程名，学时，学分）。R（见表 5.48）和 S（见表 5.49）分别表示必修课和专业课。

表 5.48 关系 R

课程号	课程名	学时	学分
1000	语文	32	2
1001	英语	64	4
0211	计算机概论	32	2

表 5.49 关系 S

课程号	课程名	学时	学分
0211	计算机概论	32	2
0212	离散数学	64	4
0213	计算机图形学	32	2

关系代数表达式 $R \cup S$ 使用元组关系演算表达式表示为

$$T = \{t \mid R(t) \lor S(t)\}$$

关系代数表达式 $R - S$ 使用元组关系演算表达式表示为

$$T = \{t \mid R(t) \land \neg S(t)\}$$

关系代数表达式 $R \times S$ 使用元组关系演算表达式表示为

$$T = \{t \mid (\exists u)(\exists v)(R(u) \land S(v) \land t[1] = u[1] \land t[2] = u[2] \land t[3] = u[3] \land t[4]$$
$$= u[4] \land t[5] = v[1] \land t[6] = v[2] \land t[7] = v[3] \land t[8] = v[4])\}$$

对于选择运算，例如：选出关系 R 中学时数等于 32 的课程信息，使用关系代数表达式可表示 $\sigma_{学时=32}(R)$，使用元组关系演算表达式可表示为

$$T = \{t \mid R(t) \land t[3] = 32\}$$

对于投影运算，例如检索关系 R 中的课程号和课程名，使用关系代数表达式表示为 $\pi_{课程号,课程名}(R)$，使用元组关系演算表达式可表示为

$$T = \{t \mid (\exists u)(R(u) \land t[1] = u[1] \land t[2] = u[2])\}$$

从关系代数完备性的角度来看，并、差、乘积、选择和投影等五种基本运算构成了关系代数完备运算集。由上例可以看出，关系代数五种基本运算都可以转换为等价的元组关系演算表达式，因此，元组关系演算也具有完备性。

【例 5.35】设 R 与 S 都是二元关系，请把关系代数表达式 $\pi_{1,4}(\sigma_{2,3}(R \times S))$ 转换成等价的元组关系演算表达式。

【解答】与关系代数表达式 $\pi_{1,4}(\sigma_{2,3}(R \times S))$ 等价的元组关系演算表达式为
$$\{w \mid (\exists t)(\exists u)(\exists v)(R(u) \land S(v) \land t[1] = u[1] \land t[2] = u[2] \land t[3] = v[1] \land t[4]$$
$$= v[2] \land t[2] = t[3] \land w[1] = t[1] \land w[2] = t[4])\}$$
消去元组变量 t，可得
$$\{w \mid (\exists u)(\exists v)(R(u) \land S(v) \land u[2] = v[1] \land w[1] = u[1] \land w[2] = v[2])\}$$

5.3.2 域关系演算

域关系演算与元组关系演算类似，只是公式中的变量不是元组变量，而是表示元组

变量各个分量的域变量。域变量的变化范围是某个值域而不是一个关系。域演算表达式的一般形式为

$$\{t_1 t_2 \cdots t_k \mid P(t_1 t_2 \cdots t_k)\}$$

式中，$t_i(i=1,2,\cdots,k)$ 是域变量或常量，表示元组 t 的第 i 列；P 是 k 元关系，$P(t_1 t_2 \cdots t_k)$ 表示命题，即以 $t_1,t_2,\cdots,t_k$ 为分量的元组在关系 P 中。

1. 域关系演算的原子公式

类似于元组关系演算的原子公式，域关系演算的原子公式也有以下三种形式：

（1）$R(t_1,t_2,\cdots,t_k)$

R 是关系名，$t_i(i=1,2,\cdots,k)$ 是域变量或常量，$R(t_1,t_2,\cdots,t_k)$ 表示这样一个命题：以 $t_1,t_2,\cdots,t_k$ 为分量的元组在关系 R 中。

（2）$t_i \theta C$ 或 $C \theta t_i$

C 是常量，t_i 是域变量，θ 是算术比较运算符。$t_i \theta C$ 或 $C \theta t_i$ 表示这样一个命题：元组 t 的第 i 个分量与 C 之间满足 θ 运算。例如 $t_2 = 6$，表示"t 的第 2 个分量的值等于 6"。

（3）$t_i \theta u_j$

t_i、u_j 是两个域变量。$t_i \theta u_j$ 表示这样一个命题：元组 t 的第 i 个分量与元组 u 的第 j 个分量之间满足 θ 运算。例如 $t_1 < u_5$，表示"t 的第 1 个分量小于元组 u 的第 5 个分量"。

2. 域变量的性质

（1）存在量词 $\exists$

$\exists t_i$ 的含义是"存在这样的 t_i"或"至少有这样一个 t_i"。

$(\exists t_1)(\exists t_2)\cdots(\exists t_k)R(t_1,t_2,\cdots,t_k)$ 表示命题"存在 $t_1,t_2,\cdots,t_k$ 使 R 为真"。

（2）全称量词 $\forall$

$\forall t_i$ 的含义是"对所有的 t_i"或者"对任意一个 t_i"。

$(\forall t_1)(\forall t_2)\cdots(\forall t_k)R(t_1,t_2,\cdots,t_k)$ 表示命题"对所有的 $t_1,t_2,\cdots,t_k$，都使 R 为真"。

（3）自由域变量

在一个公式中，如果没有对域变量使用存在量词 $\exists$ 或全称量词 $\forall$，那么这些域变量称为自由域变量。上述原子公式中所出现的域变量，在自身关系的范围内均为自由域变量。

（4）约束域变量

若在一个公式中对域变量使用了存在量词 $\exists$ 或全称量词 $\forall$，则称这些域变量为约束域变量。

3. 域关系演算公式

域关系演算公式的递归定义如下：

1）每个原子公式是一个公式。

2）设 P_1 和 P_2 是公式，那么下列四项也是公式：

①$\neg P_1$ 表示命题：若 P_1 为真，则 $\neg P_1$ 为假；若 P_1 为假，则 $\neg P_1$ 为真。

②$P_1 \wedge P_2$ 表示命题：若 P_1、P_2 同时为真，则 $P_1 \wedge P_2$ 为真；否则，$P_1 \wedge P_2$ 为假。

③$P_1 \vee P_2$ 表示命题：若 P_1、P_2 之中有一个为真或两个均为真，则 $P_1 \vee P_2$ 为真；否则，$P_1 \vee P_2$ 为假。

④$P_1 \Rightarrow P_2$ 表示命题：若 P_1 为真同时 P_2 为假，则 $P_1 \Rightarrow P_2$ 为假；否则，$P_1 \Rightarrow P_2$ 为真。

3）设 P_1 是公式，$t_1, t_2, \cdots, t_k$ 是 P_1 中的域变量，那么下列两项也是公式：

①$(\exists t_1)(\exists t_2)\cdots(\exists t_k)P_1(t_1, t_2, \cdots, t_k)$ 表示命题：若有 $t_1, t_2, \cdots, t_k$ 使 P_1 为真，则 $(\exists t_1)(\exists t_2)\cdots(\exists t_k)P_1(t_1, t_2, \cdots, t_k)$ 为真；否则，$(\exists t_1)(\exists t_2)\cdots(\exists t_k)P_1(t_1, t_2, \cdots, t_k)$ 为假。

②$(\forall t_1)(\forall t_2)\cdots(\forall t_k)P_1(t_1, t_2, \cdots, t_k)$ 表示命题：若对所有的 $t_1, t_2, \cdots, t_k$，都使 P_1 为真，则 $(\forall t_1)(\forall t_2)\cdots(\forall t_k)P_1(t_1, t_2, \cdots, t_k)$ 为真；否则，$(\forall t_1)(\forall t_2)\cdots(\forall t_k)P_1(t_1, t_2, \cdots, t_k)$ 为假。

4）在公式中，各种运算符的优先级从高到低依次为：θ；$\exists$ 和 $\forall$；$\neg$；$\wedge$ 和 $\vee$；$\Rightarrow$。加括号时，括号中的运算优先。

所有公式均按上述规则经有限次复合求得，除此之外构成的都不是公式。

4. 元组关系演算表达式与域关系演算表达式的转换

可根据以下步骤把元组关系演算表达式转换为等价的域关系演算表达式：

1）对于关系演算表达式中每个 k 元的元组变量 t，使用 k 个域变量 $t_1, t_2, \cdots, t_k$ 来替换。

2）对于关系演算表达式中的元组变量 $t[i]$，使用 t_i 来替换。

3）对于关系演算表达式中的每个量词 $(\exists t)$ 或 $(\forall t)$，在量词的作用范围内，执行步骤1）和2），然后，用 $(\exists t_1)(\exists t_2)\cdots(\exists t_k)$ 替换 $(\exists t)$，用 $(\forall t_1)(\forall t_2)\cdots(\forall t_k)$ 替换 $(\forall t)$。

4）若能消去某些域变量，则对域关系演算表达式化简。

【例5.36】请把例【5.35】得到的元组关系演算表达式 $\{w \mid (\exists u)(\exists v)(R(u) \wedge S(v) \wedge u[2] = v[1] \wedge w[1] = u[1] \wedge w[2] = v[2])\}$ 转换为等价的域关系演算表达式。

【解答】首先，用域变量替换元组变量，得到

$\{w_1 w_2 \mid (\exists u_1)(\exists u_2)(\exists v_1)(\exists v_2)(R(u_1 u_2) \wedge S(v_1 v_2) \wedge u_2 = v_1 \wedge w_1 = u_1 \wedge w_2 = v_2)\}$ 因为 $u_2 = v_1$，所以可以用 u_2 代替 v_1，得到

$$\{w_1 w_2 \mid (\exists u_1)(\exists u_2)(\exists v_2)(R(u_1 u_2) \wedge S(u_2 v_2) \wedge w_1 = u_1 \wedge w_2 = v_2)\}$$

同理，可以消去 u_1 和 v_2，得到

$$\{w_1 w_2 \mid (\exists u_2)(R(w_1 u_2) \wedge S(u_2 w_2))\}$$

5. 域关系演算表达式应用实例

同样地，以图3.3所示的选课管理数据库为例，说明如何应用域关系演算表达式来表示查询。

选课管理数据库包括以下三个关系模式：

学生（学号，身份证号，姓名，性别，班级，生日）

课程（课程号，课程名，学时，学分）

选修（学号，课程号，成绩）

为方便公式的书写，下面将"学生"关系记为 S，"课程"关系记为 C，"选修"关系记为 E。

【例5.37】检索女生的基本信息。

【解答】该查询使用域关系演算表达式可表示为

$$T = \{t_1t_2t_3t_4t_5t_6 \mid S(t_1t_2t_3t_4t_5t_6) \land t_4 = '女'\}$$

式中，t_1、t_2、t_3、t_4、t_5、t_6 是结果关系的域变量，$S(t_1t_2t_3t_4t_5t_6)$ 表示以 t_1、t_2、t_3、t_4、t_5、t_6 等 6 个分量构成了"学生"关系的一个元组，$t_4 = '女'$ 表示"学生"关系元组的第 4 个分量，即性别等于"女"。

【例 5.38】检索学习了课程号为 1001 课程的学生学号与成绩。

【解答】该查询使用域关系演算表达式可表示为

$$U = \{u_1u_2 \mid (\exists t_1)(\exists t_2)(\exists t_3)(E(t_1t_2t_3) \land t_2 = '1001' \land u_1 = t_1 \land u_2 = t_3)\}$$

式中，u_1、u_2 是结果关系的域变量，$E(t_1t_2t_3)$ 表示 t_1、t_2、t_3 等 3 个分量构成了"选修"关系的一个元组，$t_2 = '1001'$ 表示"选修"关系元组的第 2 个分量，即课程号等于"1001"。在本查询中，结果关系 U 是一个全新的关系，其每一个元组 u 只包含两个属性：学生学号 u_1 和成绩 u_2。对于结果关系中的每一个元组 u_1u_2，在关系 E 中都存在一个元组 $t_1t_2t_3$，使得 $t_2 = '1001'$，且有 $u_1 = t_1$ 和 $u_2 = t_3$ 同时成立。

上式可简写为

$$U = \{u_1u_2 \mid (\exists t_1)(\exists t_3)(E(t_1'1001't_3) \land u_1 = t_1 \land u_2 = t_3)\}$$

【例 5.39】检索学习了课程号为 1000 或 1001 课程的学生学号。

【解答】该查询使用域关系演算表达式表示为

$$U = \{u \mid (\exists t_1)(\exists t_2)(\exists t_3)(E(t_1t_2t_3) \land (t_2 = '1000' \lor t_2 = '1001') \land u = t_1\}$$

式中，u 是结果关系的域变量。对于每一个 u，在"选修"关系中分别存在一个元组 $t_1t_2t_3$，使得 $u = t_1$，而且 $t[2] = '1000'$ 和 $t[2] = '1001'$ 成立。

【例 5.40】检索学习了课程号为 1001 课程的学生学号与姓名。

【解答】该查询使用域关系演算表达式可表示为

$$U = \{u_1u_2 \mid (\exists t_1)(\exists t_2)(\exists t_3)(\exists v_1)(\exists v_2)(\exists v_3)(\exists v_4)(\exists v_5)(\exists v_6)(E(t_1t_2t_3)$$
$$\land S(v_1v_2v_3v_4v_5v_6) \land v_1 = t_1 \land t_2 = '1001' \land u_1 = v_1 \land u_2 = v_3)\}$$

式中，u_1、u_2 是结果关系的域变量，分别表示包含学生学号和姓名两个属性。对于结果关系的每一个元组，在"学生"关系和"选修"关系中分别存在一个元组 $v_1v_2v_3v_4v_5v_6$ 和 $t_1t_2t_3$，使得 $v_1 = t_1$、$t_2 = '1001'$、$u_1 = v_1$ 和 $u_2 = v_3$ 同时成立。

上式化简后可得

$$U = \{u_1u_2 \mid (\exists t_3)(\exists v_2)(\exists v_4)(\exists v_5)(\exists v_6)(E(u_1'1001't_3) \land S(u_1v_2u_2v_4v_5v_6))\}$$

6. 域关系演算的完备性

前文已经证明了元组关系演算的完备性。由于每一个元组关系演算表达式都可以转换为等价的域关系演算表达式，因此域关系演算是完备的。由于篇幅有限，域关系演算的完备性证明过程在此不再赘述。

5.4 本章小结

本章首先介绍了关系代数。关系是同类元组的集合，因此，基于集合的运算如交、并、差、乘积等也适用于关系。此外，关系代数还包括专门的关系操作，如选择、投影、自然连接等。在关系代数的众多运算中，并、差、乘积、选择与投影构成了关系代数最小完备运算集。在数据库技术中，不产生无限关系和无穷验证的运算称为安全运算，相应的表达式称为安全表达式，所采取的措施称为安全约束。关系代数的运算总是安全的。

本章还介绍了关系演算，包括元组关系演算和域关系演算。关系演算可能出现无限关系和无穷验证的问题，因此在执行关系演算的应约定：运算只在表达式中所涉及的关系的值范围内操作。有了这一约定后，关系演算是安全的，在关系的表达和操作能力上与关系代数是等价的。

在学习本章时需要重点掌握以下知识点：

1）关系代数的五种基本运算。

2）关系代数的其他运算。

3）关系代数的运用。

4）元组关系演算的运用。

5）域关系演算的运用。

5.5 习题

一、单选题

1. 设一个关系模式为 $R(A,B,C)$，对应的关系内容为 R={{1,10,50}, {2,10,60}, {3,20,72}, {4,30,60}}，则 $\pi_B(\sigma_{C<70}(R))$ 的运算结果中包含（　　　）个元组。

A. 1　　　　　　　　B. 2　　　　　　　　C. 3　　　　　　　　D. 4

2. 设有关系 $R(A,B,C)$ 和关系 $S(B,C,D)$，那么与 $R \bowtie S$ 等价的关系代数表达式是（　　　）。

A. $\pi_{1,2,3,4}(\sigma_{2=1 \wedge 3=2}(R \times S))$　　　　　　　　B. $\pi_{1,2,3,6}(\sigma_{2=4 \wedge 3=5}(R \times S))$

C. $\pi_{1,2,3,6}(\sigma_{2=1 \wedge 3=2}(R \times S))$　　　　　　　　D. $\pi_{1,2,3,4}(\sigma_{2=4 \wedge 3=5}(R \times S))$

3. 设有关系 R（见表 5.50）和 S（见表 5.51），则 $R \div S$ 的结果关系中有（　　　）。

表 5.50　关系 R

A	B	C	D	A	B	C	D
LA	01	BF	36	FC	02	CA	36
LA	02	CA	37	KB	01	BF	36
FC	01	BF	36	KB	02	CA	37

表 5.51　关系 S

B	C
01	BF
02	CA

A. 1 行 2 列　　　　B. 1 行 1 列　　　　C. 2 行 2 列　　　　D. 2 行 1 列

4. 设有关系 R（表 5.52）和 S（见表 5.53），则 $R \bowtie S$ 的结果关系中有（　　　）。

表 5.52　关系 R

A	B	C	A	B	C
LA	01	BF	FC	03	CA
LA	02	CA	KB	01	BF
FC	01	BF	KB	02	CA

表 5.53　关系 S

B	D
01	BFG
02	CAG
04	ACF

A. 5 行 5 列　　　　B. 5 行 4 列　　　　C. 7 行 5 列　　　　D. 7 行 4 列

5. 对于题 4 中的关系 R 和 S，则 $R \bowtie S$ 的结果关系中有（　　　）。

A. 6 行 5 列   B. 6 行 4 列   C. 7 行 5 列   D. 7 行 4 列

6. 对于题 4 中的关系 R 和 S，则 $R \bowtie S$ 的结果关系中有（   ）。

A. 6 行 5 列   B. 6 行 4 列   C. 7 行 5 列   D. 7 行 4 列

二、多选题

1. 以下（   ）运算属于关系代数最小完备运算集。

A. 交   B. 并   C. 差   D. 自然连接

2. 设教务管理系统包括以下三个关系模式：学生 S（学号，姓名，性别，班级）即 S（SN，SNM，SS，SC），课程 C（课程号，课程名）即 C（CN，CNM），选修 E（学号，课程号，成绩）即 E（SN，CN，G）。以下（   ）表达式表示"女生的姓名、选修的课程名及成绩"。

A. $\pi_{SNM,CNM,G}(S \bowtie E \bowtie C)$

B. $\pi_{SNM,CNM,G}(\sigma_{SS='女'}(S \bowtie E \bowtie C))$

C. $\pi_{SNM,CNM,G}(\sigma_{SS='女'}(S) \bowtie E \bowtie C)$

D. $\pi_{SNM,CNM,G}(\pi_{SN,SNM}(\sigma_{SS='女'}(S)) \bowtie E \bowtie C)$

3. 设教务管理系统包括以下三个关系模式：学生 S（学号，姓名）即 S（SN，SNM），课程 C（课程号，课程名）即 C（CN，CNM），选修 E（学号，课程号，成绩）即 E（SN，CN，G）。以下（   ）表达式表示"选修成绩不及格的学生信息"。

A. $\sigma_{G<60}(S \bowtie E)$

B. $\sigma_{G<60}(E) \bowtie S$

C. $S \bowtie (\sigma_{G<60}(E))$

D. $\pi_{1,2,3,5}(\sigma_{4=1 \wedge 3<60}(E \times S))$

4. 设关系 R 的关系模式为学生（姓名，生日，身高）即（N，B，H），以下（   ）表达式表示 "R 中身高超过 178cm 的人的全部信息"。

A. $\{t \mid R(t) \wedge t[3] > 178\}$

B. $\{t_1 t_2 t_3 \mid R(t_1 t_2 t_3) \wedge t_3 > 178\}$

C. $\sigma_{H>178}(R)$

D. $\sigma_{3>178}(R)$

5. 关系 R 与 S 具有相同的关系模式，均为学生（姓名，生日，身高）即（N，B，H）。以下（   ）表达式表示 "R 中身高值至少小于 S 中一个成员身高值的元组"。

A. $\{t \mid (\forall u)(R(t) \wedge S(u) \wedge t[3] < u[3])\}$

B. $\{t \mid (\exists u)(R(t) \wedge S(u) \wedge t[3] < u[3])\}$

C. $\{t_1 t_2 t_3 \mid (\forall u_1)(\forall u_2)(\forall u_3)(R(t_1 t_2 t_3) \wedge S(u_1 u_2 u_3) \wedge t_3 < u_3)\}$

D. $\{t_1 t_2 t_3 \mid (\exists u_1)(\exists u_2)(\exists u_3)(R(t_1 t_2 t_3) \wedge S(u_1 u_2 u_3) \wedge t_3 < u_3)\}$

三、判断题

1. 在关系代数中，自然连接就是等值连接。

2. 关系的并运算要求两个关系必须相容。

3. 如果两个关系没有公共属性，则这两个关系的自然连接就转化为笛卡儿乘积。

4. 两个关系代数表达式等价，意味着将同样的关系实例代入这两个表达式的相应关系时所得到的结果关系具有相同的属性集，属性的顺序也一样。

5. 在进行连接运算之前将关系排序有助于提升运算效率。

6. 尽早执行选择和投影操作，缩小参与连接的关系，有助于提升运算效率。

四、计算题

1. 设有关系 R（见表 5.54）和 S（见表 5.55）。

1）计算 $R \cup S$。

2）计算 $R - S$。

3）计算 $R \times S$。

4）计算 $R \cap S$。

5）计算 $R \infty S$。

6）计算 R 和 S 的外部并。

<table>
<tr><td colspan="3" align="center">表 5.54 关系 R</td></tr>
<tr><td>A</td><td>B</td><td>C</td></tr>
<tr><td>LA</td><td>01</td><td>BF</td></tr>
<tr><td>FC</td><td>01</td><td>BF</td></tr>
<tr><td>FC</td><td>03</td><td>AC</td></tr>
<tr><td>KB</td><td>01</td><td>BF</td></tr>
</table>

<table>
<tr><td colspan="3" align="center">表 5.55 关系 S</td></tr>
<tr><td>A</td><td>B</td><td>C</td></tr>
<tr><td>LA</td><td>01</td><td>BF</td></tr>
<tr><td>KB</td><td>04</td><td>AC</td></tr>
</table>

2. 设有关系 R（见表 5.56）和 S（见表 5.57）。

<table>
<tr><td colspan="3" align="center">表 5.56 关系 R</td></tr>
<tr><td>A</td><td>B</td><td>C</td></tr>
<tr><td>LA</td><td>01</td><td>BF</td></tr>
<tr><td>FC</td><td>01</td><td>BF</td></tr>
<tr><td>FC</td><td>03</td><td>AC</td></tr>
<tr><td>KB</td><td>01</td><td>BF</td></tr>
</table>

<table>
<tr><td colspan="3" align="center">表 5.57 关系 S</td></tr>
<tr><td>A</td><td>B</td><td>D</td></tr>
<tr><td>LA</td><td>01</td><td>BF</td></tr>
<tr><td>KB</td><td>04</td><td>AC</td></tr>
</table>

1）计算 $R \bowtie S$。

2）计算 $R \ltimes S$。

3）计算 $R \bowtie S$。

4）计算 $R \propto S$。

5）计算 $S \propto R$。

6）计算 R 和 S 的外部并。

7）计算 $R \infty S$。

五、简答题

1. 对查询进行优化可采取哪些策略？

2. 设银行业务数据库有以下两个关系模式：账户 A（账户名，身份证号，姓名，生日，性别），即 A（AN, ID, CN, CB, CS）交易 T（交易号，业务类型，金额，交易日期，账户名）。即 T（TN, TT, TA, TD, AN）现要检索单笔交易金额大于 5 万元的客户姓名与身份证号，请写出两种不同的关系代数表达式，并比较它们的执行效率。

3. 设连锁超市管理数据库有以下三个关系模式：商店 S（商店编号，商店名，地址，电话），即 S（SN, SNM, SA, SP）顾客 C（顾客编号，姓名，生日，性别，地址），即 C（CN, CNM, CB, CS, CA）订单 O（订单号，商店编号，顾客编号，金额，日期）即 O（ON, SN, CN, A, D）。现要检索于 2022 年 10 月 1 日在编号为 001 的商店消费的顾客姓名与性别，请写出相应的关系代数表达式。

4. 在题 3 的数据库中，若要查询单张订单金额超过 1 万元的商店编号和顾客编号，请写出相应的元组关系演算表达式和域关系演算表达式。

第6章 关系模式的规范化

在将 E-R 图转换为关系模式时，为每一个实体独立构建一个关系模式，根据实体间联系类型的不同而采取不同的转换策略。由此得到的关系模式集合，组成了关系数据库的概念模式，是整个数据库的框架结构。

若把关系数据库比喻成一栋建筑物，那么关系数据库的概念模式就是构建成这栋建筑物的钢筋水泥，存储在数据库中的数据就如同存储在这栋建筑物中的物料。若建筑结构不合理，轻则储物空间无法得到充分利用，重则随着存储的物料越来越多，建筑物倒塌的概率就会越来越大。如何构建出合理的关系数据库的概念模式，是本章将要探讨的内容。

6.1 关系模式规范化的必要性

在前述的选课管理数据库一例中，构建了学生、课程和成绩三个关系模式。能否用一个包含了所有需要被存储信息的关系模式（我们称之为泛模式）来取代这三个关系模式？关系模式是否越少越好？若所有的数据管理问题都能够被如此简单地处理，无疑是一件好事。然而，事实并非想象中那么简单。

设有学生选课关系（学号，姓名，班级，<u>课程号</u>，课程名，成绩）（注：由于篇幅所限，这里省略了前述选课管理数据库中的一些属性）见表 6.1，分析可知，学号和课程号共同构成学生选课关系的主键。

表 6.1 学生选课关系

学号	姓名	班级	课程号	课程名	成绩
202101231234	张怡	21 软件工程 3 班	0211	计算机概论	85
202101231234	张怡	21 软件工程 3 班	0212	离散数学	88
202101231234	张怡	21 软件工程 3 班	0213	高等数学	83
202101231235	李述	21 软件工程 4 班	0211	计算机概论	76
202101231235	李述	21 软件工程 4 班	0212	离散数学	70
202101231235	李述	21 软件工程 4 班	0214	大学物理	

从表 6.1 可看出，每一名学生的基本信息会随着其选课数量的增加而重复存储。如张怡选了 3 门课，其个人信息就存储了 3 次。每一门课程的相关信息也会随着选课人数的增加而重复存储。这种数据的不必要重复存储称为数据冗余。泛模式设计会引起数据冗余，并且随着数据的不断增多，数据冗余也会越来越严重。数据冗余不仅浪费存储空间，还带来一系列的数据异常。

假设张怡转专业了，其班级信息需要更改。表 6.1 中存在 3 条张怡的记录，这些记录的班级属性都必须一致修改，若有遗漏，会导致张怡同时存在于两个班级里，与现实不符。这种数据更新所导致的数据不一致称为更新异常。

由于表 6.1 的学生选课关系中，学号和课程号构成学生选课关系的主键。受实体完整性约束，在插入新记录时，无法插入学号为空或者课程号为空的记录。但是事实上，当一名刚入学的学生还没开始选课时，课程号为空；当新开设的一门课还没有学生选时，学号也为空。表 6.1 的学生选课关系无法处理上述这两种情况，该插入的数据不能被插入，这就是插入异常。

在删除数据时，也会出现异常情况。比如，当李述要退选大学物理时，要把对应的选课记录删除。若此时大学物理只有李述一人选修，则大学物理的课程信息在表 6.1 中会被彻底删除。这种把不该删除的信息删除了的现象称为删除异常。

由此可见，数据冗余会带来数据的更新异常、插入异常和删除异常。数据冗余之所以存在，其根本原因是关系模式设计不合理。因此，必须要对关系模式进行规范化处理。所谓关系模式的规范化（Normalization），就是基于规范化原理，将关系模型中的各个关系模式分解，使其结构合理，消除数据异常，使得数据冗余尽量小。表 6.1 的学生选课关系经过规范化处理可分解为如图 6.1 所示的关系模式集。

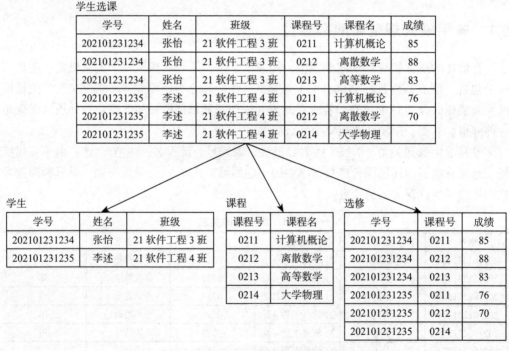

图 6.1 关系模式集

6.2 函数依赖

关系的属性之间存在一定的关联。比如，"学生"关系包括了学号、姓名、性别、班级等多个属性。由于每一名学生有且仅有一个学号，一名学生归属于某个班级。当学号属性的值确定了之后，姓名、性别、班级等属性的值也就能够唯一确定。由此可见，学号属性的取值决定了姓名、性别、班级等属性的取值。函数依赖（Functional

Dependency）是从数学的角度对这种属性之间的关联进行定义的，其定义如下：

【定义 6.1】 函数依赖：设 R 是一个关系模式，X 和 Y 是 R 的属性子集，r 是 R 的任一具体关系。如果对 r 的任意两个元组 t_1 和 t_2，只要 $t_1[X]=t_2[X]$ 成立，就有 $t_1[Y]=t_2[Y]$ 成立，则称 X 函数决定 Y，或 Y 函数依赖于 X，记为 $X \rightarrow Y$。$X \rightarrow Y$ 为关系模式 R 的一个函数依赖。

【例 6.1】 在学生选课关系 R 中包括（学号，姓名，班级，课程号，课程名，成绩）等属性，试分析 R 中存在哪些函数依赖。

【解答】 由于每名学生具有唯一的学号，且每名学生只能归属于一个班级，因此有

学号→姓名

学号→班级

由于每一门课程都具有唯一的课程号，因此有

课程号→课程名

由于每一名学生参加了一门课程考试后具有唯一的成绩，因此有

（学号，课程号）→成绩

思考：姓名→学号这个函数依赖成立吗？为什么？如果该函数依赖不成立，那么要使其成立需要增加什么前提条件？

函数依赖反映出现实世界中事物性质之间的相关性，是在充分了解关系各个属性的现实意义之后分析得到的。针对某个关系模式分析得到了函数依赖集合之后，该关系模式所有的关系实例都必须满足函数依赖集合所约定的约束条件。只要设计者在关系模式定义时将关系模式应遵守的函数依赖通知 DBMS，在数据库运行时，DBMS 就会进行相应的合法性检查。例如，在一般情况下，学生可能存在同名，则函数依赖"姓名→学号"不成立。但若规定不允许同名，则函数依赖"姓名→学号"成立，因此，所插入的元组必须要满足函数依赖的规定，若发现有同名学生存在，则拒绝录入该元组。

6.2.1　函数依赖的推理规则

从已知的一些函数依赖，可以推导出另外一些函数依赖，这就需要一系列推理规则。函数依赖的推理规则最早出现在 1974 年 W.W.Armstrong 的论文里，这些规则常被称作"Armstrong 公理"，是关系模式分解的算法基础，其具体内容如下：

【Armstrong 公理】 设有关系模式 $R(U)$，X、Y、Z 和 W 均是 U 的子集，F 是 R 上只涉及 U 中属性的函数依赖集，推理规则如下：

1）**自反律（Reflexivity）**：如果 $Y \subseteq X \subseteq U$，则 $X \rightarrow Y$ 在 R 上成立。

【证明】 对于关系模式 R 的任一关系 r 的任意两个元组 t 和 s，若 $t[X]=s[X]$，由于 $Y \subseteq X$，则有 $t[Y]=s[Y]$，所以 $X \rightarrow Y$ 在 R 上成立，自反律得证。

2）**增广律（Augmentation）**：如果 $X \rightarrow Y$ 为 F 所蕴含，$Z \subseteq U$，则 $XZ \rightarrow YZ$ 在 R 上成立。

【证明】 对于关系模式 R 的任一关系 r 的任意两个元组 t 和 s，若 $t[XZ]=s[XZ]$，由于 $X \subseteq XZ$，$Z \subseteq XZ$，根据自反律，有 $t[X]=s[X]$ 和 $t[Z]=s[Z]$。

由于 $X \rightarrow Y$ 为 F 所蕴含，于是 $t[Y]=s[Y]$，所以 $t[YZ]=s[YZ]$。

因此，$XZ \rightarrow YZ$ 在 R 上成立，增广律得证。

3）传递律（Transitivity）：如果 $X \rightarrow Y$，$Y \rightarrow Z$ 为 F 所蕴含，则 $X \rightarrow Z$ 在 R 上成立。

【证明】对于关系模式 R 的任一关系 r 的任意两个元组 t 和 s，若 $t[X]=s[X]$，由于 $X \rightarrow Y$，有 $t[Y]=s[Y]$。

再由于 $Y \rightarrow Z$，有 $t[Z]=s[Z]$，所以 $X \rightarrow Z$ 在 R 上成立，传递律得证。

4）合并律（Union Rule）：如果 $X \rightarrow Y$ 和 $X \rightarrow Z$ 为 F 所蕴含，那么 $X \rightarrow YZ$ 在 R 上成立。

【证明】由于 $X \rightarrow Y$，由增广律可得 $X \rightarrow XY$ 在 R 上成立。由于 $X \rightarrow Z$，由增广律可得 $XY \rightarrow YZ$ 在 R 上成立。由于 $X \rightarrow XY$，$XY \rightarrow YZ$，故由传递律可得 $X \rightarrow YZ$ 在 R 上成立，合并律得证。

5）伪传递律（Pseudo-transitivity Rule）：如果 $X \rightarrow Y$ 和 $WY \rightarrow Z$ 为 F 所蕴含，那么 $WX \rightarrow Z$ 在 R 上成立。

【证明】由于 $X \rightarrow Y$，由增广律可得 $WX \rightarrow WY$ 在 R 上成立。

由于 $WY \rightarrow Z$，由传递律可得 $WX \rightarrow Z$ 在 R 上成立，伪传递律得证。

6）分解律 (Decomposition Rule)：如果 $X \rightarrow Y$ 和 $Z \subseteq Y$ 在 R 上成立，那么 $X \rightarrow Z$ 在 R 上成立。

【证明】由于 $Z \subseteq Y$，由自反律可得 $Y \rightarrow Z$ 在 R 上成立。

由于 $X \rightarrow Y$，由传递律可得 $X \rightarrow Z$ 在 R 上成立，分解律得证。

7）伪增广律（Pseudo-augmentation）：如果 $X \rightarrow Y$ 和 $Z \subseteq W$ 在 R 上成立，则 $XW \rightarrow YZ$ 在 R 上成立。

【证明】由于 $Z \subseteq W$，由自反律可得 $W \rightarrow Z$ 在 R 上成立。

再由于 $X \rightarrow Y$，由增广律可得 $XW \rightarrow YW$，$YW \rightarrow YZ$ 在 R 上成立。

故由传递律可得 $XW \rightarrow YZ$ 在 R 上成立，伪增广律得证。

可见，在上述函数依赖的推理规则中，其他函数依赖的推理规则都可由自反律、增广律和传递律这三条规则推导出来。

Armstrong 公理是有效的和完备的。Armstrong 公理的有效性指的是：由关系模式 R 出发根据 Armstrong 公理系统推导出来的每一个函数依赖一定是 R 所逻辑蕴含的函数依赖。Armstrong 公理的完备性指的是：关系模式 R 所逻辑蕴含的每一个函数依赖，必定可以由 R 出发根据 Armstrong 公理系统推导出来。

Armstrong 公理的有效性保证了按照公理推导出来的所有函数依赖都是成立的；Armstrong 公理的完备性保证了使用公理可以推导出所有的函数依赖。Armstrong 公理的有效性和完备性确保了函数依赖的计算和推导的可靠和完整。

6.2.2　函数依赖集的闭包

1. 函数依赖集的逻辑蕴含

【定义 6.2】函数依赖集的逻辑蕴含：设 F 是关系模式 R 的一个函数依赖集，X、Y 是 R 的属性子集，如果从 F 中的函数依赖能够推出 $X \rightarrow Y$，则称 F 逻辑蕴含 $X \rightarrow Y$，记为 $F \models X \rightarrow Y$。

【例 6.2】在【例 6.1】中，学生选课关系 R 具有的函数依赖集 F 为 { 学号 $\rightarrow$ 姓名，

学号→班级，课程号→课程名，（学号，课程号）→成绩 }，则以下函数依赖

学号→（姓名，班级）

（学号，课程号）→（姓名，班级，课程名，成绩）

（学号，课程号）→（学号，姓名，班级，课程号，课程名，成绩）

也是成立的，则称 F 逻辑蕴含"学号→（姓名，班级）""（学号，课程号）→（姓名，班级，课程名，成绩）""（学号，课程号）→（学号，姓名，班级，课程号，课程名，成绩）"。

在【例 6.2】中，由于（学号，课程号）→（学号，姓名，班级，课程号，课程名，成绩）成立，即（学号，课程号）能够唯一决定关系 R 中的一个元组，这意味着（学号，课程号）为学生选课关系 R 的超键。而且，（学号，课程号）这个超键中的任意一个属性被去掉之后，剩下的属性均不能唯一决定关系 R 中的一个元组，因此，（学号，课程号）是关系 R 的一个候选键。

由此可见，我们可以得到候选键的形式化定义：

【定义 6.3】设有关系模式 $R(U)$，F 是 R 上的函数依赖集，K 是属性集 U 的一个子集。若 F 逻辑蕴含 $K \to U$，且不存在 K 的真子集 K'，使得 $K' \to U$ 成立，则称 K 是 R 的一个候选键。

【例 6.3】设有关系模式 $R(X,Y,Z)$ 以及它的函数依赖集 $F=\{X \to Y, Y \to Z\}$，试分析其 R 的候选键是什么。

【解答】由于 $X \to Y$，$Y \to Z$ 成立，根据 Armstrong 公理的传递律有 $X \to Z$ 成立，且根据 Armstrong 公理的自反律有 $X \to X$，因此，$X \to XYZ$ 成立，则 X 是 R 的候选键。

2. 函数依赖集 F 的闭包 F+

【定义 6.4】函数依赖集 F 的闭包 F+：设 F 是关系模式 R 的一个函数依赖集，函数依赖集 F 的闭包 F+ 是指被 F 逻辑蕴含的全体函数依赖所构成的集合。

【例 6.4】设有关系模式 $R(X,Y,Z)$ 与它的函数依赖集 $F=\{X \to Y, Y \to Z\}$，则 F 的闭包为：

$$F+ = \begin{cases} X \to \varphi, XY \to \varphi, XZ \to \varphi, XYZ \to \varphi, Y \to \varphi, YZ \to \varphi, Z \to \varphi, \varphi \to \varphi \\ X \to X, XY \to X, XZ \to X, XYZ \to X \\ X \to Y, XY \to Y, XZ \to Y, XYZ \to Y, Y \to Y, YZ \to Y \\ X \to Z, XY \to Z, XZ \to Z, XYZ \to Z, Y \to Z, YZ \to Z, Z \to Z \\ X \to XY, XY \to XY, XZ \to XY, XYZ \to XY \\ X \to XZ, XY \to XZ, XZ \to XZ, XYZ \to XZ \\ X \to YZ, XY \to YZ, XZ \to YZ, XYZ \to YZ, Y \to YZ, YZ \to YZ \\ X \to XYZ, XY \to XYZ, XZ \to XYZ, XYZ \to XYZ \end{cases}$$

【定义 6.5】（非）平凡的函数依赖：设 X、Y 为关系模式 R 的属性集，函数依赖 $X \to Y$ 是 R 的一个函数依赖，若 $X \supseteq Y$，那么就称 $X \to Y$ 是一个"平凡的函数依赖"。若 Y 不是 X 的子集，有函数依赖 $X \to Y$ 成立，则 $X \to Y$ 是一个"非平凡的函数依赖"。

例如，在【例 6.4】的 F+ 中，$X \to \varphi$、$XY \to Y$、$XYZ \to XYZ$ 等都是平凡的函数依赖。

<u>思考</u>：在【例 6.4】的 F+ 中，平凡的函数依赖还有哪些？

6.2.3 属性集关于函数依赖集的闭包

【定义 6.6】属性集关于函数依赖集的闭包：设有关系模式 $R(U)$，F 是 R 的函数依赖集，X 是 U 的子集。用 Armstrong 公理可从 F 推导出的函数依赖 $X \to A$ 中所有 A 的集合，称为属性集 X 关于 F 的闭包，记为 X_F^+，即 $X_F^+ = \{A_i \mid A_i \in U, X \to A_i \in F+\}$。

【例 6.5】设有关系模式 $R(X,Y,Z)$ 以及它的函数依赖集 $F = \{X \to Y, Y \to Z\}$，求 $X+$。

【解答】根据 Armstrong 公理的自反律，可得 $X \to X$，即 $X \in X+$。

由于 $X \to Y$，$Y \to Z$，根据 Armstrong 公理的传递律，可得 $X \to Z$，即 $Z \in X+$。

因此，有 $X \to XYZ$ 成立，即 $X+ = XYZ = \{X,Y,Z\}$。

【算法 6.1】求属性集关于函数依赖集的闭包

输入：关系模式 $R(U)$ 及在其上面的函数依赖集 F

输出：属性集 X 关于 F 的闭包 $X+$

步骤如下：

1）初始化属性集 $A = X$。

2）对于 F 中的每一个函数依赖 $M \to N$，若 $M \subseteq A$，则把 N 加到属性集 A 里，即 $A := A \bigcup N$。

3）重复步骤 2），直至 A 不再变化或 $A = U$，A 即是属性集 X 关于 F 的闭包 X_F^+。

【例 6.6】设有关系模式 $R(A,B,C,D,E)$ 以及它的函数依赖集 $F = \{A \to C$，$B \to D$，$BC \to E$，$AC \to D\}$，求属性集 (BC) 关于 F 的闭包 $(BC)_F^+$。

【解答】(BC) 的闭包初始为 $X = BC$。

对于 $A \to C$，由于 X 中不包含 A，因此 X 保持不变。

对于 $B \to D$，由于 X 中包含 B，因此可得 $D \in (BC)_F^+$，X 更新为 BCD。

对于 $BC \to E$，由于 X 中包含 BC，因此可得 $E \in (BC)_F^+$，X 更新为 $BCDE$。

对于 $AC \to D$，由于 X 中不包含 A，因此 X 保持不变。

依次判断函数依赖集 F 中的每一个函数依赖，发现 X 不再发生变化。

因此，$(BC)_F^+ = BCDE = \{B,C,D,E\}$。

6.2.4 函数依赖集的等价和覆盖

【定义 6.7】函数依赖集的等价（覆盖）：设 F 和 G 是关系模式 $R(U)$ 的两个函数依赖集，如果 $F+ = G+$，则称 F 和 G 等价。F 和 G 等价意味着 F 覆盖 G，同时 G 也覆盖 F。

【定理 6.1】$F+ = G+$ 的充分必要条件是 $F \subseteq G+$ 且 $G \subseteq F+$。

若要判断两个函数依赖集 F 和 G 是否等价，只需要证明 $F \subseteq G+$ 且 $G \subseteq F+$。判断的步骤具体如下：

1）对于 F 中的每一个函数依赖 $X \to Y$，求 X 关于 G 的闭包 X_G^+，若 $Y \subseteq X_G^+$，则说明 $X \to Y \in G+$。如果对于 F 中的任一个函数依赖 $X \to Y$，都有 $X \to Y \in G+$，则 $F \subseteq G+$ 成立。

2）类似地，如果对于 G 中的任一个函数依赖 $M \to N$，都有 $M \to N \in F+$，则 $G \subseteq F+$ 成立。

3）如果 $F \subseteq G+$ 和 $G \subseteq F+$ 都成立，就可以判定 F 和 G 等价；反之，F 和 G 不等价。

【**例 6.7**】设有关系模式 $R(A,B,C,D,E)$ 以及它的函数依赖集 $F=\{A \to C, B \to D, BC \to E, AC \to D\}$ 和 $G=\{A \to D, B \to C, BC \to E, AC \to D\}$，请问 F 和 G 是否等价？

【**解答**】对于 F 中的函数依赖 $A \to C$，由于 A 关于 G 的闭包 $A_G^+=\{A,D\}$，而 $C \in A_G^+$ 不成立，因此 $F \in G+$ 不成立，F 和 G 不等价。

【**例 6.8**】设有关系模式 $R(A,B,C,D)$ 以及它的函数依赖集 $F=\{A \to C, B \to D, AC \to D, C \to D\}$ 和 $G=\{A \to C, B \to D, C \to D\}$，请问 F 和 G 是否等价？

【**解答**】1）对于 F 中的函数依赖 $A \to C$，A 关于 G 的闭包 $A_G^+=\{A,C,D\}$，$C \in A_G^+$ 成立。

对于 F 中的函数依赖 $B \to D$，B 关于 G 的闭包 $B_G^+=\{B,D\}$，$D \in B_G^+$ 成立。

对于 F 中的函数依赖 $AC \to D$，AC 关于 G 的闭包 $(AC)_G^+=\{A,C,D\}$，$D \in (AC)_G^+$ 成立。

对于 F 中的函数依赖 $C \to D$，C 关于 G 的闭包 $C_G^+=\{C,D\}$，$D \in C_G^+$ 成立。

因此，有 $F \subseteq G+$ 成立。

2）对于 G 中的函数依赖 $A \to C$，A 关于 F 的闭包 $A_F^+=\{A,C,D\}$，$C \in A_F^+$ 成立。

对于 G 中的函数依赖 $B \to D$，B 关于 F 的闭包 $B_F^+=\{B,D\}$，$D \in B_F^+$ 成立。

对于 G 中的函数依赖 $C \to D$，C 关于 F 的闭包 $C_F^+=\{C,D\}$，$D \in C_F^+$ 不成立。

因此，有 $G \subseteq F+$ 成立。

3）由于 $F \subseteq G+$ 和 $G \subseteq F+$ 都成立，因此可以判定 F 和 G 等价。

6.2.5　最小函数依赖集

【**定义 6.8**】最小函数依赖集：如果函数依赖集 F 满足下列条件，则称 F 为一个最小函数依赖集，也称最小覆盖，记为 $F_{\min}$。

1）F 中任意一个函数依赖的右部只包含一个属性。

2）F 中不存在这样的函数依赖 $X \to Y$，使得 F 与 $F-\{X \to Y\}$ 等价。

3）F 中不存在这样的函数依赖 $X \to Y$，对于 X 的任一个真子集 Z，有 $F-\{X \to Y\} \cup \{Z \to Y\}$ 与 F 等价。

在最小函数依赖集的定义中，条件1）约束了最小函数依赖集中每一个函数依赖都是右边只包含一个属性的最简形式；条件2）约束了最小函数依赖集中没有冗余的函数依赖；条件3）约束了最小函数依赖集中每一个函数依赖的左边都不存在冗余属性。

【**定理 6.2**】每一个函数依赖集 F 均等价于它的一个最小函数依赖集 $F_{\min}$。

【**证明**】对于函数依赖集 F，现求其最小函数依赖集 $F_{\min}$：

1）对于 F 中每一个函数依赖 $X \to Y$，若 $Y=A_1A_2\cdots A_n$（$n>1$），则用 $\{X \to A_i|i=1,2,\cdots,n\}$ 代替 $X \to Y$。由于 $X \to Y$ 和 $\{X \to A_i|i=1,2,\cdots,n\}$ 等价，因此，这个步骤完成后得到的函数依赖集记为 G，则 G 与 F 等价。

2）对于 G 中每一个函数依赖 $X \to A$，令 $H=G-\{X \to A\}$，若 $A \in X_H^+$，则意味着 H 与 G 等价，因此可从 G 中去掉该函数依赖 $X \to A$。执行完该步骤后，得到的函数依赖集记为 H。

3）对于 H 中的每一个函数依赖 $X \to A$，设 $X=B_1B_2\cdots B_m$，逐个检查 B_i（$i=1,2,\cdots,m$），若有 $A \in (X-B_i)_H^+$，则用 $X-B_i$ 取代 X。因此，H 与 $H-\{X \to A\} \cup \{(X-B_i) \to A\}$ 等价。执行完该步骤后，得到的函数依赖集即 F 的一个最小函数依赖集 $F_{\min}$。

由于上述 1）至 3）步骤执行时，输入的函数依赖集与输出的函数依赖集都是等价的，因此 F 与 $F_{\min}$ 是等价的，定理得证。

上述定理证明的过程也是求最小函数依赖集的过程。其中，步骤 2）的目的是删除函数依赖集中的冗余函数依赖，步骤 3）的目的是删除每个函数依赖左边冗余的属性。值得注意的是，若交换步骤 2）和步骤 3）的执行顺序，同样可证得最后得到的函数依赖集是一个与 F 等价的最小函数依赖集。因此，对于给定的函数依赖集 F，其最小函数依赖集 $F_{\min}$ 不一定是唯一的。

【例 6.9】设有函数依赖集 $F=\{A \to BC, B \to D, A \to E, BC \to E, AC \to D\}$，求其最小函数依赖集 $F_{\min}$。

【解答】方法一：

1）把函数依赖集 F 中右边包含多个属性的函数依赖，分解为右边只包含一个属性的函数依赖，得到与 F 等价的 G，$G=\{A \to B, A \to C, B \to D, A \to E, BC \to E, AC \to D\}$。

2）删除 G 中冗余的函数依赖：由于 $A \to B$，$A \to C$，$BC \to E$，根据 Armstrong 公理的合并律和传递律可得 $A \to E$，因此可把 G 中的函数依赖 $A \to E$ 删除，得到与 G 等价的函数依赖集 H_1，$H_1=\{A \to B, A \to C, B \to D, BC \to E, AC \to D\}$。由于 $A \to B$，$B \to D$，根据 Armstrong 公理的传递律可得 $A \to D$，再根据 Armstrong 公理的增广律和分解律，有 $AC \to D$ 成立，因此可把 H_1 中的 $AC \to D$ 删除，得到与 H_1 等价的函数依赖集 $H_2=\{A \to B, A \to C, B \to D, BC \to E\}$。

3）H_2 中每一个函数依赖左边都不存在冗余属性，因此，H_2 即所求的最小函数依赖集 $F_{\min}$。

方法二：

1）把函数依赖集 F 中右边包含多个属性的函数依赖，分解为右边只包含一个属性的函数依赖集，得到与 F 等价的 G，$G=\{A \to B, A \to C, B \to D, A \to E, BC \to E, AC \to D\}$。

2）删除 G 中函数依赖左边的冗余属性：由于 $A \to C$，根据 Armstrong 公理的自反律和合并律，有 $A \to AC$；又由于 $AC \to D$，根据 Armstrong 公理的传递律有 $A \to D$，因此把函数依赖 $AC \to D$ 中左边冗余的 C 删除，得到与 G 等价的函数依赖集 H，$H=\{A \to B, A \to C, B \to D, A \to E, BC \to E, A \to D\}$。

3）删除 H 中冗余的函数依赖：由于 $A \to B$，$B \to D$，根据 Armstrong 公理的传递律有 $A \to D$，因此，可以把 H 中的 $A \to D$ 删除，得到与 H 等价的函数依赖集 K_1，$K_1=\{A \to B, A \to C, B \to D, A \to E, BC \to E\}$。再因 $A \to B$，$A \to C$，$BC \to E$，根据 Armstrong 公理的合并律和传递律，得 $A \to E$，因此可把 K_1 中的 $A \to E$ 删除，得到与 K_1 等价的函数依赖集 K_2，$K_2=\{A \to B, A \to C, B \to D, BC \to E\}$。$K_2$ 中每一个函数依赖都是非冗余函数依赖，因此 K_2 即所求的最小函数依赖集 $F_{\min}$。

【例 6.10】设有函数依赖集 $F = \{C \to AB, A \to B, B \to C, A \to C, BC \to A\}$，求其最小函数依赖集 $F_{\min}$。

【解答】方法一：

1）把函数依赖集 F 中右边包含多个属性的函数依赖，分解为右边只包含一个属性的函数依赖，得到与 F 等价的 G，$G=\{C \to A, C \to B, A \to B, B \to C, A \to C, BC \to A\}$。

2）删除 G 中冗余的函数依赖：由于 $A \to B$，$B \to C$，根据 Armstrong 公理的传递

律可得 $A \to C$ 成立，因此可把 G 中的函数依赖 $A \to C$ 删除，得到与 G 等价的函数依赖集 H_1，$H_1=\{C \to A, C \to B, A \to B, B \to C, BC \to A\}$。由于 $C \to A$，Armstrong 公理的增广律和分解律可把 H_1 中的 $BC \to A$ 删除，得到与 H_1 等价的函数依赖集 $H_2=\{C \to A, C \to B, A \to B, B \to C\}$。

3）H_2 中每一个函数依赖左边都不存在冗余属性，因此，H_2 即所求的最小函数依赖集 F_{min}。

方法二：

1）把函数依赖集 F 中右边包含多个属性的函数依赖，分解为右边只包含一个属性的函数依赖，得到与 F 等价的 G，$G=\{C \to A, C \to B, A \to B, B \to C, A \to C, BC \to A\}$。

2）删除 G 中函数依赖左边的冗余属性：由于 $B \to C$，根据 Armstrong 公理的伪传递律，可把函数依赖 $BC \to A$ 中左边冗余属性 C 删除，得到与 G 等价的函数依赖集 H，$H=\{C \to A, C \to B, A \to B, B \to C, A \to C, B \to A\}$。

3）删除 H 中冗余的函数依赖：由于 $A \to B$，$A \to C$，根据 Armstrong 公理的传递律有 $A \to C$，因此可把 H 中冗余的函数依赖 $A \to C$ 删除，得到与 H 等价的函数依赖集 K，$K=\{C \to A, C \to B, A \to B, B \to C, B \to A\}$，$K$ 不存在冗余的函数依赖，K 即所求的最小函数依赖集 F_{min}。

6.3　关系模式的分解

关系模式的分解就是运用关系代数的投影运算把一个关系模式拆分成几个关系模式，从关系实例的角度看，就是用几个小表替换原来的大表，使得结构更合理。

6.3.1　两个基本原则

关系模式的分解应该遵循以下两个基本原则：

1）在数据方面，分解后的关系通过自然连接能够完全等于分解前的关系，这称为"无损连接性"。

2）在语义方面，关系模式分解前后函数依赖集能保持不变，这称为"保持函数依赖性"。

假设有关系模式 R（学号，所在系，系办公地点）及其函数依赖集 $F=\{$ 学号→所在系，所在系→系办公地点 $\}$，现有关系实例 r 见表 6.2。

表 6.2　关系模式 R 的关系实例 r

学号	所在系	系办公地点
202101231234	软件工程	B7
202101231235	软件工程	B7
202101243542	食品工程	B8
202101242874	食品工程	B8

假设软件工程系有 1000 名学生，那么要重复存储 1000 个系办公地点。数据冗余会随着学生人数的增多而变得越发严重，因此，需要将关系模式 R 分解。接下来，我们来

探讨如何分解关系模式 R 才是合理的。

【分解方法一】把关系实例 r 分解，如图 6.2 所示。

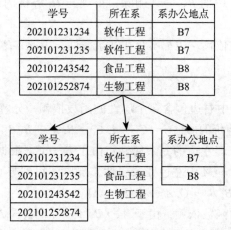

图 6.2　关系实例 r 分解方法一

图 6.2 的分解方法得到的 3 个小表既不能通过自然连接恢复关系 r 的数据，又不能保持 F 原有的函数依赖，因此，该分解不合理。

【分解方法二】把关系实例 r 分解，如图 6.3 所示。

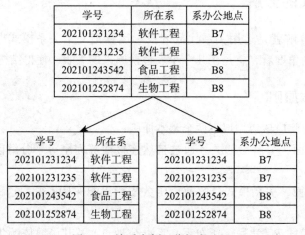

图 6.3　关系实例 r 分解方法二

图 6.3 的分解方法得到的 2 个小表可以通过自然连接恢复关系 r 的数据，但是丢失了 F 原有的函数依赖"所在系→系办公地点"，因此，该分解不合理。

【分解方法三】把关系实例 r 分解，如图 6.4 所示。

图 6.4 的分解方法得到的 2 个小表既不能通过自然连接恢复关系 r 的数据，又丢失了 F 原有的函数依赖"学号→所在系"，因此，该分解不合理。

【分解方法四】把关系实例 r 分解，如图 6.5 所示。

图 6.5 的分解方法得到的 2 个小表既能通过自然连接恢复关系 r 的数据，又保持了 F 原有的函数依赖，因此，该分解是合理的。

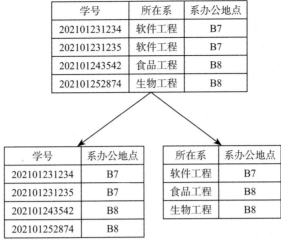

图 6.4 关系实例 r 分解方法三

学号	所在系	系办公地点
202101231234	软件工程	B7
202101231235	软件工程	B7
202101243542	食品工程	B8
202101252874	生物工程	B8

学号	所在系
202101231234	软件工程
202101231235	软件工程
202101243542	食品工程
202101252874	生物工程

所在系	系办公地点
软件工程	B7
食品工程	B8
生物工程	B8

图 6.5 关系实例 r 分解方法四

6.3.2 无损连接的分解

【**定义 6.9**】无损连接的分解：设 R 是一个关系模式，ρ 是 R 的分解且 $\rho=\{R_1, R_2, \cdots, R_k\}$，$F$ 是 R 上的一个函数依赖集。如果 R 中每一个关系实例 r 都有

$$r = \pi_{R_1}(r) \bowtie \pi_{R_2}(r) \bowtie \cdots \bowtie \pi_{R_k}(r)$$

则称分解 ρ 相对于 F 是无损连接的分解。

简而言之，若分解后的关系的集合通过自然连接完全等于分解前的关系，则分解具有无损连接性。在关系模式分解过程中，保证分解的无损连接性是必要的。只有无损连接的分解才能保证数据不被丢失。

【**算法 6.2**】无损连接的分解矩阵判别法

输入：关系模式 $R(A_1, A_2, \cdots, A_n)$，R 的函数依赖集 F，R 的一个分解 $\rho=\{R_1, R_2, \cdots, R_k\}$

输出：ρ 是或不是无损连接的分解

步骤如下：

1）构造一个大小为 kn 的矩阵 M，M 的行标分别为 R_1，R_2，…，R_k，列标分别为 A_1，A_2，…，A_n。

2）初始化矩阵 M，若 M_{ij} 对应的 R_i 与 A_j 相关（即 A_j 为 R_i 的属性），则 $M_{ij}=a_j$；否则，$M_{ij}=b_{ij}$。

3）逐个检查 F 中的函数依赖，并根据以下规则修改矩阵 M：对于函数依赖 $X \rightarrow Y$，在 M 中寻找在 X 属性上相等的行，把这些行 Y 属性对应的元素都改成一致的（若列中有 a_j，则将其他元素改为 a_j；否则，改为下标 i 最小的那个 b_{ij}）。

4）重复执行 3），直到 M 中出现全为 a 的一行，或者对 F 中的函数依赖进行检查不会引起 M 中的值发生变化，然后，执行下一步。

5）输出结论：若 M 中出现全为 a 的一行，则 ρ 是无损连接的分解；否则，ρ 不是无损连接的分解。算法结束。

【例 6.11】设有关系模式 $R(A, B, C, D, E)$ 及在 R 上的函数依赖集 $F=\{(A,B) \rightarrow C, B \rightarrow D, D \rightarrow E\}$，判断分解 $\rho=\{R_1(A,B,C),R_2(B,D),R_3(D,E)\}$ 是否无损连接的分解。

【解答】1）首先，构造如下矩阵 M：

	A	B	C	D	E
R_1	a_1	a_2	a_3	b_{14}	b_{15}
R_2	b_{21}	a_2	b_{23}	a_4	b_{25}
R_3	b_{31}	b_{32}	b_{33}	a_4	a_5

2）逐个检查 F 中的函数依赖，修改 M：

对于 $(A,B) \rightarrow C$，M 中 A、B 两列中没有两行是一样的，不需要修改。

对于 $B \rightarrow D$，B 列中 R_1 和 R_2 行的值相同，因此把 D 列中这两行的值改为一致，把 D 列 R_1 行的 b_{14} 改为 a_4，则矩阵 M 变为如下：

	A	B	C	D	E
R_1	a_1	a_2	a_3	a_4	b_{15}
R_2	b_{21}	a_2	b_{23}	a_4	b_{25}
R_3	b_{31}	b_{32}	b_{33}	a_4	a_5

对于 $D \rightarrow E$，D 列中 R_1、R_2 和 R_3 行的值相同，因此把 E 列中这三行的值改为一致，把 E 列中 R_1 行和 R_2 行的值都改为 a_5，则矩阵 M 变为如下：

	A	B	C	D	E
R_1	a_1	a_2	a_3	a_4	a_5
R_2	b_{21}	a_2	b_{23}	a_4	a_5
R_3	b_{31}	b_{32}	b_{33}	a_4	a_5

由于 R_1 行全为 a，因此分解 ρ 是无损连接的分解。

【例 6.12】设有关系模式 $R(A, B, C, D, E)$ 及在 R 上的函数依赖集 $F=\{(A,B) \rightarrow C, B \rightarrow D, D \rightarrow E\}$，判断分解 $\rho=\{R_1(A,B,C),R_2(C,D,E)\}$ 是否无损连接的分解。

【解答】1）首先，构造如下矩阵 M：

	A	B	C	D	E
R_1	a_1	a_2	a_3	b_{14}	b_{15}
R_2	b_{21}	b_{22}	a_3	a_4	b_{25}

2）逐个检查 F 中的函数依赖，修改 M：

对于 $(A,B) \to C$，M 中 A、B 两列没有两行是一样的，不需要修改。

对于 $B \to D$，M 中 B 列没有两行是一样的，不需要修改。

对于 $D \to E$，M 中 D 列没有两行是一样的，不需要修改。

检查完 F 中所有的函数依赖后，M 没有变化，且没有一行全为 a，因此分解 ρ 不是无损连接的分解。

【例 6.13】设有关系模式 R（A, B, C, D, E）及在 R 上的函数依赖集 $F=\{A \to D, D \to B, BC \to D, CD \to A\}$，判断分解 $\rho=\{R_1(A,B),R_2(A,E),R_3(C,E),R_4(B,C,D),R_5(A,C)\}$ 是否无损连接的分解。

【解答】

1）首先，构造如下矩阵 M：

	A	B	C	D	E
R_1	a_1	a_2	b_{13}	b_{14}	b_{15}
R_2	a_1	b_{22}	b_{23}	b_{24}	a_5
R_3	b_{31}	b_{32}	a_3	b_{34}	a_5
R_4	b_{41}	a_2	a_3	a_4	b_{45}
R_5	a_1	b_{52}	a_3	b_{54}	b_{55}

2）逐个检查 F 中的函数依赖，修改 M：

对于 $A \to D$，A 列中 R_1、R_2 和 R_5 行的值相同，因此把 D 列中这三行的值改为一致，把 D 列中 R_2 和 R_5 行的值改为 b_{14}，则矩阵 M 变为如下：

	A	B	C	D	E
R_1	a_1	a_2	b_{13}	b_{14}	b_{15}
R_2	a_1	b_{22}	b_{23}	$\boldsymbol{b_{14}}$	a_5
R_3	b_{31}	b_{32}	a_3	b_{34}	a_5
R_4	b_{41}	a_2	a_3	a_4	b_{45}
R_5	a_1	b_{52}	a_3	$\boldsymbol{b_{14}}$	b_{55}

对于 $D \to B$，D 列中 R_1、R_2 和 R_5 行的值相同，因此把 B 列中这三行的值改为一致，把 B 列 R_2 和 R_5 行的值改为 a_2，则矩阵 M 变为如下：

	A	B	C	D	E
R_1	a_1	a_2	b_{13}	b_{14}	b_{15}
R_2	a_1	$\boldsymbol{a_2}$	b_{23}	b_{14}	a_5
R_3	b_{31}	b_{32}	a_3	b_{34}	a_5
R_4	b_{41}	a_2	a_3	a_4	b_{45}
R_5	a_1	$\boldsymbol{a_2}$	a_3	b_{14}	b_{55}

对于 $BC \to D$，B 和 C 列中 R_4 和 R_5 行的值相同，因此把 D 列中这两行的值改为一致，把 D 列中 R_5 行的值改为 a_4，则矩阵 M 变为如下：

	A	B	C	D	E
R_1	a_1	a_2	b_{13}	b_{14}	b_{15}
R_2	a_1	a_2	b_{23}	b_{14}	a_5
R_3	b_{31}	b_{32}	a_3	b_{34}	a_5
R_4	b_{41}	a_2	a_3	a_4	b_{45}
R_5	a_1	a_2	a_3	$\boldsymbol{a_4}$	b_{55}

对于 $CD \to A$，C 和 D 列中 R_4 和 R_5 行的值相同，因此把 A 列中这两行的值改为一致，把 A 列中 R_4 行的值改为 a_1，则矩阵 M 变为如下：

	A	B	C	D	E
R_1	a_1	a_2	b_{13}	b_{14}	b_{15}
R_2	a_1	a_2	b_{23}	b_{14}	a_5
R_3	b_{31}	b_{32}	a_3	b_{34}	a_5
R_4	$\boldsymbol{a_1}$	a_2	a_3	a_4	b_{45}
R_5	a_1	a_2	a_3	a_4	b_{55}

3）在步骤 2）中我们将 F 中所有函数依赖都检查了一遍。由于矩阵 M 有变化，且目前在 M 中未找到全为 a 的行，因此需要重复步骤 2）。

对于 $A \to D$，A 列中 R_1、R_2、R_4 和 R_5 行的值相同，因此把 D 列中这四行的值改为一致，把 D 列中 R_1 和 R_2 行的值改为 a_4。

	A	B	C	D	E
R_1	a_1	a_2	b_{13}	$\boldsymbol{a_4}$	b_{15}
R_2	a_1	a_2	b_{23}	$\boldsymbol{a_4}$	a_5
R_3	b_{31}	b_{32}	a_3	b_{34}	a_5
R_4	a_1	a_2	a_3	a_4	b_{45}
R_5	a_1	a_2	a_3	a_4	b_{55}

对于 $D \to B$，D 列中 R_1、R_2、R_4 和 R_5 行的值相同，而 B 列中这四行的值是一致的，无须修改。

对于 $BC \to D$，B 和 C 列中 R_4 和 R_5 行的值相同，而 D 列中这两行的值是一致的，无须修改。

对于 $CD \to A$，C 和 D 列中 R_4 和 R_5 行的值相同，而 A 列中这两行的值是一致的，无须修改。

4）至此，矩阵 M 中的值不会再发生改变，而 M 中找不到全为 a 的一行，因此分解 ρ 不是无损连接的分解。

如果将一个关系模式 R "一分为二"，要判断这个分解是否无损连接的分解，除了使用上述矩阵判别法之外，还可以利用无损连接测试定理来快速判断。

【定理 6.3】ρ 为关系模式 R 的一个分解，且 $\rho = \{R_1, R_2\}$，F 为 R 所满足的函数依赖集，则 ρ 是无损连接分解的充分必要条件是：

$$R_1 \cap R_2 \to (R_1 - R_2) \text{ 或 } R_1 \cap R_2 \to (R_2 - R_1)$$

定理 6.3 表明：若将关系模式 R 一分为二，分解后的两个关系模式的交集如果能函数决定这两个关系模式的差集，即 R_1、R_2 的公共属性能够函数决定 R_1 或 R_2 中的其他属性，这样的分解就必定是无损连接分解；若一个将关系模式一分为二的分解是无损连接的分解，必有分解后的两个关系模式和交集能函数决定这两个关系模式的差集。

【例 6.14】设有关系模式 $R(X,Y,Z)$ 和基于 R 的函数依赖集 $F=\{X \rightarrow Y, Y \rightarrow Z\}$，判断下列分解是否为无损连接：

$$\rho_1=\{R_1(X,Y),R_2(X,Z)\}$$
$$\rho_2=\{R_1(X,Y),R_3(Y,Z)\}$$
$$\rho_3=\{R_2(X,Z),R_3(Y,Z)\}$$

【解答】1）对于 ρ_1，因为 $R_1 \cap R_2=X$，$R_1-R_2=Y$，且有 $X \rightarrow Y$ 成立，因此 ρ_1 是无损连接的分解。

2）对于 ρ_2，因为 $R_1 \cap R_3=Y$，$R_3-R_1=Z$，且有 $Y \rightarrow Z$ 成立，因此 ρ_2 是无损连接的分解。

3）对于 ρ_3，因为 $R_2 \cap R_3=Z$，$R_3-R_2=Y$，$R_2-R_3=X$。从 F 推导不出 $Z \rightarrow Y$ 或 $Z \rightarrow X$ 成立，因此 ρ_3 不是无损连接的分解。

6.3.3　保持函数依赖的分解

关系模式分解过程中，除了要求分解出来的关系模式集具有无损连接性以外，要保持关系模式在分解前后是等价的，另一个重要条件是：关系模式的函数依赖集在分解后的关系模式集合中保持不变。对于一个关系模式的分解，若所有分解出的关系模式所满足的函数依赖的全体等价于原关系模式的函数依赖集，就称该分解保持函数依赖。保持函数依赖的分解，可以确保整个数据库中数据的语义完整性不受破坏。

思考：无损连接的分解是否一定是保持函数依赖的分解？保持函数依赖的分解是否一定是无损连接的分解？

【例 6.15】设有关系模式 R（城市，街道，邮编）及基于 R 的函数依赖集 $F=\{$ 邮编→城市，（城市，街道）→邮编 $\}$。请问以下分解是否具有无损连接性和保持函数依赖性：

$$\rho_1=\{R_1(城市 , 邮编),R_2(街道 , 邮编)\}$$
$$\rho_2=\{R_2(街道 , 邮编),R_3(城市 , 街道)\}$$
$$\rho_3=\{R_1(城市 , 邮编),R_3(城市 , 街道)\}$$

【解答】1）对于 ρ_1，因为 $R_1 \cap R_2=$ 邮编，$R_1-R_2=$ 城市，且有邮编→城市成立，因此 ρ_1 是无损连接的分解，但丢失了函数依赖（城市，街道）→邮编。

2）对于 ρ_2，因为 $R_2 \cap R_3=$ 街道，$R_3-R_2=$ 城市，$R_2-R_3=$ 邮编，无论是街道→城市，还是街道→邮编都不成立，因此 ρ_2 不是无损连接的分解，且 F 中的两个函数依赖都丢失了。

3）对于 ρ_3，因为 $R_1 \cap R_3=$ 城市，$R_1-R_3=$ 邮编，$R_3-R_1=$ 街道，无论是城市→邮编，还是城市→街道都不成立，因此 ρ_3 不是无损连接的分解，且丢失了函数依赖：（城市，街道）→邮编。

【例 6.16】设有关系模式 R（A,B,C,D）及基于 R 的函数依赖集 $F=\{A \rightarrow B, C \rightarrow D\}$。请问分解 $\rho=\{R_1(A,B),R_2(C,D)\}$ 是否具有无损连接性和保持函数依赖性？

【解答】因为 $R_1 \cap R_2=\varnothing$，$R_1-R_2=\{A,B\}$，$R_2-R_1=\{C,D\}$，无论是 $R_1 \cap R_2 \rightarrow (R_1-R_2)$ 还是 $R_1 \cap R_2 \rightarrow (R_2-R_1)$ 都不成立，因此 ρ 不是无损连接的分解。F 中的函数依赖 $A \rightarrow B$ 在 R_1 中得到保留，$C \rightarrow D$ 在 R_2 中得到保留，因此 ρ 能够保持函数依赖。

　　由此可见，一个无损连接的分解不一定能够保持函数依赖，一个保持函数依赖的分解不一定是无损连接的。

6.4　关系模式的范式

　　所谓关系模式的范式，指的是关系模式应该遵循的规范化形式。不同的范式所需要满足的条件不一样。

6.4.1　第一范式

　　关系模式的第一范式是关系模式要遵循的最基本的规范化形式，其定义如下：

　　【定义 6.10】第一范式：对于关系模式 R，如果其每个属性都是简单属性，即每个属性都是不可再分的，则称 R 属于第一范式，简记为 1NF。

　　【例 6.17】设有以下关系 r（见表 6.3），请问 r 是否属于第一范式？

表 6.3　关系 r

学号	姓名	电话
202113871633	李凌	159×××××××(M)/020-37×××××(H)
202113871634	章硕	159×××××××(M)

　　【解答】由于在关系 r 中，电话属性可进一步划分为移动电话（M）和家庭电话（H），因此，关系 r 不属于第一范式。可采用以下方法将 r 规范化成第一范式。

　　方法一：将电话属性拆分为移动电话和家庭电话两个属性，则 r 可转换为表 6.4 的形式。

表 6.4　电话属性拆分

学号	姓名	移动电话	家庭电话
202113871633	李凌	159×××××××	020-37×××××
202113871634	章硕	159×××××××	

　　方法二：增加一个"电话类型"属性，则 r 可转换为表 6.5 的形式。

表 6.5　增加"电话类型"属性

学号	姓名	电话	电话类型
202113871633	李凌	159×××××××	移动电话
202113871633	李凌	020-37×××××	家庭电话
202113871634	章硕	159×××××××	移动电话

　　方法三：对于 r 中的每一个元组，只保留移动电话的值，则 r 可转换为表 6.6 的形式。

表 6.6　保留移动电话

学号	姓名	电话
202113871633	李凌	159×××××××
202113871634	章硕	159×××××××

6.4.2   第二范式

【定义 6.11】部分依赖：对于函数依赖 $X \to Y$，如果存在 X 的真子集 X'，使得 $X' \to Y$ 也成立，则称 Y 部分依赖于 X。

【定义 6.12】完全依赖：对于函数依赖 $X \to Y$，如果对于 X 的任一真子集 X'，都没有 $X' \to Y$ 成立，则称 Y 完全依赖于 X。

【定义 6.13】第二范式：如果关系模式 R 为 1NF，并且 R 中的每一个非主属性都完全依赖于 R 的某个候选关键字，则称 R 属于第二范式，简记为 2NF。

【例 6.18】设有关系模式 $R(A, B, C)$ 及其上面的函数依赖集 $F = \{A \to B, B \to A, C \to A\}$，试分析 R 是否属于 2NF。

【解答】因为 $C \to A$，$A \to B$，根据 Armstrong 公理的传递律有 $C \to B$，所以有 $C \to ABC$，则 C 是主键，且 A 和 B 都完全依赖于 C，因此 R 属于 2NF。

可以使用以下步骤将非 2NF 的关系模式分解为满足 2NF 的关系模式集：

1）以主属性构成的属性集的每一个子集作为主键，构成一个关系模式。

2）把依赖于这些主键的属性加到对应的关系模式中。

3）去掉只由主键构成的关系模式。

【例 6.19】设有关系模式 R (学号，学生姓名，课程号，课程名，成绩，任课教师)，试分析 R 是否属于 2NF。如果 R 不属于 2NF，请将 R 分解成满足 2NF 的关系模式集。

【解答】关系模式 R 中存在以下函数依赖：

学号→学生姓名

课程号→课程名

课程号→任课教师

（学号，课程号）→成绩

因此，关系模式 R 的主键是（学号，课程号）。学生姓名、课程名、任课教师等属性部分依赖于该主键，因此关系模式 R 不属于 2NF。将 R 分解成满足 2NF 的关系模式集，过程如下：

1）构建三个关系模式：R_1（学号），R_2（课程号），R_3（学号，课程号）。

2）根据 R 中存在的函数依赖，把 R 中的非主属性分别加入 R_1、R_2 和 R_3 中。其中，把学生姓名加入 R_1 中，把课程名和任课教师加入 R_2 中，把成绩加入 R_3 中，即 R_1（学号，学生姓名）、R_2（课程号，课程名，任课教师）和 R_3（学号，课程号，成绩）。其中，R_1 的主键是学号，R_2 的主键是课程号，R_3 的主键是（学号，课程号）。根据 2NF 的定义，R_1、R_2 和 R_3 都属于 2NF。

6.4.3   第三范式

【定义 6.14】传递依赖：如果有函数依赖 $X \to Y$，$Y \to Z$ 成立，且 $Y \to X$ 不成立，Z 不是 Y 的子集，则称 Y 传递依赖于 X。

【定义 6.15】第三范式：如果关系模式 R 为 2NF，并且 R 中的每一个非主属性都不传递依赖于 R 的某个候选关键字，则称 R 属于第三范式，简记为 3NF。

【例 6.20】设有关系模式 $R(X, Y, Z)$ 及其上面的函数依赖集 $F = \{Y \to Z,$

$XZ \to Y$}，试分析下列关系模式 R 是否属于 3NF。

【解答】由 $XZ \to Y$ 可知 XZ 是主键，R 中不存在部分依赖和传递依赖，因此，R 属于 3NF。

【例 6.21】设有关系模式 R(学号，学生姓名，课程号，课程名，成绩，任课教师，教师所属学院)，试分析 R 是否属于 3NF。如果 R 不属于 3NF，请将 R 分解成满足 3NF 的关系模式集。

【解答】关系模式 R 中存在以下函数依赖：

$$学号 \to 学生姓名$$
$$课程号 \to 课程名$$
$$课程号 \to 任课教师$$
$$任课教师 \to 教师所属学院$$
$$（学号，课程号）\to 成绩$$

因此，关系模式 R 的主键是（学号，课程号）。学生姓名、课程名、任课教师等属性部分依赖于该主键，因此关系模式 R 既不属于 2NF，也不属于 3NF。

把 R 分解为 R_1（学号，学生姓名）、R_2（课程号，课程名，任课教师，教师所属学院）和 R_3（学号，课程号，成绩），其中，R_1 的主键是学号，R_2 的主键是课程号，R_3 的主键是（学号，课程号）。根据 2NF 的定义，R_1、R_2 和 R_3 都属于 2NF。

对于 R_1 和 R_3，由于不存在传递依赖，因此 R_1 属于 3NF。对于 R_2，由于有函数依赖——课程号 $\to$ 任课教师、任课教师 $\to$ 教师所属学院成立，则教师所属学院传递依赖于课程号这个主键，因此 R_2 不属于 3NF。把 R_2 进一步分解为 R_4（课程号，课程名，任课教师）和 R_5(任课教师，教师所属学院)，其中，R_4 的主键是课程号，R_5 的主键是任课教师，在 R_4 和 R_5 中都不存在部分依赖和传递依赖，因此，R_4 和 R_5 都属于 3NF。

因此，可把 R 分解为满足 3NF 的关系模式集 {R_1, R_3, R_4, R_5}：

$$R_1（\underline{学号}，学生姓名）$$
$$R_3（\underline{学号}，\underline{课程号}，成绩）$$
$$R_4（\underline{课程号}，课程名，任课教师）$$
$$R_5（\underline{任课教师}，教师所属学院）$$

【算法 6.3】在保证无损连接并保持函数依赖的情况下，把关系模式 R 分解成 3NF 关系模式集。

输入：关系模式 $R(U)$ 及在其上面的最小函数依赖集 F_{min}

输出：R 的一个分解 $\rho = \{R_1, R_2, \cdots, R_n\}$，且 ρ 是无损连接并保持函数依赖的分解。

步骤如下：

1）如果 F_{min} 中有一个函数依赖 $X \to A$，有 $XA=R$，则 $\rho=\{R\}$，转 4）；否则，$\rho=\varnothing$。

2）对于 F_{min} 中的每一个函数依赖 $X \to A$，XA 构成一个关系模式加入 ρ 中；如果 F_{min} 中有 $X \to A_1$，$X \to A_2$，$\cdots$，$X \to A_m$，则可以用关系模式 $XA_1A_2\cdots A_m$ 代替 ρ 中的关系模式子集 {XA_1, XA_2, $\cdots$, XA_m}。

3）如果 ρ 中没有任何一个关系模式包含 R 的候选键，那么就在 ρ 中再创建一个包含 R 其中一个候选键的关系模式。

4）分解结束，输出 ρ。

【例 6.22】设有关系模式 $R(A, B, C, D)$ 及其函数依赖集 $F=\{A \to B, C \to D\}$，试分析 R 是否属于 3NF。如果 R 不属于 3NF，请将 R 分解为无损连接和保持函数依赖的满足 3NF 的关系模式集。

【解答】经分析可得，R 的主键是 AC。B 和 D 对主键是部分依赖的，因此 R 不属于 3NF。将 R 分解为无损连接和保持函数依赖的满足 3NF 的关系模式集过程如下：

1）根据最小函数依赖集的定义，可知 F 就是一个最小函数依赖集。

2）没有一个函数依赖的左右边相加等于关系模式 R 的所有属性，因此，R 需要进一步分解。

3）对于函数依赖 $A \to B$，构建一个关系模式 $R_1(A,B)$；对于函数依赖 $C \to D$，构建一个关系模式 $R_2(C,D)$。

4）R 的唯一候选键是 AC，而 R_1 和 R_2 都不包含 AC，因此需要单独构建一个关系模式 $R_3(A,C)$。

5）分解结束，得到一个无损连接和保持函数依赖的满足 3NF 的关系模式集 $\{R_1(A,B), R_2(C,D), R_3(A,C)\}$。

【例 6.23】设有关系模式 $R(W, X, Y, Z)$ 及其上面的函数依赖集 $F=\{W \to XY, Y \to Z, XZ \to Y, X \to Y\}$，请将 R 分解为无损连接和保持函数依赖的满足 3NF 的关系模式集。

【解答】

1）根据最小函数依赖集的定义，可知 F 不是一个最小函数依赖集。因此，首先求 F 的最小函数依赖集 $F_{\min}$：

①把函数依赖集 F 中右边包含多个属性的函数依赖，分解为右边只包含一个属性的函数依赖，得到与 F 等价的 G，$G=\{W \to X, W \to Y, Y \to Z, XZ \to Y, X \to Y\}$。

②删除 G 中冗余的函数依赖：由于 $X \to Y$，根据 Armstrong 公理的增广律，$XZ \to YZ$ 成立，可把函数依赖 $XZ \to Y$ 删除，得到与 G 等价的函数依赖集 H，$H=\{W \to X, W \to Y, Y \to Z, X \to Y\}$。

③H 中各个函数依赖的左部不存在冗余属性，因此，H 即为 F 的最小函数依赖集 $F_{\min}$。

2）没有一个函数依赖的左右边相加等于关系模式 R 的所有属性，因此，R 需要进一步分解。

3）对于函数依赖 $W \to X$，构建一个关系模式 $R_1(W,X)$；对于函数依赖 $W \to Y$，构建一个关系模式 $R_2(W,Y)$；由于函数依赖 $W \to X$ 和 $W \to Y$ 的左部相等，因此把 R_1 和 R_2 合并得到 $R_3(W,X,Y)$。对于函数依赖 $Y \to Z$ 和 $X \to Y$，分别构建关系模式 $R_4(Y,Z)$ 和 $R_5(X,Y)$。

4）R 的唯一候选键是 W，R_3 中包含 W，因此不需要单独构建一个只包含 W 的关系模式。

5）分解结束，得到一个无损连接和保持函数依赖的满足 3NF 的关系模式集 $\{R_3(W,X,Y), R_4(Y,Z), R_5(X,Y)\}$。

6.4.4 Boyce-Codd 范式

【定义 6.16】Boyce-Codd 范式：如果关系模式 R 为 1NF，并且 R 中的每一个函数依赖 $X \to Y (Y \notin X)$，必有 X 是 R 的超键，则称 R 属于 Boyce-Codd 范式，简记为 BCNF。

与 2NF、3NF 的定义不同，BCNF 的定义直接建立在 1NF 的基础上。3NF 仅考虑了非主属性对键的依赖情况，BCNF 把主属性对键的依赖情况也包括进去了。BCNF 所要求满足的条件比 3NF 所要求的更高。如果关系模式 R 是 BCNF 的，那么 R 必定是 3NF 的，反之，则不一定成立。

【例 6.24】设有关系模式 $R(X, Y, Z)$ 及其上面的函数依赖集 $F = \{Y \rightarrow Z, XZ \rightarrow Y\}$，试分析下列关系模式 R 是否属于 BCNF。

【解答】由 $XZ \rightarrow Y$ 可知 XZ 是主键，因此，对于函数依赖 $Y \rightarrow Z$，其左边不是 R 的超键，因此 R 不属于 BCNF。

【算法 6.4】把关系模式 R 无损连接地分解成 BCNF 关系模式集。

输入：关系模式 $R(U)$ 及在其上面的函数依赖集 F。

输出：R 的一个分解 $\rho = \{R_1, R_2, \cdots, R_n\}$，且 ρ 是无损连接的分解。

步骤如下：

1）初始化，$\rho = \{R\}$。

2）如果 ρ 中所有关系模式都是 BCNF 的，转到 4）。

3）如果 ρ 中有一个关系模式 S 不是 BCNF 的，那么在 S 中必能找到一个函数依赖 $X \rightarrow A$，X 不是 S 的超键且 $A \notin X$，把 S 分解为 S_1 和 S_2，$S_1 = XA$，$S_2 = S - A$。转至 2）。

4）分解结束，输出 ρ。

值得注意的是，在步骤 3）中，若存在多个函数依赖 $X \rightarrow A$，X 不是 S 的超键且 $A \notin X$，处理这些函数依赖的顺序不一样，得到的 BCNF 关系模式集有可能不一样。

【例 6.25】设有关系模式 $R(A, B, C, D, E)$ 及其上面的函数依赖集 $F = \{ABC \rightarrow DE, BC \rightarrow D, D \rightarrow E\}$，试分析下列关系模式 R 是否属于 BCNF。如果 R 不属于 BCNF，请将 R 无损连接地分解为满足 BCNF 的关系模式集。

【解答】

1）经分析可得，关系 R 的主键是 (A, B, C)，因为函数依赖 $BC \rightarrow D$ 和 $D \rightarrow E$ 的左边都不是 R 的超键，所以 R 不属于 BCNF。

2）F 中函数依赖 $D \rightarrow E$ 的左边不是 R 的超键，因此，把关系模式 R 分解为 $R_1(D, E)$ 和 $R_2(A, B, C, D)$，在 R_1 上的函数依赖集为 $F_1 = \{D \rightarrow E\}$，$R_1$ 的候选键是 D；在 R_2 上的函数依赖集为 $F_2 = \{ABC \rightarrow D, BC \rightarrow D\}$，$R_2$ 的候选键是 (A, B, C)。F_2 中函数依赖 $BC \rightarrow D$ 左边不是 R_2 的超键，因此，把 R_2 进一步分解为 $R_{21}(B, C, D)$ 和 $R_{22}(A, B, C)$。在 R_{21} 上的函数依赖集为 $F_{21} = \{BC \rightarrow D\}$，$R_{21}$ 的候选键是 (B, C)；在 R_{22} 上不存在函数依赖，R_{22} 的候选键是 (A, B, C)。可见，在关系模式 R_1、R_{21} 和 R_{22} 中函数依赖的左边均是超键，R_1、R_{21} 和 R_{22} 均为 BCNF。因此可把 R 分解为 $R_1(D, E)$、$R_{21}(B, C, D)$ 和 $R_{22}(A, B, C)$ 构成的 BCNF 关系模式集。

上述步骤 2）也可以执行如下方法：F 中函数依赖 $BC \rightarrow D$ 的左边不是 R 的超键，因此，把关系模式 R 分解为 $R_1(B, C, D)$ 和 $R_2(A, B, C, E)$，在 R_1 上的函数依赖集为 $F_1 = \{BC \rightarrow D\}$，$R_1$ 的候选键是 (B, C)；在 R_2 上的函数依赖集为 $F_2 = \{ABC \rightarrow E, BC \rightarrow E\}$（由 $BC \rightarrow D$ 和 $D \rightarrow E$ 可得 $BC \rightarrow E$），R_2 的候选键是 (A, B, C)。F_2 中函数依赖 $BC \rightarrow E$ 左边不是 R_2 的超键，因此，把 R_2 进一步分解为 $R_{21}(B, C, E)$ 和 $R_{22}(A, B, C)$。在 R_{21} 上的函数依赖集为 $F_{21} = \{BC \rightarrow E\}$，$R_{21}$ 的候选键是 (B, C)；在 R_{22} 上不存在函数依赖，R_{22} 的候选键是 (A, B, C)。可见，在关系模式 R_1、R_{21} 和 R_{22} 中函数依赖（若有）的左边均是超

键，R_1、R_{21} 和 R_{22} 均为 BCNF。因此可把 R 分解为 $R_1(B, C, D)$、$R_{21}(B, C, E)$ 和 $R_{22}(A, B, C)$ 构成的 BCNF 关系模式集。

思考：在例 6.19 中，使用上述两种不同的方法分解得到的关系模式集能否保持 R 的函数依赖？

6.4.5　各范式间的联系

关系具有"分量原子性"的特点，因此 1NF 是关系模式要遵循的最基本的规范化形式；在 1NF 的基础上，2NF 消除了关系中非主属性对键的部分依赖；在 2NF 的基础上，3NF 消除了非主属性对键的传递依赖；在 3NF 的基础上，BCNF 消除了主属性对键的部分依赖和传递依赖。1NF、2NF、3NF、BCNF 等范式的要求依次趋向严格，满足某一种范式的关系肯定也满足该范式前的所有范式。

关系模式规范化的实质是：首先，根据语义确定关系数据库中的各个属性；其次，确定哪些是主属性，哪些是非主属性；再次，找出所有候选键并选定主键；最后，找出属性间的函数依赖，并分析当中是否存在部分依赖和传递依赖。

在解决实际问题时，设计出来的关系模式往往要求至少达到 3NF。因此，关系模式规范化分解得到的关系模式集要在满足 3NF 的情况下能够实现无损连接并保持函数依赖。在此基础上，分解得到的关系模式个数和属性总数越少越好。

6.5　本章小结

本章首先指出了关系模式规范化的必要性，进而介绍了关系模式设计的两条基本原则——数据等价和函数依赖等价，以及对关系模式进行分解优化的基准，即一系列的范式。在分解所得到的关系模式集合里面，每一个关系模式应该表达一个语义概念。在实际应用过程中，应该结合应用环境的具体情况合理地选择分离的程度，在保证正确性的前提下清除不必要的冗余，但并不一定要做到没有冗余或达到最小冗余。

在学习本章时需要重点掌握以下知识点：

1）函数依赖。

2）Armstrong 公理。

3）属性集关于函数依赖集的闭包。

4）最小函数依赖集。

5）无损连接的分解。

6）保持函数依赖的分解。

7）1NF、2NF、3NF、BCNF。

6.6　习题

一、单选题

1. 设关系模式 $R(A,B,C,D)$，F 是 R 上的函数依赖集，$F=\{A \to C, B \to C\}$，则属性集 BD 关于 F 的闭包 $(BD)_F^+$ 为（　　）。

A. AC　　　　　　　B. BC　　　　　　　C. BCD　　　　　　　D. AD

2. 以下函数依赖集中是最小函数依赖集的是（　　　）。

A. $F=\{AB \rightarrow CD, BE \rightarrow C, C \rightarrow G\}$　　　　B. $F=\{A \rightarrow D, B \rightarrow C, C \rightarrow A\}$

C. $F=\{A \rightarrow D, AC \rightarrow B, D \rightarrow C, C \rightarrow A\}$　　D. $F=\{A \rightarrow D, B \rightarrow A, A \rightarrow C, B \rightarrow D, D \rightarrow C\}$

3. 以下（　　　）函数依赖是平凡的函数依赖。

A. $A \rightarrow B$　　　　　B. $B \rightarrow C$　　　　　C. $C \rightarrow A$　　　　　D. $A \rightarrow A$

4. 设关系模式 $R(A,B,C,D)$，F 是 R 上的函数依赖集，$F=\{A \rightarrow C, BC \rightarrow D\}$，则 $\rho=\{ABD, AC\}$ 对于 F（　　　）。

A. 既是无损连接的分解，也是保持函数依赖的分解

B. 是无损连接的分解，但不是保持函数依赖的分解

C. 不是无损连接的分解，但是保持函数依赖的分解

D. 既不是无损连接的分解，也不是保持函数依赖的分解

5. 在实际应用中，一个规范化的关系至少应当满足（　　　）的要求。

A. 1NF　　　　　　B. 2NF　　　　　　C. 3NF　　　　　　D. BCNF

二、多选题

1. 对于关系 $R(A, B, C, D)$，下列说法正确的是（　　　）。

A. 若 $A \rightarrow B$，$B \rightarrow C$，则 $A \rightarrow C$　　　B. 若 $A \rightarrow B$，$A \rightarrow C$，则 $A \rightarrow (B,C)$

C. 若 $B \rightarrow A$，$C \rightarrow A$，则 $(B,C) \rightarrow A$　　D. 若 $(B,C) \rightarrow A$，$B \rightarrow A$，则 $C \rightarrow A$

2. 关于范式，以下描述正确的是（　　　）。

A. 满足某些特定条件的关系模式称为范式

B. 2NF 消除了非主属性对主属性的部分函数依赖

C. 3NF 消除了非主属性对键的传递函数依赖

D. BCNF 消除了主属性对键的部分函数依赖和传递函数依赖

3. 关系模式规范化分解应满足（　　　）。

A. 每个关系模式应为某个范式　　　　　B. 无损连接

C. 保持函数依赖　　　　　　　　　　　D. 模式个数和属性总数最少

4. 最小函数依赖集必须满足以下条件（　　　）。

A. 每个函数依赖的右部都是单个属性　　B. 保证不存在冗余的函数依赖

C. 保证每个函数依赖的左部都是非冗余的　D. 每个函数依赖的左部都是单个属性

5. 以下（　　　）函数依赖是平凡的函数依赖。

A. $A \rightarrow \varnothing$　　　　　B. $\varnothing \rightarrow \varnothing$　　　　　C. $\varnothing \rightarrow C$　　　　　D. $C \rightarrow A$

三、判断题

1. 关系规范化中的插入异常是指不该插入的数据被插入。

2. 2NF 消除了非主属性对主属性的传递依赖。

3. 函数依赖集 F 的闭包 $F+$ 是指被 F 逻辑蕴含的函数依赖的全体所构成的集合。

4. 设关系模式 $R(A,B,C,D)$，F 是 R 上的函数依赖集，$F=\{A \rightarrow C, B \rightarrow D\}$，则属性集 AB 的闭包 $(AB)_F^+$ 为 ABC。

5. 若关系模式 R 属于 3NF，则 R 必属于 BCNF。

6. 任何一个二元关系都属于 BCNF。

四、名词解释

1. 函数依赖
2. 部分依赖
3. 传递依赖
4. 2NF
5. 3NF
6. BCNF

五、简答题

1. 设有关系模式 R（学号 S，姓名 N，生日 B，住址 A，学生所在系编号 D，系主任 H），并假设可能发生学生同名的情况，试分析 R 中属性存在哪些函数依赖？R 的候选键是什么？

2. 设函数依赖集 $F=\{AB \rightarrow C, A \rightarrow C, BC \rightarrow D, D \rightarrow AC\}$，求 F 的最小函数依赖集 F_{min}。

3. 设有关系模式 $R(A,B,C,D,E)$ 和基于 R 的函数依赖集 $F=\{(A,C) \rightarrow B, C \rightarrow D, D \rightarrow E\}$，判断分解 $\rho=\{R_1(A,B,C,D), R_2(D,E)\}$ 是否无损连接的分解。

4. 设有关系模式 $R(A,B,C,D,E)$ 和基于 R 的函数依赖集 $F=\{(A,C) \rightarrow B, C \rightarrow D, D \rightarrow E\}$，判断分解 $\rho=\{R_1(A,B,C), R_2(D,E), R_3(C,D)\}$ 是否无损连接的分解。

5. 已知关系模式 $R(A, B, C, D, E)$ 和基于 R 的函数依赖集 $F=\{A \rightarrow B, E \rightarrow A, CE \rightarrow D\}$，请在无损连接并保持函数依赖的条件下，把关系模式 R 分解成 3NF 关系模式集。

6. 已知关系模式 $R(A, B, C, D)$ 和基于 R 的函数依赖集 $F=\{A \rightarrow B, B \rightarrow C, D \rightarrow B\}$，现将 R 分解为 $\{R_1(A,C,D), R_2(B,D)\}$，请问 R_1 和 R_2 是 BCNF 吗？如果不是，请将其进一步分解为属于 BCNF 的关系模式集。

7. 设有关系模式 R（A, B, C, D）和基于 R 的函数依赖集 $F=\{AB \rightarrow CD, A \rightarrow D\}$，请问 R 最高满足第几范式？

数据库应用系统设计与实现（四）

——数据库逻辑结构优化与数据字典

1. 逻辑结构优化

在将教务管理系统的 E-R 图转换为关系模式集之后，需要分析各关系模式是否符合第三范式的要求。对于不符合第三范式要求的关系模式，就需要利用算法 6.3，在无损连接并保持函数依赖的条件下，分解成第三范式关系模式集。

经过分析可知，"学生""课程""教师""授课""用户"等关系模式都符合第三范式的要求，因此不需要进一步分解。在"选修"关系模式中，即选修（学号，课程号，成绩，学分）中，存在以下函数依赖：

（学号，课程号）→成绩

课程号→学分

由于（学号，课程号）是"选修"关系模式的主键，学分部分依赖于该主键，因此"选修"关系模式不满足第三范式的规定，需要进一步分解。根据算法 6.3 的步骤，可以把"选修"关系模式分解成为以下两个关系模式：

选修 1（学号，课程号，成绩）

课程 1（课程号，学分）

由于"课程 1"关系模式的主键与"课程"关系模式的主键相同，因此可以将"课程 1"和"课程"关系模式合并，合并的结果与原有的"课程"关系模式相同，即：

课程（课程号，课程名，学时，学分）

然后，根据"选修 1"关系模式的属性构成，在原有的"选修"关系模式中去掉学分属性即可。最终，得到的满足第三范式的教务管理系统数据库关系模式集如下：

学生（学号，身份证号，姓名，性别，班级，生日）

课程（课程号，课程名，学时，学分）

选修（学号，课程号，成绩）

教师（工号，身份证号，姓名，性别，生日，学院）

授课（工号，课程号，时间，地点）

用户（账号，密码，用户类型）

2. 数据字典

数据库的关系模式集确定之后，要确定关系数据库定义时各关系属性的设置，包括属性名、属性的数据类型、数据长度、数据精度、取值范围、默认值、是否允许为空值、是否为主键等。教务管理系统数据库各表的属性具体设置见表 6-7 ～表 6-12。我们把它们称为教务管理系统数据库的数据字典。

表 6.7　"学生"表的属性设置

属性名	数据类型	数据长度	数据精度	取值范围	默认值	是否允许为空值	是否为主键
学号	字符	12				否	是
身份证号	字符	18				否	否
姓名	字符	10				否	否
性别	字符	1		"男"或"女"	"男"	否	否
班级	字符	20				是	否
生日	日期					否	否

表 6.8　"课程"表的属性设置

属性名	数据类型	数据长度	数据精度	取值范围	默认值	是否允许为空值	是否为主键
课程号	字符	4				否	是
课程名	字符	20				否	否
学时	整型			1 ~ 100		否	否
学分	浮点型		0.1	1.0 ~ 10.0		否	否

表 6.9　"选修"表的属性设置

属性名	数据类型	数据长度	数据精度	取值范围	默认值	是否允许为空值	是否为主键
课程号	字符	35				否	是
学号	字符	12				否	是
成绩	整型			0 ~ 100		是	否

表 6.10　"教师"表的属性设置

属性名	数据类型	数据长度	数据精度	取值范围	默认值	是否允许为空值	是否为主键
工号	字符	8				否	是
身份证号	字符	18				否	否
姓名	字符	10				否	否
性别	字符	1		"男"或"女"	"男"	否	否
生日	日期					是	否
学院	字符	10				否	否

表 6.11　"授课"表的属性设置

属性名	数据类型	数据长度	数据精度	取值范围	默认值	是否允许为空值	是否为主键
课程号	字符	35				否	是
工号	字符	12				否	是
时间	日期时间					否	否
地点	字符	10				否	否

表 6.12 "用户"表的属性设置

属性名	数据类型	数据长度	数据精度	取值范围	默认值	是否允许为空值	是否为主键
账号	字符	10			否	否	是
密码	字符	10			否	否	否
用户类型	整型			0 为管理员 1 为教师 2 为学生	否	否	否

课程设计任务 4

课程设计小组对课程设计的数据库逻辑结构进行优化，并确定数据库的数据字典。

第7章　关系数据库标准语言 SQL

关系数据库有很多不同的产品，例如 openGauss 和 MySQL 等。虽然不同产品有不同的操作界面和应用方式，但它们的核心部分都采用标准化的 SQL，用户可以通过 SQL 语句来访问和操作数据。SQL（Structured Query Language）即"结构化查询语言"，是一种访问和操作关系数据库的通用语言。

7.1　SQL 概述

7.1.1　SQL 功能与特点

SQL 是 1974 由 IBM 公司的 Ray Boyce 和 Don Chamberlin 依据 Codd 关系数据库 12 条准则的数学定义提出来的。SQL 具有简单的关键字语法和强大的功能，包括数据定义、数据查询、数据操纵和数据控制，是一种综合的、通用的、高度非过程化的关系数据库语言，是关系数据库语言的标准。

1. SQL 功能

SQL 语句的功能及主要命令见表 7.1。

表 7.1　SQL 语句的功能和主要命令

SQL 功能	主要命令
数据定义	CREATE、DROP、ALTER
数据操纵	INSERT、UPDATE、DELETE
数据查询	SELECT
数据控制	GRANT、REVOKE

（1）数据定义语言（DDL）

DDL 可以用来创建、撤销与更改数据库中的各类对象，其中包括：

1）数据库的创建、撤销与更改。

2）表和视图的创建、撤销与更改。

3）索引的创建与撤销。

4）存储过程、触发器和自定义数据类型的创建与撤销等。

涉及的命令包括 CREATE、DROP、ALTER。

（2）数据操纵语言（DML）

DML 可以用来更新数据库中的数据，如数据的插入、删除和修改。涉及的命令包括 INSERT、DELETE、UPDATE。

（3）数据查询语言（DQL）

DQL 可以用来查询数据库中的数据，包括单表查询、多表查询、嵌套查询等。涉及的命令是 SELECT。

（4）数据控制语言（DCL）

DCL 主要包括如下两个部分：

1）数据库保护：数据库的安全性。

2）事务管理：数据库并发事务处理和故障恢复。

2. SQL 特点

相比于语言，SQL 具有明显的特点。

（1）一体化

用 SQL 语句可以实现数据库生命周期中的全部活动，包括定义关系模式、录入数据以建立数据库，查询、更新、维护、重构数据库、数据库安全性控制等一系列操作要求。

（2）非过程化语言

SQL 进行数据操作时，只要提出"做什么"，无须说明"如何做"，存取路径的选择和 SQL 语句的操作过程由系统自动完成，大大减轻了用户负担，有利于提高数据的独立性。例如数据的使用者只需要告诉 DBMS "在学生表中查询所有男生的信息"，无须关心 DBMS 是采用索引的方式来取出信息，还是采用全表扫描的方式来取出数据，由 DBMS 负责存取优化的工作。查询优化是一项非常复杂的工作，这样就把复杂的工作交给 DBMS 这个专业的数据管家来处理了。

（3）面向集合操作方式

SQL 语句以集合作为输入，并返回集合作为输出结果，从查询对象到查询结果都是元组的集合，插入、删除和修改的对象与结果也是元组集合，也就是说，具有"一次一集合"的特征。

（4）一种语法，两种使用方式

SQL 有两种使用方式：一种是用户在 DBMS 提供的命令交互方式中直接输入 SQL 命令，对数据库进行操作，这种使用方式的 SQL 语言称为"自含式"语言；另一种使用方式是将 SQL 语句嵌入高级语言程序中使用，例如 C、JAVA 、Python 等，这种使用方式的 SQL 语言称为"嵌入式"SQL 语言。一个业务系统中包含了前端与用户的交互，以及后端复杂的业务逻辑和数据存储。因为 SQL 语言专注于数据库的控制与访问，无法处理复杂的业务逻辑，也无法处理用户界面交互等复杂的逻辑和功能，所以在开发一个业务系统时，通过嵌入式 SQL 为访问数据库提供统一的语法结构，可以给应用程序的研制与开发带来很强的灵活性和方便性。

（5）结构简洁，易学易用

SQL 语言功能极强，同时十分简洁。初学者经过短期的学习就可以使用 SQL 进行数据库存取等操作，易学易用是它的特点之一。

7.1.2 关系数据库的实现

在完成了关系模型的设计之后，就可以选择开发环境和工具来实现数据库了。本小节将以华为开发的开源免费数据库平台 openGauss 为环境，讲解关系数据库的实现与应用。openGauss 的内核源自 PostgreSQL。为了更易于初学者上手，本小节使用 Navicat

连接 openGauss 数据库。

　　Navicat 是一套可创建多个连接的数据库管理工具，可以方便地管理 openGauss、MySQL、Oracle、PostgreSQL、SQLite、SQL Server、MariaDB 和 MongoDB 等不同类型的数据库，还可以管理某些云数据库，例如阿里云、腾讯云。Navicat 提供良好的图形用户界面，用户可以用安全且简单的方法创建、组织、访问和共享信息，其提供的功能不仅能够满足专业开发人员的所有需求，对数据库服务器初学者来说也是非常友好的。

　　下面创建"选课管理数据库"（EMS），以说明使用 openGauss 进行数据管理和应用的步骤。由于篇幅有限，openGauss 和 Navicat 的安装步骤请见本书的附录。

第 1 步：连接 openGauss 数据库。

首先在桌面或"开始"菜单里找到如图 7.1 所示的图标，并单击打开 Docker。

图 7.1　启动 Docker

单击 ⊙，启动已安装的 openGauss，如图 7.2 所示。

图 7.2　启动 openGauss

当 openGauss 启动成功时，会出现如图 7.3 所示的界面。

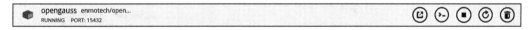

图 7.3　openGauss 启动成功

　　接着，打开 Navicat 软件，单击"连接"，在下拉菜单里面选择 PostgreSQL，如图 7.4 所示。

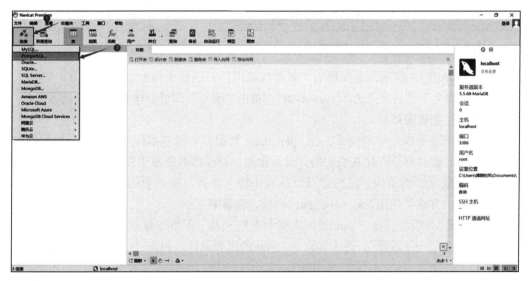

图 7.4　创建 Navicat 连接

在 Navicat 上新建连接主要设置如图 7.5 所示的几项信息。其中，连接名可以自定义，主机填"localhost"（因为连接的是本地数据库），端口填"15432"（本书将 Docker 容器内的 5432 映射成 15432）。要特别注意用户名和密码，这里的用户名和密码是在安装时设置的。

第 2 步：创建数据库。

在 Navicat 上新建数据库，主要是通过图形界面的操作面板来操作的。首先，如图 7.6 所示，在之前创建的 myopengauss 连接下，单击鼠标右键打开快捷菜单，单击"新建数据库…"。

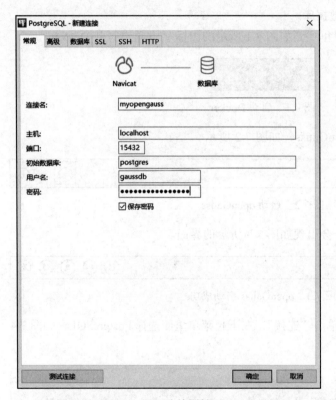

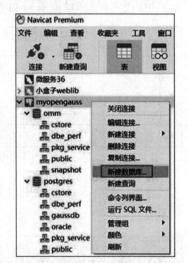

图 7.5　配置 Navicat 连接属性　　　　图 7.6　新建数据库

接着，如图 7.7 所示，在弹出的"新建数据库"对话框中将数据库命名为"EMS"，并在"所有者"下拉列表中选择"gaussdb"，单击"确定"即可创建名为 EMS 的数据库。

第 3 步：创建表结构。

表对应着关系模型中的关系，是 openGauss 数据库中最基本的对象。一个数据库包含若干个表，数据都是存储在表中的，对数据的一切操作都是基于表进行的。

首先要建立表的结构，之后才可以往表中输入数据。建立表的结构的方法有几种，其中最常用的方法是使用 Navicat 的操作面板，步骤如下：

1）如图 7.8 所示，在"public"选项卡中的"表"下单击鼠标右键打开快捷菜单，选择"新建表"→"常规"，进入如图 7.9 所示的"表设计"视图。

图 7.7　配置数据库 EMS 属性

图 7.8　新建表

图 7.9　"表设计"视图

2）定义表的字段名称、数据类型及字段属性。

在 openGauss 中，对象名如表名、列名、函数名、视图名、序列名等对象名称的规范是：对象名务必只使用小写字母、下划线、数字；不要以 pg 开头，不要以数字开头，不要使用保留字。

除了要根据命名规范定义字段的名称外，还必须为关系的属性定义合适的数据类型。数据类型决定用户能保存在该字段中值的种类。openGauss 提供了非常丰富的数据类型，表 7.2 列出了一些常用的数据类型及使用说明。

表 7.2　openGauss 常用的数据类型及使用说明

数据类型	使用说明	大小
数值	可用来进行算术计算的数字数据。设置"字段大小"属性定义一个特定的数字类型。其中 NUMERIC、DECIMAL 是任意精度类型	1、2、4 或 8 字节，与"字段大小"属性定义有关。例如 NUMERIC[(p[,s])], DECIMAL[(p[,s])]，p 为总位数，s 为小数位数
日期 / 时间	用于存储日期和时间值	4、8、12、16 字节
字符	字符串类型指 CHAR、CHARACTER、NCHAR、VARCHAR、CHARACTER VARYING、VARCHAR2、NVARCHAR2、CLOB 和 TEXT	10MB ～ 1GB-1 字节
布尔	true 或 false	1 字节

在表设计视图中，当选择表里某一字段时，"字段"属性区会依次显示出该字段的相应属性。字段的属性描述了字段的特征。不同的字段类型有不同的属性描述。以下介绍常用的几种属性。

①长度。长度属性用于控制数据类型为"文本"或"数字"的使用空间的大小。

int2 类型的字段，其默认长度是 16；int4 的默认长度是 32；float4 默认长度是 24；float8 的默认长度是 53。numeric 可以自己设置默认长度和小数点长度。可以根据字段要保存的信息的长度选择取值范围内的数。例如，可将"学生"表中"性别"字段的"字段大小"设置为 1，"课程"表中的"学分"字段设为 numeric，长度为 3，其中小数点长度为 1。

要注意的是，在字段值录入之后，改变字段大小属性有可能导致部分数据丢失。

②默认值。在一个数据库中，有些字段的某种取值会经常出现。例如"学生"表中"性别"字段只有"男"和"女"两种取值，这种情况下就可以选择其中一种取值作为默认值，以减少数据输入的工作量。在设置"默认值"属性时，要注意默认值必须与该字段的数据类型相匹配，否则会出现错误。

③不是 null。在数据录入时，除了主键和索引字段之外，其他字段在默认的情况下是允许空值的。利用"不是 null"属性可以保证在数据录入时字段不能为空，必须要有数据。例如，可勾选"学生"表中"姓名"和"性别"字段的"不是 null"属性，保证每名学生的姓名和性别都是可知的。

在理解了上述基础知识之后，我们就可以开始在 Navicat 下新建数据库表了。

首先新建"学生"表。根据前文的案例设计，"学生"表一共有 6 个字段，添加字段的基本步骤，以"学号"这个字段为例，需要对名、类型、长度、小数点、不是 null、键等 6 个基本信息进行设置。"学号"设置如图 7.10 所示。

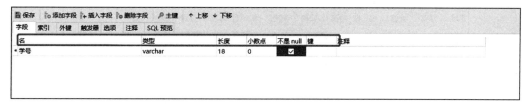

图 7.10 新建学生表字段之 "学号" 设置

当完成一个字段的基本信息设置之后，单击 "添加字段" 菜单，新增一行字段并设置，如图 7.11 所示。

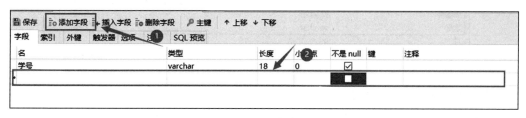

图 7.11 添加字段

按照上述操作步骤完成 "学生" 表所有字段的设置之后，在 "学号" 字段的 "键" 属性上，单击鼠标右键，选择 "主键"，从而将 "学号" 设为 "学生" 表的主键，如图 7.12 所示。

对象	成绩 @clas...	学生_copy...	学生_copy...	*无标题 @...

字段	索引	外键	唯一键	检查	排除	规则	触发器	选项	注释	SQL 预览

名	类型	长度	小数点	不是 null	键	注释
身份证号	varchar	18	0	☑		
学号	varchar	12	0	☑		
姓名	varchar	10	0	☑		
性别	varchar	1	0	☑		
班级	varchar	20	0	☐		
生日	date		0	☑		

复制
粘贴
添加字段
插入字段
复制字段
删除字段
主键
主键属性
上移
下移

图 7.12 设置 "学生" 表的主键

类似地，完成 "课程" 表和 "选修" 表的创建。最后，可得到如图 7.13、图 7.14 和图 7.15 所示的 "学生" 表、"课程" 表和 "选修" 表的结构。

字段	索引	外键	唯一键	检查	排除	规则	触发器	选项	注释	SQL 预览

名	类型	长度	小数点	不是 null	键	注释
身份证号	varchar	18	0	☑		
学号	varchar	12	0	☑	🔑1	主键
姓名	varchar	10	0	☑		
性别	varchar	1	0	☑		
班级	varchar	20	0	☐		
生日	date	0	0	☑		

图 7.13 "学生" 表结构

字段	索引	外键	唯一键	检查	排除	规则	触发器	选项	注释	SQL 预览			
名				类型		长度		小数点		不是 null	键		注释
课程号				varchar		35		0		☑	🔑1		主键
课程名				varchar		20		0		☑			
学时				int2		16		0		☑			
学分				numeric		3		1		☑			

图 7.14　"课程"表结构

🖫 保存	添加字段	删除字段	🔑 主键 ·										
字段	索引	外键	唯一键	检查	排除	规则	触发器	选项	注释	SQL 预览			
名				类型		长度		小数点		不是 null	键		注释
课程号				varchar		35		0		☑	🔑1		主键
学号				varchar		12		0		☑	🔑2		主键
▶ 成绩				int2		16		0		☐			

图 7.15　"选修"表结构

第 4 步：建立表间的关系。

根据关系模型设计阶段的 E-R 图来建立表间的关系，实现数据库表的参照完整性。创建表间关系的步骤如下：

1）如图 7.16 所示，进入"选修"表的设计视图，并单击"外键"按钮。

🖫 保存	添加字段	删除字段	🔑 主键 ·									
字段	索引	外键	唯一键	检查	排除	规则	触发器	选项	注释	SQL 预览		
名			类型		长度		小数点		不是 null	键		注释
▶ 课程号			varchar		35		0		☑	🔑1		主键
学号			varchar		12		0		☑	🔑2		主键
成绩			int2		32		0		☐			

图 7.16　"成绩"表的设计视图

2）建立"选修"表的"学号"和"学生"表中的"学号"的参照关系。

首先，在"字段"栏中选择"学号"，如图 7.17a 所示；其次，在"被引用的模式"下拉列表中，选择"public"，如图 7.17b 所示；再次，在"被引用的表（父）"下拉列表中，选择"学生"表，如图 7.17c 所示；从次，在"被引用的字段"下拉列表中，选择"学号"字段，如图 7.17d 所示；最后，单击"保存"，如图 7.17e 所示，"选修"表的"学号"和"学生"表的"学号"参照关系就确定了。

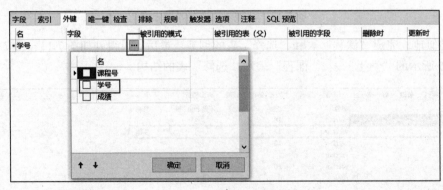

a)

图 7.17　创建外键

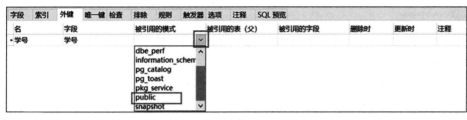

b)

c)

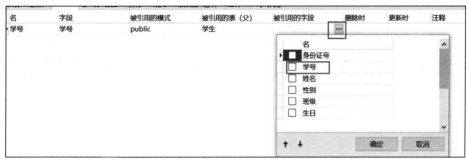

d)

e)

图 7.17　创建外键（续）

类似地，可建立"选修"表的"课程号"和"课程"表的"课程号"的参照关系。在建立好表间关系之后，选择左边导航区中的"表"，选择"对象"标签（如果有多个标签），选择"查看"菜单，选择"ER 图表"，操作流程参见图 7.18。操作后即可看到如图 7.19 所示的 E-R 图。

注意，建立表间关系时，相关的字段必须具有相同的数据类型和大小。

第 5 步：向表中输入数据。

1）手动输入数据。在建立表结构之后，就可以向表中输入数据了。如图 7.20 所示，双击 Navicat 左侧的"表"窗口中带表格图标的表名，即可进入该表的"数据表"视图。向表中输入数据以及进行增加、删除、筛选等操作，与 Excel 中的操作相似。

2）从 Excel 表格批量导入数据。可在 Excel 文件的 Sheet1、Sheet2 和 Sheet3 表中分别录入"学生"表、"课程"表和"选修"表的数据，如图 7.21 所示。

然后，在 openGauss 中执行"文件"→"导入"，如图 7.22 所示。

在弹出的窗口中，选择 Excel 文件并单击"下一步"，如图 7.23 所示。

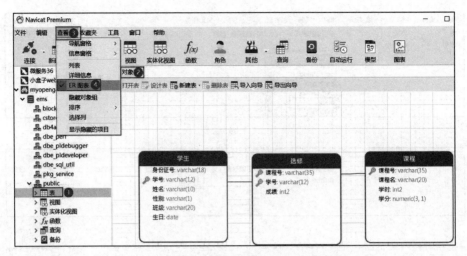

图 7.18　查看 E-R 图的操作流程

图 7.19　"学生"表、"选修"表和"课程"表的参照关系

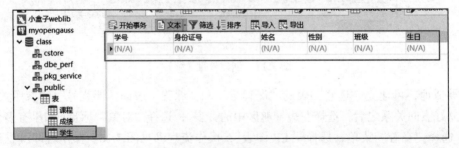

图 7.20　手动输入数据

	A	B	C	D	E	F
1	身份证号	学号	姓名	性别	班级	生日
2	440×××××××	202101231234	张怡	女	21软件工程	2002-01-01
3	370×××××××	202101231235	杨恒华	男	21软件工程	2001-12-18
4	140×××××××	202101231236	张浩	女	21软件工程	2002-07-04
5	451×××××××	202101241237	刘玉	女	21计算机学院	2001-11-18
6	130×××××××	202101241238	雷琳	女	21计算机学院	2002-04-08
7	530×××××××	202101241239	吴述	男	21计算机学院	2002-05-09
8	341×××××××	202101251240	潘恩依	男	21医学院	2002-08-01
9	341×××××××	202101251241	陈国柏	男	21医学院	2002-09-25
10	650×××××××	202101251242	贺易	男	21医学院	2002-03-05
11	652×××××××	202101251243	陈蕴艺	女	21医学院	2002-05-25
12						

图 7.21　"学生"表数据

图 7.22　导入文件

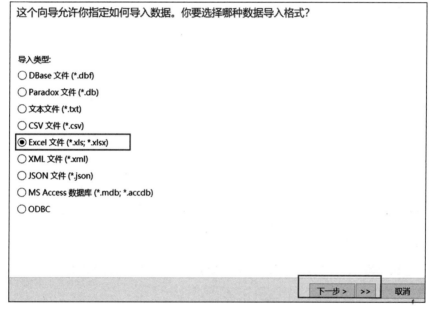

图 7.23　选择文件格式

　　首先，在弹出的窗口中，单击□，选择刚刚建立的 Excel 文件，如图 7.24a 所示；其次，Excel 文件中的 Sheet1、Sheet2 和 Sheet3 会呈现在"表："框中，如图 7.24b 所示；再次，单击"下一步"，在出现的如图 7.24c 所示的对话框中可为源定义一些附加的选项，如果不需要定义则直接单击"下一步"；最后，在出现的如图 7.25 所示的对话框中，单击"目标表"一栏，为各 Sheet 表选择其对应的数据库表。

　　再次确认 Sheet1 的"学生"表的各个字段和目标字段的对应关系，如图 7.26 所示。

　　如图 7.27 所示，在选择导入模式后，单击"下一步"。

　　如图 7.28 所示，单击"开始"，开始导入数据。

　　若导入成功，会在对话框信息栏里出现"Finished successfully"字样，如图 7.29所示。

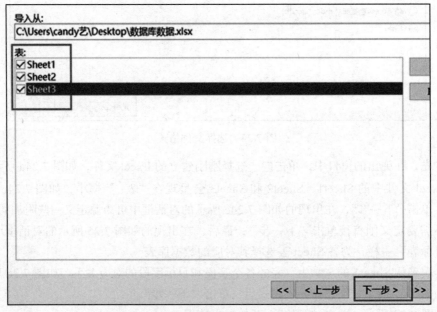

a）

b）

图 7.24   选择文件的操作步骤

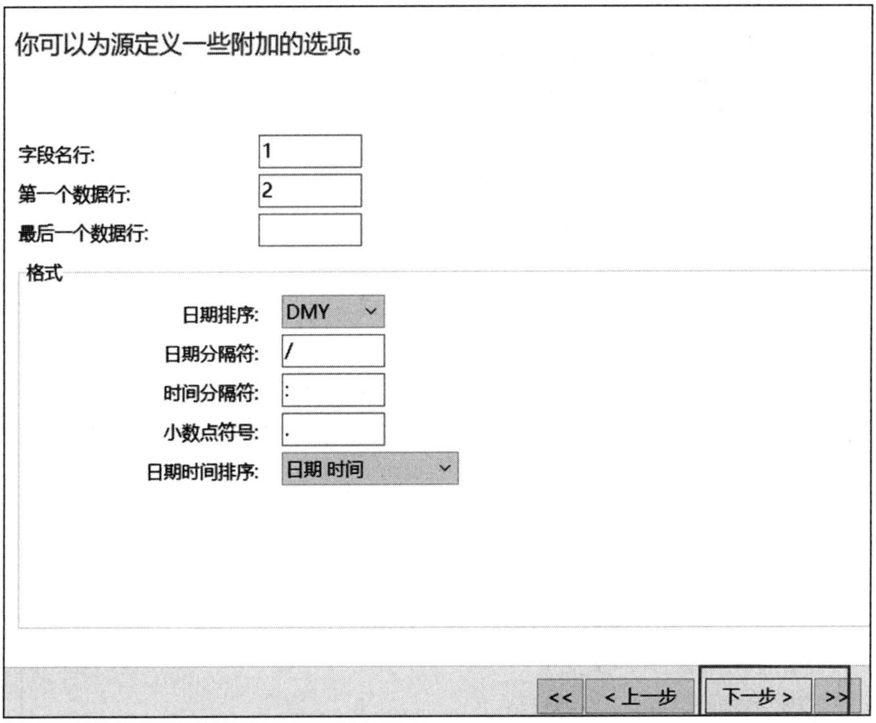

c)

图 7.24   选择文件的操作步骤（续）

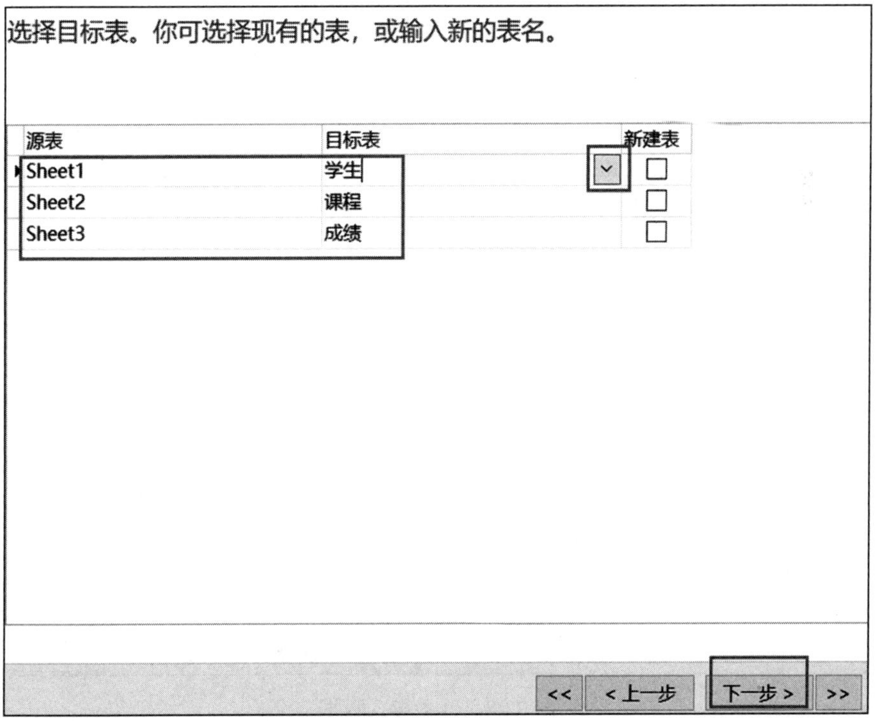

图 7.25   将 Sheet 与数据库表对应

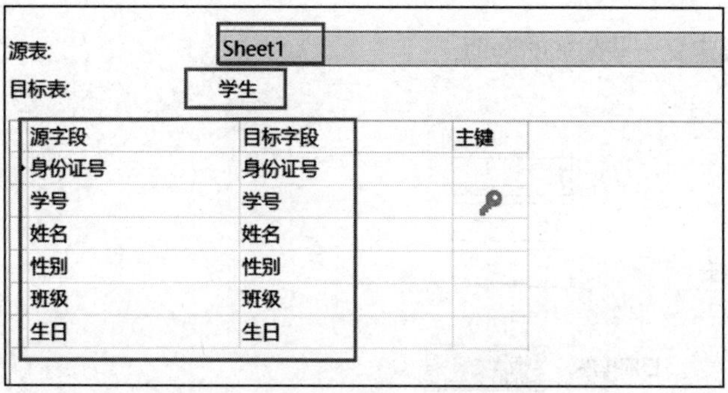

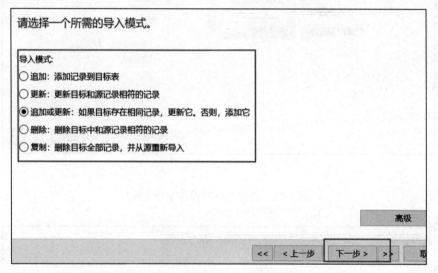

图 7.26　确认源表与目标表的对应关系

请选择一个所需的导入模式。

导入模式：

○ 追加：添加记录到目标表

○ 更新：更新目标和源记录相符的记录

◉ 追加或更新：如果目标存在相同记录，更新它。否则，添加它

○ 删除：删除目标中和源记录相符的记录

○ 复制：删除目标全部记录，并从源重新导入

高级

<< ＜上一步　下一步＞ ＞＞ 取

图 7.27　选择导入模式

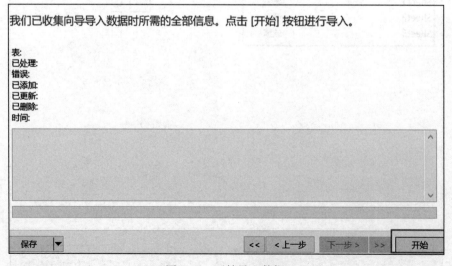

图 7.28　开始导入数据

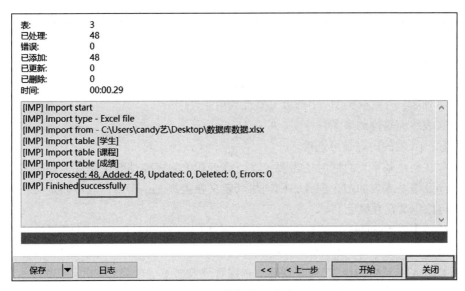

图 7.29　数据导入成功

7.2　数据定义

SQL 数据定义包括数据库定义、基本表定义、视图定义、模式定义和索引定义等。需要注意，这里所说的"定义"实际上包括创建（CREATE）、撤销（DROP）和更改（ALTER）三部分内容。SQL 中的一些数据对象定义关键词见表 7.3。

表 7.3　SQL 中的数据对象定义关键词

数据对象	定义	撤销	更改
数据库	CREATE DATABASE	DROP DATABASE	ALTER DATABASE
基本表	CREATE TABLE	DROP TABLE	ALTER TABLE
视图	CREATE VIEW	DROP VIEW	
索引	CREATE INDEX	DROP INDEX	

由于索引依附于基本表，视图由基本表导出，所以 SQL 通常不提供索引和视图更新操作。一般说来，用户若需要更改视图和索引，可先将它们删除，然后重新定义。本节主要讨论数据库和基本表的定义，视图定义将在 7.5 节中讨论。

7.2.1　结构定义 CREATE

关系数据库是围绕某个主题的"基本表""视图"和"索引"等数据库对象的集合。例如：教务数据库是围绕教务工作的开展而建立的相关数据对象的集合，银行数据库是围绕银行业务的开展而建立的相关数据库对象的集合。一个数据库服务器上可以存放很多数据库，数据库实际上就是定义了的一个逻辑和物理的空间，此空间中的全体对象构成了该数据库。在上一小节中我们用 Navicat 软件以图形化的方式创建了数据库和表，实际上也可以通过 SQL 语句来创建数据库，由 CREATE 语句定义，其一般格式如下：

CREATE DATABASE <数据库模式名>

SQL 使用 CREATE TABLE 语句创建基本表，表的定义主要是指定义表中包含的属性列的名称和类型，一般格式为：

CREATE TABLE < 表名 >

(< 列名 >< 数据类型 > [列级完整性约束条件]

[，< 列名 >< 数据类型 > [列级完整性约束条件]]…

[，< 表级完整性约束条件 >])

注意：[ ] 内的内容是可选项。

通常在创建基本表的同时还需要定义与该表相关的完整性约束条件，如果完整性约束条件涉及该基本表的多个属性，则须将其定义在表级上；否则，既可以定义在属性级上，也可以定义在表级上。

【例 7.1】在 Navicat 中用 SQL 语句来实现 7.1.2 节中通过图形化界面创建的数据库和表。

用 CREATE DATABASE 命令创建"选课管理数据库"(EMS)，如图 7.30 所示。

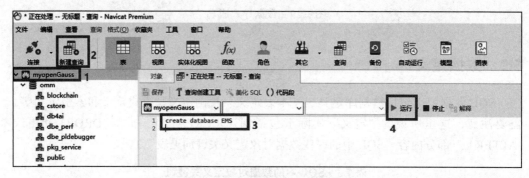

图 7.30　用 SQL 语句创建数据库

单击 myopenGauss 后，选择菜单"新建查询"，然后输入命令：

CREATE DATABASE EMS

最后单击"运行"按钮，这时候 DBMS 就根据命令创建了 EMS 数据库，如图 7.31 所示。如果希望在图 7.31 的下拉框中选择 EMS 数据库，这时候就可以在 EMS 数据库中创建表了。

图 7.31　选择数据库的下拉框

输入 CREATE TABLE 语句，创建"课程"表、"学生"表和"选修"表：

CREATE TABLE public. 课程 (

课程号 VARCHAR(35) NOT NULL,

课程名 VARCHAR(20) NOT NULL,

学时 INT2 NOT NULL,

学分 FLOAT4 NOT NULL,

CONSTRAINT Course_pkey PRIMARY KEY（课程号）

);

CREATE TABLE public. 学生（

身份证号 VARCHAR(18) NOT NULL,

学号 VARCHAR(12) NOT NULL,

姓名 VARCHAR(10) NOT NULL,

性别 VARCHAR(1) NOT NULL DEFAULT ' 男 '::character varying,

班级 VARCHAR(20),

生日 DATE NOT NULL,

CONSTRAINT " 学生 _pkey" PRIMARY KEY（学号）,

CONSTRAINT " 学生 _ 性别 _check" CHECK（性别 =' 男 'or 性别 =' 女 '）

);

CREATE TABLE public. 选修（

课程号 VARCHAR(35) NOT NULL,

学号 VARCHAR(12) NOT NULL,

成绩 INT2,

CONSTRAINT 选修 _pkey PRIMARY KEY（课程号 , 学号）,

CONSTRAINT FK_ 学号 FOREIGN KEY（学号）REFERENCES public. 学生（学号）
ON DELETE NO ACTION ON UPDATE NO ACTION,

CONSTRAINT FK_ 课程号 FOREIGN KEY（课程号）REFERENCES public. 课程
（课程号）ON DELETE NO ACTION ON UPDATE NO ACTION

);

7.2.2 结构更新 ALTER

SQL 使用 ALTER TABLE 语句对基本表结构进行更新。基本表结构更新包括增加新属性、删除原有属性、修改数据类型、补充定义主键和删除主键等。更新基本表时，如果是新增属性，新属性一律取空值；如果是修改原有属性，则要注意是否会破坏已有数据。

1. 增加属性列

增加新的属性列使用 "ALTER…ADD…" 语句，基本格式为：

ALTER TABLE < 基本表名 > ADD < 新列名 > < 数据类型 > [完整性约束条件]

其中，< 表名 > 是要更新的基本表名称，ADD 子句用于增加新列和新的完整性约束条件。

【例 7.2】在 "学生" 表中添加一个新的地址属性 ADDRESS：

ALTER TABLE 学生 ADD ADDRESS varchar（30）;

说明：新添加属性列时不允许出现 NOT NULL 的约束。因为基本表在增加一列后，原有元组在新增加的列上的值都定义为空值（NULL）。

2. 删除属性列

删除已有属性列使用"ALTER…DROP…"语句，其基本格式为：

ALTER TABLE < 基本表名 > DROP < 属性列名 > [CASCADE | RESTRAIN]

这里，CASCADE 表示在基本表删除某属性列时，所有引用到该属性列的视图和约束也要一起自动删除；RESTRAIN 表示只有在没有视图或约束引用该属性列时，才可以在基本表中删除该列，否则就拒绝删除操作。

【例 7.3】在"学生"表中删除属性列 ADDRESS：

ALTER TABLE 学生 DROP ADDRESS CASCADE；

3. 修改属性列

修改已有属性列类型及数据长度使用"ALTER…MODIFY…"语句，其基本格式为：

ALTER TABLE < 基本表名 > MODIFY < 属性列名 > < 类型 >

【例 7.4】在"学生"表中将学号的类型及长度修改为 CHAR（12）：

ALTER TABLE 学生 MODIFY 学号 CHAR（12）；

4. 补充定义主键

SQL 并不要求创建基本表时必须定义主键，可在需要的情况下随时定义，这称为主键的补充定义。补充定义主键的语句格式为：

ALTER TABLE < 表名 >

ADD PRIMARY KEY（< 列名表 >）

需要指出的是，被定义为主键的属性列应当是非空和满足唯一性要求的。

5. 删除主键

由于一个表中允许没有主键，因此可以从一个表中删除主键。删除主键的 SQL 语句格式为：

ALTER TABLE < 表名 >

DROP PRIMARY KEY（< 列名表 >）

或者

ALTER TABLE < 表名 >

DROP CONSTRAINT < 主键约束名 >

【例 7.5】删除"学生"表中主键"学号"的 SQL 语句如下：

ALTER TABLE 学生 DROP CONSTRAINT 学生 _pkey CASCADE；

因为学号已经被"选修"表中的学号属性作为外键引用，所以必须级联删除。级联删除后，再次查看 E-R 图（方法见 7.18 图的说明），可见"学生"表已经没有主键，并且"选修"表和"学生"表之间的连线已经没有了，如图 7.32 所示。

【例 7.6】在"学生"表中添加主键"学号"以及在"选修"表中添加外键的 SQL 语句如下：

ALTER TABLE 学生

ADD PRIMARY KEY (学号);

ALTER TABLE 选修

ADD CONSTRAINT FK_ 学号 FOREIGN KEY(学号)REFERENCES public. 学生 (学号) ON DELETE NO ACTION ON UPDATE NO ACTION;

还可以添加和删除外键的约束和用户自定义的约束，这将在 8.1 中介绍。

图 7.32　新的 E-R 图

7.2.3　结构撤销 DROP

SQL 用"DROP DATABASE"语句撤销数据库，一般格式为：

DROP DATABASE < 数据库名 >

SQL 使用"DROP TABLE"语句撤销基本表，一般格式为：

DROP TABLE < 基本表名 > [CASCADE|RESTRICT]

RESRICT 表示只在没有视图或约束引用"学生"表的属性列时才能撤销，否则拒绝撤销，这意味着要先删除视图或相关约束，再来删除该表。CASCADE 表示删除表的时候会把相关的视图等一并删除。

【例 7.7】撤销"学生"表，但要求只在没有视图或约束引用"学生"表的属性列时才能撤销，否则拒绝撤销，其实现语句为：

DROP TABLE 学生 RESTRICT；

7.3　数据查询

数据查询语句是 SQL 中最基本、最重要和最复杂的语句。SQL 查询语句虽然只有一个命令 SELECT，但可以实现很复杂的查询功能。

7.3.1　SELECT 基本语法

SELECT 语句的一般格式为：

SELECT [ALL|DISTINCT] < 属性名 > [, < 属性名 >]…

FROM < 基本表名或视图名 > [, < 基本表名或视图名 >]…

[WHERE < 逻辑条件式 >]

[GROUP BY < 属性名 1> [HAVING < 逻辑表达式 >]]

[ORDER BY < 属性名 2> [ASC|DESC]]

一般来说，SELECT 语句主要由三个子句组成：

1）**SELECT 子句**：表示查询结果中的目标属性，可看作与关系代数中投影运算对应。

2）**FROM 子句**：表示查询所涉及的一个或多个关系，在多个关系情形中，可看作与关系代数中的连接运算对应。

3）**WHERE 子句**：表示筛选数据的逻辑条件，可看作与关系代数中的选择运算对应。

7.3.2 单表查询

SQL 数据查询可以按照涉及单个表或多个表来分类：如果查询只涉及一个表，就称为单表查询，否则称为多表查询。本小节讨论单表查询。以下讨论仍以例 7.1 中定义的关系数据库 EMS 为例。

1. 没有筛选条件的属性列查询

这类语句查询的是表的全部列或指定列，一般仅使用 SELECT 子句和 FROM 子句。由于本小节讨论的是单表查询，所以 FROM 子句中只有一张表。SELECT 子句对应于投影运算即属性的选择，如果选择相关的全部属性，则可用 "*" 表示所有属性，此时形式为 SELECT *。

【例 7.8】在 "选课管理数据库" 中查询 "课程" 表的全部记录情况，其 SQL 语句可表示为：

SELECT *

FROM 课程；

说明：在上述语句中使用了 "*"，它表示各个属性列的显示顺序与基表中的顺序一致。

【例 7.9】在 "学生" 表中查询学生的学号、姓名和性别，其 SQL 语句可表示为：

SELECT 学号,姓名,性别

FROM 学生；

注意，集合中不能出现重复元素，但经过投影运算后结果关系中可能出现重复元组，例如在例 7.9 中，可能有一个学生选择了多门不同的课程，上述查询结果中就有重复的学号——在常规情况下，结果默认保留重复元组。如果需要在查询结果中强制消除重复，则可将关键词 "SELECT" 替换为 "SELECT DESTINCT"。

【例 7.10】(查询指定属性列) 查询所有选修了课程的学生的学号：

SELECT 学号

FROM 选修；

说明：该查询的结果中会有重复的学号。SELECT 后加 DISTINCT 即可去掉重复学号：

SELECT DISTINCT 学号

FROM 选修；

SELECT 子句中还可以出现包含 +、-、*、/ 等符号的四则运算表达式，其中运算对象为属性值或属性（名），只需同时将相应的表达式作为一个新的属性输出即可。

【例 7.11】查询全体学生的分数都增加 10 分后的 "选修" 表：

SELECT 学号，成绩 +10

FROM 选修；

说明：这里 SELECT 子句中的"成绩 +10"不是属性名，而是一个计算表达式，是用当前成绩 +10。由此可以知道，SELECT 子句目标列表达式中的 < 属性名 > 不仅可以是表中的属性列，也可以是表达式，甚至还可以是字符串常量和函数等，它们增强了 SQL 的查询功能。

2. 具有条件的属性列查询

SELECT 语句的 WHERE 子句条件表达式中使用的运算符见表 7.4。

表 7.4　条件表达式运算符

运算符		含义
集合成员运算	IN,NOT IN	在集合中，不在集合中
字符匹配运算	LIKE	与 – 和 % 进行单个、多个字符匹配
空值运算	IS NULL,IS NOT NULL	为空，不能为空
比较运算	>,>=,<,,=<,=,<>	大于，大于等于，小于，小于等于，等于，不等于
逻辑运算	AND,OR,NOT	与，或，非，

在查找特定条件的数据时，可以使用 WHERE 子句指定条件。带条件的属性列的查询可以看作先选择满足指定条件的元组，然后再对这些元组进行所需要的投影。

【例 7.12】 在"选修"表中查找不及格的学生的学号，其 SQL 语句可表示为：

SELECT 学号

FROM 选修

WHERE 成绩 <60；

若条件较多，条件之间可以使用逻辑运算符（NOT、AND、OR）以及括号相连接。

【例 7.13】 在"选修"表中查找课程号为"1026"的不及格的学生学号，其 SQL 语句可表示为：

SELECT 学号

FROM 选修

WHERE 成绩 <60 AND 课程号 = '1026'；

若查询的条件限制在某个范围时，除了可以用 AND 来连接两个不等式条件之外，还可以使用 BETWEEN…AND…的结构。

【例 7.14】 在"选修"表中查找成绩在 [60,80] 这个区间内的记录，其 SQL 语句可表示为：

SELECT *

FROM 选修

WHERE 成绩 BETWEEN 60 AND 80；

同理，不在某个区间之内可以使用 NOT BETWEEN…AND…的结构。

若查询的范围是一个具有有限个数值的集合，则可以使用 IN 关键字。

【例 7.15】 在"选修"表中查找成绩为 {60,70,80} 的学生，其 SQL 语句可表示为：

SELECT *

FROM 选修

WHERE 成绩 IN (60,70, 80)；

同理，不在这个集合之内可以使用 NOT IN 表示。

3. 查询通配符

在查询信息时，若不能具体给出某些条件，则可以使用 LIKE 关键字结合通配符进行模糊查询。openGauss 支持的通配符及其含义见表 7.5。

表 7.5　openGauss 通配符及其含义

通配符	含义
%	包含 0 个或多个字符
_	包含 1 个字符
[]	指定范围，如 [a-d] 代表 a、b、c 和 d
[^]	不属于指定的范围，如 [^a-d] 代表排除了 a、b、c 和 d 的其他字符

【例 7.16】显示"学生"表中姓"马"的同学的基本信息，其 SQL 语句可表示为：

SELECT *

FROM 学生

WHERE 姓名 LIKE ' 马 %';

【例 7.17】若要查找的"马"姓同学的姓名只有两个字，则可将上述 SQL 语句改为：

SELECT *

FROM 学生

WHERE 姓名 LIKE ' 马 _';

4. 空值查询

在 SQL 语句中可以使用 IS NULL 来判断字段是否空。用 IS NOT NULL 来判断字段是否非空。

【例 7.18】将"选修"表中有成绩的记录显示出来，其 SQL 语句可表示为：

SELECT *

FROM 选修

WHERE 成绩 IS NOT NULL;

5. 排序查询

在查询时，若要将结果按照某个字段排序显示，则用 ORDER BY 子句。

【例 7.19】在"学生"表中查询学生的基本情况（包括学生的学号、姓名和性别），将结果按照学号降序排列，其 SQL 语句可表示为：

SELECT 学号 , 姓名 , 性别

FROM 学生

ORDER BY 学号 DESC;

若将 DESC 改成 ASC 或者不写，则查询结果会根据 ORDER BY 后面的字段升序排列。

ORDER BY 后面可以跟一个列表来实现多级排序。

【例 7.20】在"学生"表中查询学生的基本情况，并按性别升序显示结果，对于性别相同的记录，再按学号降序显示结果，其 SQL 语句可表示为：

SELECT *

FROM 学生

ORDER BY 性别 ASC, 学号 DESC;

在实现排序的查询中，若只显示满足条件的前几条记录，可以使用 LIMIT 关键字。

【例 7.21】在"选修"表中查找课程号为"1026"课程的成绩最高的三名学生的学号，其 SQL 语句可表示为：

SELECT 学号

FROM 选修

WHERE 课程号 = '1026'

ORDER BY 成绩 DESC LIMIT 3;

7.3.3　连接查询

当一个查询的信息涉及多张表，则可通过连接运算来实现。基于连接的多表查询可以分为内连接（INNER JOIN）和外连接（OUTER JOIN）两种类型。

1）**内连接**即常规的等值连接和自然连接，其基本点是只有满足给出的连接条件，相应结果才会出现在结果关系表中。

2）**外连接**时不满足连接条件的元组也可以出现在结果关系表中。外连接有左连接（LEFT JOIN）、右连接（RIGHT JOIN）和全连接（FULL JOIN）三种情形。

1. 内连接

基于内连接的查询语句，其一般格式为：

SELECT < 属性或表达式列表 >

FROM < 表名 > [INNER] JOIN < 表名 > ON < 连接条件 > /USING < 字段 1 >

[WHERE < 限定条件 >]

由于内连接是常规连接运算，因此 INNER 可以省略。ON 是相应连接条件短语的关键字，USING 中的字段往往是两个表的公共字段，需要和 JOIN 配合使用；在 WHERE 子句中通常包括除连接条件外的其他限定条件，如元组的选择条件。结果是两个表公共字段值相同的元组连接在一起。如果是 A、B、C、D 多张表连接，则语法为：

SELECT *

FROM A

INNER JOIN B ON A.a = B.b

INNER JOIN C ON C.c = A.a

INNER JOIN D ON D.d = C.c

【例 7.22】查询选修了课程号为"1025"课程的所有学生学号与姓名。这是一个涉及"学生"和"选修"两张表的查询，其 SQL 语句可表示为：

SELECT 学生 . 学号 , 姓名

FROM 学生 JOIN 选修

ON 学生 . 学号 = 选修 . 学号

WHERE 课程号 = '1025';

说明：这个语句执行时，先对 FROM 后的"学生"表和"选修"表进行等值连接（学生 . 学号 = 选修 . 学号），然后对连接结果进行选择（课程号为 1025），最后对选择结果进行投影操作（学号，姓名）。由于学号在学生表和成绩中表都会出现，引用时需要加注上表名称，如学生 . 学号和选修 . 学号等。

上述连接语句也可以写成：

SELECT 学生 . 学号 , 姓名

FROM 学生 JOIN 选修 USING（学号）

WHERE 课程号 = '1025';

或者

SELECT 学生 . 学号 , 姓名

FROM 学生 , 选修

WHERE 学生 . 学号 = 选修 . 学号 AND 课程号 = '1025';

如果 FROM 子句中，多个表用逗号隔开，则表示的是多个表进行笛卡儿积。在这个例子中 WHERE 子句中同时包含了连接条件——学生 . 学号 = 选修 . 学号，以及选择条件——课程号 = '1025'. 所以有两种表达连接的方式：①如果 FROM 子句中只包含了用逗号分隔的多个表名，则可以把连接条件放到 WHERE 子句中；②如果 FROM 子句除了逗号分隔的多个表名之外，还有 ON 或者 USING 表示的连接条件，则表示连接的条件放在了 FROM 子句中，而 WHERE 子句中放其他限定查询条件。

【例 7.23】查询选修课程名为"数据库"课程的所有学生的姓名。这是一个涉及"学生""课程"和"选修"三张表的查询，其 SQL 语句可表示为：

SELECT 姓名

FROM 学生

JOIN 选修

ON 学生 . 学号 = 选修 . 学号

JOIN 课程

ON 选修 . 课程号 = 课程 . 课程号

WHERE 课程名 = ' 数据库 ';

上述查询语句也可以写成：

SELECT 姓名

FROM 学生 , 选修 , 课程

WHERE 学生 . 学号 = 选修 . 学号 AND 选修 . 课程号 = 课程 . 课程号

AND 课程名 = ' 数据库 ';

如果在连接查询中需要对同一个表进行连接，这种一个表与其自身的连接称为**自身连接**。在自身连接中，为了区别两个相同的表，需将至少一个表更换表名。

【例 7.24】查询至少选修了学号为"202101231234"学生所选修的一门课的学生学号：

SELECT 选修 1. 学号

FROM 选修 选修 1 , 选修 选修 2

WHERE 选修 1. 课程号 = 选修 2. 课程号 AND 选修 2. 学号 = '202101231234';

说明：在上述查询语句中，同一个基表"选修"需要在语句中出现两次。为了加以区别，分别引入表的别名选修 1 和选修 2。通过在语句当中使用"别名 . 列名"来区分两个表中都有的课程号字段，例如选修 1. 课程号、选修 2. 课程号等。

2. 外连接

【例 7.25】查询所有学生的基本信息和选课情况，其 SQL 语句可表示为：

SELECT 学号, 姓名, 生日, 班级, 身份证号, 课程号, 成绩

FROM 学生 JOIN 选修

ON 学生 . 学号 = 选修 . 学号；

在例 7.25 中的连接操作中，只有满足连接条件的元组才可以作为结果输出。学生李敏没有选修任何课程，由于在"选修"表没有李敏的相应元组，所以例 7.25 连接的查询结果中就不会出现她的学号。但例 7.25 中需要列出每个学生的基本信息和选课情况，因此例 7.25 的 SQL 语句达不到题目要求的查询效果。

包含外连接的多表查询语句，其一般格式为：

SELECT < 属性或表达式列表 >

FROM < 表名 > LEFT | RIGHT | FULL [OUTER] JOIN < 表名 >

ON < 连接条件 > /USING < 字段 1>

[WHERE < 限定条件 >]

设有两个表分别记为 Parent 和 Child，见表 7.6 和表 7.7。Parent 的 pid 集合为 {1,2,3}，Child 的 pid 集合为 {1,2,4}，可见：这两种表共同的 pid 为 {1,2}；pid=3 的记录虽出现在 Parent 表中，但没有出现在 Child 表中；pid=4 的记录虽出现在 Child 表中，但没有出现在表 Parent 中。如果对这两张表做内连接，则只有同时出现在两张表的 pid 才会在结果集中，见表 7.8。

表 7.6　Parent

pid	pname
1	张婷
2	李林
3	王赫赫

表 7.7　Child

cid	age	pid
c1	3	1
c2	4	2
c3	5	4

表 7.8　Child INNER JOIN Parent USING(pid) 的结果集

cid	age	pid	pname
c1	3	1	张婷
c2	4	2	李林

Child LEFT JOIN Parent USING(pid) 的结果集中包含两部分：① Child 表的 pid 字段值在 Parent 表中能找到与其匹配的 pid 字段值（pid 为 1 或 2），则元组满足连接条件，两个表的元组连接在一起放在结果集中，即表 7.9 中的第一条记录和第二条记录；② Child 表（左表）的 pid 字段值 4 在 Parent 表中不能找到与其匹配的 pid 字段值，则在结果关系中返回左表 Child 的元组，Parent 表中其他部分以空值进行连接。

表 7.9　Child LEFT JOIN Parent USING(pid) 的结果集

cid	age	pid	pname
c1	3	1	张婷
c2	4	2	李林
c3	5	4	NULL

Child RIGHT JOIN Parent USING(pid) 的结果集中也包含两部分：① Child 表的 pid 字段值在 Parent 表中能找到与其匹配的 pid 字段值（pid 为 1 或 2），则元组满足连接条件，两个表的元组连接在一起放在结果集中，即表 7.10 中的第一条记录和第二条记录；② Parent 表（右表）的 pid 字段值 3 在 Child 表中不能找到与其匹配的 pid 字段值，则在结果关系中返回右表 Parent 的元组，Child 表中其他部分以空值进行连接。

表 7.10　Child RIGHT JOIN Parent USING(pid) 的结果集

cid	age	pid	pname
c1	3	1	张婷
c2	4	2	李林
Null	NULL	3	王赫赫

Child FULL JOIN Parent USING(pid) 的结果集包括三部分：① Child 表的 pid 字段值在 Parent 表中能找到与其匹配的 pid 字段值（pid 为 1 或 2），则元组满足连接条件，两个表的元组连接在一起，即表 7.11 中的第一条记录和第二条记录；② Child 表（左表）的 pid 字段值 4 在 Parent 表中不能找到与其匹配的 pid 字段值，则在结果关系中返回左表 Child 的元组，Parent 表中其他部分以空值进行连接；③ Parent 表的 pid 字段值 3 在 Child 表中不能找到与其匹配的 pid 字段值，则在结果关系中返回右表 Parent 的元组，Child 表中其他部分以空值进行连接。

表 7.11　Child FULL JOIN Parent USING(pid) 的结果集

cid	age	pid	pname
c1	3	1	张婷
c2	4	2	李林
c3	5	4	NULL
NULL	NULL	3	王赫赫

【例 7.26】查询所有学生的基本信息和选课情况。

SELECT 学生 . 学号 , 姓名 , 班级 , 身份证号 , 课程号 , 成绩

FROM 学生 LEFT JOIN 选修

ON 学生 . 学号 = 选修 . 学号；

【例 7.27】查询所有课程的基本信息和被选修的情况，没有人选修的也要列出。

SELECT 课程 . 课程号 , 课程名 , 学时 , 学分 , 成绩

FROM 选修 RIGHT JOIN 课程

ON 学生 . 学号 = 选修 . 学号；

7.3.4　嵌套查询

作为 WHERE 子句中的逻辑表达式，嵌套子查询有三种形式。

形式 1: 字段 [NOT] IN 子查询。

没有 NOT 关键字时，当字段的值在子查询返回的结果集中，则返回值为 True；有 NOT 关键字时，字段的值不在子查询返回的结果集中，则返回值为 True。

【例 7.28】查询选修课程号为"1025"课程的所有学生的姓名，其 SQL 语句表示为：

SELECT 姓名

FROM 学生

WHERE 学号 IN

　　　(SELECT 学号

　　　FROM 选修

　　　WHERE 课程号 ='1025');

首先执行 SELECT 学号 FROM 成绩 WHERE 课程号 ='1025'，返回结果为单列关系表（"选修"表中满足课程号 ='1025' 的元组的学号集合）。然后在"学生"表中查找学号在子查询返回的学号集合中的元组，返回这些元组的姓名。

【例 7.29】查询没有选修课程号为"1025"课程的所有学生的姓名，其 SQL 语句表示为：

SELECT 姓名

FROM 学生

WHERE 学号 NOT IN

　　　(SELECT 学号

　　　FROM 选修

　　　WHERE 课程号 ='1025');

【例 7.30】查询选修课程名为"数据库"课程的所有学生的姓名，其 SQL 语句表示为：

SELECT 姓名

FROM 学生

WHERE 学号 IN

　　　(SELECT 学号

　　　FROM 选修

　　　WHERE 课程号 IN

　　　(SELECT 课程号

　　　FROM 课程

　　　WHERE 课程名 =' 数据库 '));

形式 2：字段 θ SOME/ANY/ALL 子查询

θ 为比较运算符，即可以是 >、>=、<、<=、=、<> 这六个比较运算符。其语义为字段的取值与子查询结果集中的至少一个元素（取值）（SOME）或所有元素（取值）（ALL）都满足比较运算符 θ 时返回结果 True。SOME 和 ANY 的含义是一样的，SOME 是缺省值，意味着查询中没有出现 SOME/ANY/ALL 中任何一个关键字时，系统默认是 SOME。θ 有六种变化，SOME/ANY/ALL 有两种语义，组合起来有 12 种不同的语义，其中 "=SOME" 等价于形式 1 中的"字段 IN（子查询）"，"<>ALL" 等价于形式 1 中的"字段 NOT IN（子查询）"。

【例 7.31】查询选修课程号为"1025"课程的所有学生的姓名，其 SQL 语句表示为：

SELECT 姓名

FROM 学生

WHERE 学号 = SOME

（SELECT 学号

FROM 选修

WHERE 课程号 = '1025'）；

【例 7.32】查询没有选修课程号为 "1025" 课程的所有学生的姓名，其 SQL 语句表示为：

SELECT 姓名

FROM 学生

WHERE 学号 <> ALL

（SELECT 学号

FROM 选修

WHERE 课程号 = '1025'）；

【例 7.33】查询课程号为 "1025" 课程的最高分的学生姓名，其 SQL 语句表示为：

SELECT 姓名

FROM 学生 INNER JOIN 选修 USING(学号)

WHERE 课程号 = '1025' AND 成绩 >= ALL

（SELECT 成绩

FROM 选修

WHERE 课程号 = '1025' AND 成绩 IS NOT NULL）；

因为课程号 "1025" 的课程中有学生的成绩为空，如果不加上成绩 IS NOT NULL，则返回的结果为空。

【例 7.34】查询学生 "贺易" 本期选修的课程号 "1025" 课程的成绩，其 SQL 语句表示为：

SELECT 成绩

FROM 选修

WHERE 课程号 = '1025' AND 学号 =（SELECT 学号

FROM 学生

WHERE 姓名 = ' 贺易 '）；

形式 3：[NOT]EXISTS (子查询)。

"EXISTS" 可看作谓词逻辑中存在量词 "∃"，没有 NOT 关键字时，其语义是内层查询的结果非空时为 True；有 NOT 关键字时，其语义是内层查询的结果为空时为 True。

【例 7.35】查询选修课程号为 "1025" 课程的所有学生的姓名，其 SQL 语句表示为：

SELECT 姓名

FROM 学生

WHERE EXISTS

（SELECT *

FROM 选修

WHERE 课程号 = '1025' AND 学生 . 学号 = 选修 . 学号 ）；

【例 7.36】查询没有选修课程号为 "1025" 课程的所有学生的姓名，其 SQL 语句表示为：
```
SELECT 姓名
FROM 学生
WHERE NOT EXISTS
        (SELECT *
        FROM 选修
        WHERE 课程号 = '1025' AND 学生 . 学号 = 选修 . 学号 );
```
【例 7.37】查询课程号为"1025"课程的最高分学生的姓名，其 SQL 语句表示为：
```
SELECT 姓名
FROM 学生 INNER JOIN 选修 选修 1 ON 学生 . 学号 = 选修 1. 学号
WHERE 课程号 = '1025' AND NOT EXISTS
        （SELECT *
        FROM 选修 选修 2
        WHERE 课程号 = '1025' AND 选修 1. 成绩 < 选修 2. 成绩);
```
【例 7.38】查询学生"贺易"选修课程号"1025"课程的成绩，其 SQL 语句表示为：
```
SELECT 成绩
FROM 选修
WHERE 课程号 = '1025' AND EXISTS
        （SELECT *
        FROM 学生
        WHERE 姓名 = ' 贺易 ' AND 选修 . 学号 = 学生 . 学号);
```

7.3.5　聚合函数与分组

1. 聚合函数

SQL 子句中可以包含以下五种类型的聚合函数（Aggregate Function）。

1）**COUNT 函数 I**：COUNT（[DISTINCT| ALL]*），统计关系中元组个数。

COUNT 函数 II：COUNT（[DISTINCT| ALL] <列名 >），统计关系的给定列中属性值个数。

2）**SUM 函数**：SUM（[DISTINCT| ALL] <列名 >），计算关系中数值型属性值总和。

3）**AVG 函数**：AVG([DISTINCT| ALL] <列名 >），计算关系中数值型属性值平均值。

4）**MAX 函数**：MAX（[DISTINCT| ALL] <列名 >），计算关系的给定属性列中数值型属性值的最大者。

5）**MIN 函数**：MIN（[DISTINCT| ALL] <列名 >），计算关系的给定属性列中数值型属性值的最小者。

如果有关键字 DISTINCT 表示在计算前，先将集合中重复的元素去除。ALL 表示不去除，是默认值。

【例 7.39】查询全体学生人数，其 SQL 语句表示为：
```
SELECT COUNT(*)
```

FROM 学生；

【例 7.40】查询学生张怡选修的课程门数，其 SQL 语句表示为：

SELECT COUNT(*)

FROM 学生 INNER JOIN 选修 USING(学号)

WHERE 姓名 = ' 张怡 '；

【例 7.41】查询学号为"202101231234"的学生所修读课程的平均成绩，其 SQL 语句表示为：

SELECT AVG(成绩)

FROM 选修

WHERE 学号 = '202101231234'；

【例 7.42】查询可供学生选修的课程门数，其 SQL 语句表示为：

SELECT COUNT(*)

FROM 课程；

【例 7.43】查询已有学生选修的课程门数，其 SQL 语句表示为：

SELECT COUNT(DISTINCT 课程号)

FROM 选修；

例 7.42 和 7.43 查询的内容是不同的，例 7.42 是查询供选修的课程门数，需要查询"课程"表；例 7.43 查询已经有多少门课程被学生选修了，需要查询"选修"表。由于"课程"表中每一条记录的值都是唯一的，所以 COUNT 函数中不需要 DISTINCT 关键字，而"选修"表中的课程则不同，每一门课程被很多学生选修，所以 COUNT 函数中需要用 DISTINCT 关键字先去重，才能真正统计出实际有多少门课程被学生选修了。

2. 分组

SQL 语句中使用"GROUP BY"子句和"HAVING"子句对映像语句所得到的集合元组分组，"HAVING"子句按照设置的逻辑条件对分组进行筛选。SQL 语句中分组与筛选语句的一般格式为：

SELECT [ALL|DISTINCT] < 属性名 > [, < 属性名 >]…

FROM < 基本表名或视图名 > [, < 基本表名或视图名 >]…

[WHERE < 逻辑条件式 >]

[GROUP BY < 属性名 1> [HAVING < 逻辑表达式 >]]

[ORDER BY < 属性名 2> [ASC|DESC]]

DBMS 会按照"GROUP BY"子句分组，值相同的分在一组。如果没有 GROUP BY 子句，聚合函数就会计算所有返回的记录，整个集合有一个值；如果有 GROUP BY 子句，聚合函数就会对所有返回的分组分别做计算，每个组有一个值。

【例 7.44】给出每门课程的平均成绩，其 SQL 语句表示为：

SELECT 课程号 ,AVG(成绩)

FROM 选修

GROUP BY 课程号；

其执行步骤是，先将课程按照课程号分组，课程号相同的分在一组，也就是同一门课程的选修记录都分在了一组，再对每个组中元组的成绩用聚合函数 AVG 操作，也就是 AVG 会对每个小组的成绩计算平均值，从而得到每一门课程的平均分数。

【例 7.45】给出每个学生修读课程的门数：

SELECT 学号 ,COUNT(课程号)

FROM 选修

GROUP BY 学号；

【例 7.46】例 7.33 选修课程号为"1025"课程的最高分学生姓名的查询也可以写为：

SELECT 姓名

FROM 学生 INNER JOIN 选修 ON 学生 . 学号 = 选修 . 学号

WHERE 课程号 = '1025' AND 成绩 = SOME

（SELECT MAX(成绩)

FROM 选修

WHERE 课程号 = '1025'）；

【例 7.47】给出有 10 名或 10 名以上学生选修课程的课程号和学生数，其 SQL 语句表示为：

SELECT 课程号 ,COUNT(学号)

FROM 选修

GROUP BY 课程号

HAVING COUNT(*)>=10；

先用 GROUP BY 子句按课程号分组，即选了同一门课程的记录会分在同一个组，再用聚合函数 COUNT 对每门课的记录进行计数。HAVING 短语则指定了选择"组"的条件，即只有满足元组个数大于 5（选修学生数超过 5 的课程）的"组"才会被选择出来作为最终结果显示。

WHERE 子句和 HAVING 短语的功能是不同的。WHERE 子句作用于基本表或者视图，选择出满足条件的元组，在分组之前进行筛选；HAVING 短语则作用于分组之后的"组"，在分组之后进行筛选，从组中选择满足条件的"组"。

7.4　数据更新

SQL 的更新功能包括删除、插入及修改三种操作，相应关键词见表 7.12。在做删除、插入和修改操作时如果不注意关系之间的参照完整性和操作顺序，就会导致操作失败甚至产生数据库的不一致性。具体细节展开参见 8.2 节。

表 7.12　数据更新关键词

功能	删除	插入	修改
基本语句	DELETE FROM < 表名 > [WHERE< 条件 >]	INSERT INTO < 表名 > [属性列] … VALUES (属性值 1，属性值 2，…) 或子查询	UPDATE < 表名 > SET 属性名 = 属性值，… [WHERE< 条件 >]
基本语义	删除元组	插入元组	修改属性值

7.4.1　数据删除

数据删除语句的一般格式为：

DELETE

FROM ＜基本表名＞

WHERE ＜条件＞

数据删除是指从指定表中删除满足 WHERE 子句条件的所有元组。DELETE 语句中 FROM 与 WHERE 的用法与 SELECT 语句中子句用法相同；FROM 子句中只能出现一个表，即一次只能删除一张表的数据。如果省略 WHERE 子句，则表示删除表中的所有元组，但表的定义仍然在数据字典中，DELETE 语句使得表中没有了数据，但是数据对象依然存在于数据库中。

1. 删除多个元组的值

【例 7.48】删除学生"刘玉"的记录，其 SQL 语句表示为：

DELETE

FROM 学生

WHERE 姓名 = ' 刘玉 ';

说明：其执行过程就是找到能使 WHERE 子句条件为 True 的元组，将其删除。

2. 带子查询删除语句

【例 7.49】删除 '21 医学院' 全体学生的选课记录，其 SQL 语句表示为：

DELETE

FROM 选修

WHERE '21 医学院 ' =(SELECT 班级

FROM 学生

WHERE 学生 . 学号 = 选修 . 学号);

7.4.2　数据插入

SQL 插入语句有两种形式，一种形式是一次只插入一条记录，还有一种形式是一次插入一批数据。

1. 第一种形式

第一种形式的语法为：

INSERT INTO ＜ 表名 ＞ (字段列表)

VALUES (值列表)

【例 7.50】往"课程"表添加一个课程号为"1032"、课程名为"大学物理"、学时为 64、学分为 3 的记录，其 SQL 语句表示为：

INSERT INTO 课程 (课程号 , 课程名 , 学时 , 学分)

VALUES ('1032',' 大学物理 ',64,3);

或者

INSERT INTO 课程

VALUES ('1032',' 大学物理 ',64,3);

注意，使用 INSERT INTO 语句向表中追加单个记录时，必须指定每一个将被赋值的字段名，并且要给出该字段的值。如果没有指定每个字段的值，则在缺少值的列中插入默认值或 NULL 值。插入的记录将追加到表的末尾。

【例 7.51】将一个学生新记录，身份证号为 650307200209225678，学号为 201101231255，姓名为陈静，性别为女，生日为 2001-12-29，插入"学生"表中。其 SQL 语句表示为：

INSERT INTO 学生 (身份证号 , 学号 , 姓名 , 性别 , 生日)

VALUES ('650307200209225678','201101231255',' 陈静 ',' 女 ','2001-12-29');

说明：本例中 INTO 子句中不能不指明属性列。这是因为如果不指明属性列，就表明新插入的记录必须在每个属性列上都有值。但这里没有插入学生的班级。

2. 第二种形式的语法

第二种形式的语法为：

INSERT INTO < 表名 > (字段列表)

子查询

【例 7.52】创建一张新表"学生平均分"，有两个字段（学号，成绩），将每名学生选修的平均分放至该表中。其 SQL 语句表示为：

CREATE TABLE 学生平均分

(" 学号 " varchar(12)　NOT NULL,

" 成绩 " int4

);

INSERT INTO 学生平均分

SELECT 学号 ,AVG(成绩)

FROM 选修

GROUP BY 学号 ;

7.4.3　数据修改

数据修改语句的一般格式为：

UPDATE < 基本表名 >

SET < 列名 >= 表达式 [, < 列名 >= 表达式]…

WHERE < 逻辑条件 >

该语句的含义是修改（UPDATE）指定基本表中满足（WHERE）逻辑条件的元组，并对这些元组按照 SET 子句中的表达式修改相应列上的值。

【例 7.53】将"选修"表里所有记录的成绩字段增加 5，其 SQL 语句表示为：

UPDATE 选修

SET 成绩 = 成绩 +5;

也可以指定条件进行修改。

【例 7.54】将"课程"表里课程名为"计算机基础"的课程改名为"大学计算机基础",其 SQL 语句表示为:

UPDATE 课程

SET 课程名 = '大学计算机基础'

WHERE 课程名 = '计算机基础';

7.5 视图管理

7.5.1 视图的作用

SQL 提供视图(View)功能。视图是一张虚表,视图的数据不存在于数据库内,在数据库中只是保留其构造定义。视图的数据内容由 SQL 查询语句定义。同真实的表一样,视图包含一系列带有名称的列和行数据。但是,行和列数据来自表——那些定义视图的查询所引用的表,并且在引用视图时动态生成。除了在更新方面有较大的限制外,其他对视图的操作类似于对表的数据操作。

因为视图是虚表,数据并没有存储在数据库中,对数据的更新操作实际上是对基本表进行相应的增删改,这意味着对视图做更新会导致数据库中其他数据的变动,因此对视图做插入及修改等更新操作时需要进行必要的限制,否则会引发各种不一致。一般对视图的更新操作受很多条件限制。在 openGauss 中不支持视图的更新。

SQL 的视图管理机制具有十分重要的意义,其主要表现在以下方面:

(1)简化用户操作

如果用户经常执行的某些查询非常复杂,例如,涉及若干张表连接的视图,这时就可以定义一个多表连接的视图。对用户而言,用户所做的只是对一个虚表的简单查询,而不需要每次都编写复杂的查询语句,大大方便了使用。

(2)用户可以多角度看待同一数据

在数据库的设计者根据业务需求设计好数据库的关系后,用户会根据这些关系衍生出很多查询。对于同一基本表,不同用户也可以定义不同的视图,例如在"学生"表中,我们可以根据不同的班级定义不同的视图,这样我们就不需要设计很多不同的表,而是通过各种表之间的连接或者过滤,组合出满足各种查询功能的数据集。这样只要一个数据库,就可以满足很多不同的应用的查询需求。

(3)提供一定的逻辑独立性

基本表发生改变,例如对关系模式进行扩充或者分解时,由于视图的存在,应用程序不需要改变,新建立的视图可以定义用户原来的各种关系,使得用户外模式保持不变。应用程序通过视图机制仍然能够查找数据,这在一定程度上提供了数据的逻辑独立性。

(4)对数据提供各种角度的安全保护

在设计数据库应用系统时,通过定义不同的视图,将不同视图的权限分配给不同的用户,可以在同样的表上组合出不同的权限组合,更加灵活地给用户运行程序分配其所需要看到的数据。视图机制据此提供了数据的安全保护功能。

7.5.2　视图的定义与撤销

1. 视图的定义

SQL 的视图可由创建视图语句定义，其一般格式如下：

CREATE VIEW ＜视图名＞([＜列名＞[,＜列名＞]…])

AS ＜子查询＞

[WITH CHECK OPTION];

WITH CHECK OPTION 表示用视图进行更新（UPDATE）、插入（INSERT）和删除（DELETE）操作时要保证更新的元组满足视图定义中的谓词条件。组成视图的属性列要么全部省略，要么全部指定。如果视图定义中省略属性列名，则表示该视图的列由子查询中 SELECT 子句的目标列组成。但下列情况下必须明确指定组成视图的所有属性列名：

1）某个目标列不是单纯的属性列名，而是聚合函数或表达式。

2）多表连接导出的视图中有几个同名列作为该视图的属性列名。

3）需要在视图中为某个列启用更合适的名称。

【例 7.55】创建一个"21 计算机学院"的学生视图，其 SQL 语句表示为：

CREATE VIEW CS21_S

AS

SELECT *

FROM 学生

WHERE 班级 = '21 计算机学院 '

WITH CHECK OPTION;

说明： 由于在创建 CS21_S 视图时加上了 WITH CHECK OPTION 子句，以后对该视图进行更新操作时，系统会自动检查或者加上班级 = '21 计算机学院 ' 的条件。但目前 openGauss2.0 的版本中没有实现 WITH CIIECK OPTION 子句，对视图更新的支持有限。

【例 7.56】定义学生姓名、选修的课程名及其成绩的视图，其 SQL 语句表示为：

CREATE VIEW S_C_G (学号 , 姓名 , 课程名 , 成绩)

AS

SELECT 学生 . 学号 , 姓名 , 课程名 , 成绩

FROM 学生 , 课程 , 选修

WHERE 学生 . 学号 = 选修 . 学号 AND 选修 . 课程号 = 课程 . 课程号 ;

2. 视图的撤销

SQL 的视图可以用取消视图语句来撤销，其形式如下：

DROP VIEW ＜视图名＞;

【例 7.57】撤销已建立的一个视图 S_C_G，SQL 语句表示为：

DROP VIEW S_C_G;

在进行了视图撤销操作之后，视图的定义将从数据字典中撤销，但由该视图导出的其他视图定义仍然保留在数据字典中，不过这些视图已经失效，用户使用时就会出错，需要进一步用 DROP VIEW 语句显式地将它们一一撤销。

7.5.3 查询视图操作

定义视图之后，可以像操作表一样对视图做各种查询操作。

【例 7.58】用例 7.55 中定义的视图 CS21_S 做查询，查询计算机系的女学生，其 SQL 语句表示为：

SELECT *
FROM CS21_S
WHERE 性别 = ' 女 ';

由于视图没有存储数据，所以在查询视图时，首先检查查询的基本表和视图是否存在，如果存在，就从数据字典中取出视图的定义，把定义中的子查询和用户的查询语句取出来做语义转换，将视图定义的语句和查询语句的组合转换为等价的对基本表的查询，即把对视图的查询转化为对基本表的查询，这一过程称为视图的消解。

【例 7.59】视图 CS21_S 的定义转化为：

SELECT *
FROM 学生
WHERE 班级 = '21 计算机学院 ' AND 性别 = ' 女 ';

【例 7.60】在 S_C_G 视图中查询成绩在 85 分（含）以上的学生的学号、姓名和课程名称，SQL 语句表示为：

SELECT 学号 , 姓名 , 课程名
FROM S_C_G
WHERE 成绩 >=85;

【例 7.61】查询 "21 计算机学院" 所有学生的选课情况，其 SQL 语句表示为：

SELECT *
FROM CS21_S INNER JOIN 选修 USING (学号);

7.6 本章小结

SQL 是介于关系代数和元组演算之间的一种结构化非过程查询语言；从 SQL 本身组成来说，基本内容包括数据定义、数据查询、数据操纵和数据控制等方面。数据库是 "表" 的逻辑集合。基本表是实际存储在数据库中的表，是 "实表"；视图是由若干个基本表或其他视图导出的表，是 "虚表"，一般只保存定义。通过视图管理，可以保持数据库的逻辑独立性，简化代码的编写，同时还为数据库提供了一定的自动安全保护功能。

SQL 的主要功能包括数据定义、数据查询、数据操纵和数据控制。

基于 SQL 的关系数据查询是本章的重点和难点，特别需要注意基于连接和基于嵌套的多表查询。一般而言，基于嵌套的多表查询大多可以转换为基于连接的多表查询，但连接查询却不一定能够转换为嵌套查询。

在学习本章时需要重点掌握以下知识点：

1）SQL 的数据定义。

2）SQL 的数据查询。

3）SQL 的数据操纵。

4）视图的概念与作用。

7.7　习题

一、单选题

1. SQL 中 DELETE 的作用是（　　　）。

    A. 插入记录　　　　　B. 删除记录　　　　　C. 查找记录　　　　　D. 更新记录

2. SQL 语言是（　　　）的语言，容易学习。

    A. 过程化　　　　　B. 非过程化　　　　　C. 格式化　　　　　D. 导航式

3. SQL 语言集数据查询、数据操纵、数据定义和数据控制功能于一体，其中，CREATE DROP、ALTER 语句是实现（　　　）功能的。

    A. 数据查询　　　　　B. 数据操纵　　　　　C. 数据定义　　　　　D. 数据控制

4. 下列的 SQL 语句中，（　　　）不是数据定义语句。

    A.CREATE TABLE　　B. DROP VIEW　　C. CREATE VIEW　　D.GRANT

5. 若要将数据库中已经存在的表 S 彻底删除，可用（　　　）。

    A. DELETE TABLE S　　　　　　　　B. DELETE S

    C. DROP TABLE S　　　　　　　　D.DROP S

6. "学生" 关系模式 Student（S #, Sname, Gender, Age），其中的属性分别表示学生的学号、姓名、性别、年龄。要在表 Student 中删除属性 Age，可选用的 SQL 语句是（　　　）。

    A. DELETE Age FROM S　　　　　　B. ALTER TABLE S DROP Age

    C. UPDATE S Age　　　　　　　　D.ALTER TABLE S 'Age'

二、多选题

1. SQL 语言的功能包括（　　　）。

    A. 数据定义　　　　　B. 数据查询　　　　　C. 数据操纵　　　　　D. 数据控制

2. 以下关于空值的叙述中，正确的是（　　　）。

    A.openGauss 使用 NULL 来表示空值　　　　B. 空值表示字段还没有确定或者没有这个值

    C. 空值等同于空字符串　　　　　　　　D. 空值不等于数值 0

三、简答题

1. 试述 SQL 的特点。

2. 试述 SQL 语句的功能。

3. 什么是基本表？什么是视图？两者的区别和联系是什么？

4. 试述视图的优点。

5. 所有视图是否都可更新？为什么？

四、SQL 练习题

1. 查询平均成绩大于 70 分的学生的学号和平均成绩。

2. 查询所有同学的学号、姓名、选课数，并且按照学号从小到大排列。

3. 查询学过课程号为 1024 和 1025 课程的学生学号和姓名。

4. 查询选修了全部课程的学生学号和姓名。

5. 按照平均成绩从高到低显示学生的学号、姓名、平均成绩。

上机实验（一）

在社团数据库中包含如下三个关系模式：

社团（编号，名称，活动地点），其中编号为主键。

学生（学号，姓名，性别，出生日期），其中学号为主键。

参加社团（社团号，学号，加入时间），其中（社团号，学号）为主键。

1. 在"社团 – 学生"数据库的学生表中使用 SQL 完成如下增删改的操作：

1）插入一条记录，如（'2021239',' 张丽 ',' 女 ',NULL）。

2）修改 1）中插入的记录，把学生名称改为"李楠"。

3）把 2）修改后的记录删除。

2. 在"社团 – 学生"数据库实现以下查询：

1）查看学生表里的全部记录。

2）在学生表中查询学生的学号、姓名和性别。

3）在学生表中查找 2002 年之前出生的学生的学号。

4）在学生表中查找 2002 年之前出生的女同学的学号。

5）在学生表中查找 18 至 21 岁的学生的学号和姓名。

6）在学生表中查找"张"姓同学的学号和姓名。

7）在学生表中查找出生日期为空的学生学号和姓名。

8）在学生表中查询学生的基本情况，按性别的升序显示结果；对于性别相同的记录，再按学号的降序显示结果，只显示前 5 名同学的情况。

9）统计每个学生参加社团的数目，显示学生的学号及其参加社团数。

10）统计每个社团拥有的学生数量，显示社团编号、社团名称以及其学生人数。

数据库应用系统设计与实现（五）

——关系数据库的实现与外模式设计

1. 关系数据库的实现

在完成了教务管理系统的数据字典设计以后，可选定系统开发的前端、后端平台，包括用于实现关系数据库的数据库管理系统，建立数据库和基本表，以及表间联系。7.1.2 小节叙述了在 openGauss 里实现数据库的具体操作步骤。事实上，市面上可供选择的数据库管理系统有许多，如 Access、MySQL、Microsoft SQL Server 等。在不同平台上实现数据库的操作步骤是类似的，但会因平台不同而存在一定的差异，读者可参考7.1.2 小节叙述的数据库实现思路，举一反三，并结合平台的帮助文档解决实际操作时遇到的问题。

2. 外模式设计

（1）授课成绩查询与统计

1）教师查询自己所教某门课程的学生成绩，查询结果显示课程号、课程名、学号、姓名、成绩等信息。其中，课程号和课程名可由"课程"表得到，学号和姓名可由"学生"表得到，学生选课成绩可由"选修"表得到。教师只能看到自己所教课程的学生成绩，因此，该查询还要通过"授课"表找到教师及其教授的课程号。

例如，工号为"20123043"的教师想查询所教课程号为"JD034"课程的学生成绩，SQL 语句可表示为：

SELECT 选修 . 课程号 , 课程名 , 选修 . 学号 , 姓名 , 成绩

FROM 授课 JOIN 课程 ON 课程 . 课程号 = 授课 . 课程号

JOIN 选修 ON 选修 . 课程号 = 课程 . 课程号

JOIN 学生 ON 选修 . 学号 = 学生 . 学号

WHERE 授课 . 工号 = '20123043' AND 授课 . 课程号 = 'JD034';

在此基础上，查询不及格学生的信息，查询结果显示学生的学号、姓名和成绩，SQL 语句可表示为：

SELECT 学生 . 学号 , 姓名 , 成绩

FROM 授课 JOIN 课程 ON 课程 . 课程号 = 授课 . 课程号

JOIN 选修 ON 选修 . 课程号 = 课程 . 课程号

JOIN 学生 ON 选修 . 学号 = 学生 . 学号

WHERE 授课 . 工号 = '20123043' AND 授课 . 课程号 = 'JD034' AND 成绩 <60;

同理，查询未考试学生的信息，查询结果显示学生的学号、姓名，SQL 语句可表示为：

SELECT 学生 . 学号 , 姓名

FROM 授课 JOIN 课程 ON 课程 . 课程号 = 授课 . 课程号

JOIN 选修 ON 选修 . 课程号 = 课程 . 课程号

JOIN 学生 ON 选修 . 学号 = 学生 . 学号

WHERE 授课 . 工号 = '20123043' AND 授课 . 课程号 = 'JD034' AND 成绩 =NULL；

2）统计各分数段的学生成绩。例如，教师统计所教某门课程各分数段的学生成绩，查询结果显示不及格（成绩 <60）的学生人数，则 SQL 语句可表示为：

SELECT COUNT(*) AS fail_count

FROM 授课 JOIN 课程 ON 课程 . 课程号 = 授课 . 课程号

JOIN 选修 ON 选修 . 课程号 = 课程 . 课程号

JOIN 学生 ON 选修 . 学号 = 学生 . 学号

WHERE 授课 . 工号 = '20123043' AND 授课 . 课程号 = 'JD034' AND 成绩 <60；

注意，AS 用于给 COUNT(*) 这一列结果赋名。

（2）选课成绩与课程信息查询

1）学生查询所学全部课程的成绩，查询结果显示课程号、课程名、成绩等信息。其中，课程号和课程名可由"课程"表得到，学生选课成绩可由"选修"表得到。学生只能看到自己所学课程的成绩。

例如，学号为"202112343043"的学生想查询所学全部课程的成绩，SQL 语句可表示为：

SELECT 选修 . 课程号 , 课程名 , 成绩

FROM 课程 JOIN 选修 ON 选修 . 课程号 = 课程 . 课程号

WHERE 选修 . 学号 = '202112343043'；

2）学生查询所选的课程相关信息，查询结果显示课程号、课程名、学时、学分、授课教师姓名、授课的时间与地点等。学生只能看到自己所选的课程信息，因此，该查询要在"选修"表中找到与学生学号关联的课程号，然后根据这些课程号在"课程"表中找到课程的课程名、学时和学分，同时根据这些课程号在"授课"表中找到讲授课教师的工号、上课的时间与地点。最后，根据授课教师的工号在"教师"表中找到教师姓名。

例如，学号为"202112343043"的学生想查询所选课程的相关信息，SQL 语句可表示为：

SELECT 选修 . 课程号 , 课程名 , 学时 , 学分 , 姓名 , 时间 , 地点

FROM 选修 JOIN 课程 ON 选修 . 课程号 = 课程 . 课程号

JOIN 授课 ON 课程 . 课程号 = 授课 . 课程号

JOIN 教师 ON 授课 . 工号 = 教师 . 工号

WHERE 选修 . 学号 = '202112343043'；

课程设计任务 5

课程设计小组根据课程设计的数据库数据字典实现数据库，并根据需求分析设计外模式。

第8章 数据保护技术

在运行和使用数据库的过程中，有可能发生用户对数据库的滥用。

一般而言，数据库安全性是指保护数据库，防止用户恶意造成的破坏，防范对象是非法用户的进入，以及合法用户的非法操作。数据安全确保用户被限制在其可做的事情范围之内，只能做被允许做的事情，防止不合法的使用，以免数据的泄露、更改和破坏。

数据库完整性是指避免合法用户无意之中对数据的语义造成的破坏，防范对象是不合语义的数据进入数据库。例如电话号码少输入1位，考试分数为负数等。

用户所做的一次业务往往是由多个操作组成的，而一个运行着数据库系统的计算机随时都可能宕机，系统崩溃后重启时，有可能某个业务只完成了一部分操作。数据库系统也可以由多个用户同时使用，DBMS是一个支持多用户并发的系统，多个业务同时并发执行会给保证数据正确带来很多的问题。数据就像教学大楼中的教室，老师和同学们都可以使用这些教室；需要制定规则管理这些教室，一方面让这些教室得到最大限度使用，同时又防止使用过程中发生冲突。所以DBMS提供了各种各样的技术来保护数据库被合法、正确、并发、有效地使用。本章介绍4种数据库保护技术：数据完整性技术、安全性技术、并发控制技术和故障恢复技术。

8.1 数据库完整性

本节讨论完整性的基本概念和系统提供的完整性约束机制。

8.1.1 实施数据完整性的必要性

数据库在建立时就应该具备良好的数据质量，数据库系统会不断变更，数据的变更来自各个部门和个人的各种活动，或是各种自动采集数据的设备，如果缺乏有效的数据保护措施，就难以保证数据的及时采集、正确录入。例如某用户订购商品，如果不及时更新相关数据，数据库中库存量和实际库存量就会不符，这时数据库就不能反映库存的真实状态。

数据库完整性（Integrity）具有三个层次：数据的正确性（Correctness）、有效性（Valid）和相容性（Consistency）。目的是防止各类错误数据进入数据库。

1）正确性：数据语法的正确性，如数值型数据中只能含有数字而不能含有字母。

2）有效性：数据是否属于所定义域的有效范围。例如年龄不能是负数，应该在 $0 \sim 150$。

3）相容性：说明同一事实的两个数据应当一致，不一致即不相容。例如，飞机上所有已出售的座位数 + 未出售的座位数 = 该机型提供的可出售座位总数。当数据库中同时有年龄和出生年份这两个数据时，年龄应该等于当前年份－出生年份。

　　DBMS 需要提供一种功能，使得数据库中的数据合法，以确保数据的正确性；在满足了正确性之后，DBMS 还要避免不符合语义数据的输入和输出，以保证数据的有效性；最后如果数据间存在相容关系，就还要检查先后输入的数据是否一致，以保证数据的相容性。

　　为了保护数据库完整性，数据库系统应提供一些自动机制，来保证在数据发生变更时仍然能保持好的数据质量。当今的 DBMS 通常都会提供机制来检查和维护数据的完整性，一般是由用户设置完整性检验规则，DBMS 自动、实时检查数据在变更的过程中是否满足完整性约束条件，一旦不满足就立即会采取相应的措施，这个措施通常可以由用户来定义。例如企业的业务规则是商品的库存量应该不小于 0，当用户在数据库系统中设置库存表中的库存量字段的值必须大于或等于 0 时，DBMS 就会监控所有对库存表中库存量字段的修改和插入操作。当一个用户订购了某个商品，订购的数量超过了库存量，这时会导致插入记录的库存量是一个小于 0 的数字，DBMS 会启动用户定义的措施，例如禁止用户购买，购物车的"购买"按钮变灰，向库存管理者发出商品供应不足的警告，同时启动订购程序。

　　如第 4 章所介绍的，在关系模型中有实体完整性、参照完整性和用户自定义完整性三类完整性。

8.1.2　完整性控制的实现

　　保障数据库完整性是对 DBMS 的基本要求，DBMS 需要具有完整性控制机制。DBMS 中实现完整性控制机制的子系统称为"完整性子系统"，其基本作用在于：监控数据库业务执行，检测业务的操作是否违反了相应完整性约束条件；对违反完整性约束条件的业务操作，采取相应措施以保证数据完整性。DBMS 在完整性控制方面应当具有以下三种功能：

　　1）**定义功能**：提供完整性约束条件的定义机制，确定要遵从的数据规则。

　　2）**检查功能**：检查用户发出的操作请求是否违反完整性约束条件。一般 DBMS 内部都有专门软件模块进行实时监控，以保证完整性约束条件的实时监督与实施。一般都是在用户变更数据的时候进行检查。

　　3）**处理功能**：如果发现用户操作请求与完整性约束条件不符，需要采取一定的措施，这种在用户操作请求违反完整性约束时采取措施的应对过程称为"完整性约束条件的处理"。DBMS 设有专门软件模块，一旦出现违反完整性约束条件的现象就会及时处理。处理方法有简单和复杂之分。简单处理方法是拒绝执行并报警或报错；复杂处理方法是调用相应函数。对于违反实体完整性规则和用户自定义完整性规则的操作，一般会采用拒绝执行方式进行处理；对于违反参照完整性的操作，不能一概简单地拒绝执行，有时需要接受该操作，同时执行必要的附加操作，以保证数据库的状态仍然是正确的。

1. 实体完整性约束控制的实现

　　在 openGauss 中，实体完整性约束的定义是通过定义或者修改表结构时定义 PRIMARY KEY 来实现的。

定义 PRIMARY KEY 的子句在 CREATE TABLE 命令中的格式为：

PRIMARY KEY（＜列名序列＞）；

一个关系只能有一个 PRIMARY KEY。一旦把某个属性或者是某些属性的组合定义为主键，则该主键值必须唯一，所有的主属性都不能为空。

【例 8.1】新建学生 S 表（学号，姓名，年龄，身份证号），并定义实体完整性。

【解答】建立学生 S 表（SNO，SName，Sage，SecurityNO）并定义主键，其 SQL 语句表示为：

CREATE TABLE S

  (SNO CHAR（8）PRIMARY KEY，/* 在属性列级别上定义主键 */

  SName CHAR(10),

  Sage int，

  SecurityNO CHAR(18))；

说明：本例是在属性列级别上定义主键的。当主键由一属性子集确定时，需要在关系级别上定义主键。上例中的 SQL 语句也可以改为：

CREATE TABLE S

  (SNO CHAR（8），

  SName CHAR(10),

  Sage int，

  SecurityNO CHAR(18),

  PRIMARY KEY（SNO))；/* 在关系级别上定义主键 */

【例 8.2】新建课程 C 表（课程号，课程名，学分），并定义实体完整性。

【解答】建立课程 C 表（CNO，CName，Hour）并定义主键，其 SQL 语句表示为：

CREATE TABLE C

  (CNO CHAR(8),

  CName CHAR(10),

  Hour NUMERIC(3)，

  PRIMARY KEY(CNO))；/* 在关系级别上定义主键 */

当用户对 S 表或者 C 表做插入和更新数据的操作时，DBMS 会进行检查，如果违反实体完整性规则，则插入或更新的操作会被拒绝，导致操作失败。

【例 8.3】数据插入违反实体完整性而失败的例子。往 S 表插入两条数据：

INSERT INTO S VALUES ('S001',' 小明 ',19,'200006')；/* 插入成功 */

INSERT INTO S VALUES ('S001',' 小红 ',20,'300456')；/* 插入失败 */

主键值必须唯一，第二条数据中的学号已经存在于 S 表中，违反了实体完整性，所以这里系统的处理方法是拒绝插入。

INSERT INTO S VALUES ('S002',' 小红 ',20,'300456')；/* 插入成功 */

UPDATE S SET SNO='S001' WHERE SName=' 小红 ' /* 更新失败 */

主键值必须唯一，当将小红的学号改为 S001 时，由于 S001 已经存在于 S 表中，违反了实体完整性，因此这里系统的处理方法是拒绝更新。

2. 参照完整性约束控制的实现

（1）参照完整性规则的定义

参照完整性（外键）定义的子句在 CREATE TABLE 命令中的一般格式为：

FOREIGN KEY（< 列名序列 >）

REFERENCES 关系名 < 目标关系名 >|（< 列名序列 >）

[ON DELETE <ACTION>]

[ON UPDATE <ACTION>]

其中，FOREIGN KEY（< 列名序列 >）中的 < 列名序列 > 是参照关系的外键；REFERENCES 关系名 < 目标关系名 >|（< 列名序列 >）中的 < 目标关系名 > 是被参照关系的名称，此处 < 列名序列 > 是被参照关系的主键或候选键。

一般而言，当被参照关系和参照关系的操作违反参照完整性约束时，系统将选用默认策略，即拒绝执行相应操作。如果需要系统采取其他适当策略时，就使用 ON DELETE 子句和 ON UPDATE 子句来显式说明，具体的原理将在后续说明。

（2）参照完整性控制

参照完整性控制因为涉及参照表和被参照表，所以控制的方法相对复杂一些。只有对数据的增删改才会触及完整性控制，因此根据参照表和被参照表，以及这两种表上的增删改三类操作，共有六种情况，见表 8.1。

表 8.1　违反参照完整性的六种情况

操作对象	相关操作		
	INSERT	**DELETE**	**UPDATE**
被参照表	不需要检查	根据参照表中外键定义的 ON DELETE…（用户显式定义的方式），提供四种处理：CASCADE、NO ACTION、SET NULL 和 SET DEFAULT（系统默认的方式 NO ACTION）	根据参照表中外键定义的 ON UPDATE…（用户显式定义的方式，提供四种处理：CASCADE、NO ACTION、SET NULL 和 SET DEFAULT（系统默认的方式 NO ACTION）
参照表	违反则拒绝执行	不需要检查	违反则拒绝执行

对参照表的插入、删除、更新操作（这里所说的更新都是特指对被参照表的外键的更新，其他字段的更新不涉及参照的问题，就不会涉及参照完整性规则，无须考虑）中，删除参照表的元组一定不会违反参照完整性。例如，在 SC 表（参照选课关系）中删除记录一定不会违反参照完整性，所以 DBMS 对参照表的删除操作不需要做任何监控检查。插入和更新的元组一旦违反参照完整性，则 DBMS 拒绝插入和更新的操作。例如 S 表中没有学生" A00000001"的元组，则在 SC 表中插入学生" A00000001"的选课记录，或者是将 SC 表中其他元组的学号更新为" A00000001"都会违反参照完整性，这时 DBMS 拒绝插入或者更新的操作。

在对被参照表的插入、删除、更新操作中，在被参照表中插入元组一定不会违反参照完整性。例如，在 S 表中插入一条新的学生记录一定不会违反参照完整性，所以 DBMS 对被参照表的插入操作不需要做任何监控检查。删除和更新的元组违反参照完整性时，处理的方法比较多样，主要根据用户设置外键时设置的处理规则来处理。参照完整性检查与处理规则通常紧跟在参照完整性定义语句之后设置，其一般格式为：

[ON DELETE < 参照动作 >]

[ON UPDATE < 参照动作 >]

语句中，[ON DELETE < 参照动作 >] 和 [ON UPDATE < 参照动作 >] 中的 < 参照动作 > 是指当对被参照关系进行删除或更新操作（这里所说的更新都是特指对被参照表的主键的更新，其他字段如果不是其他外键的参照对象，则更新就不会涉及参照完整性规则，不需要考虑）时，如果违反了参照完整性规则，DBMS 会如何处理。基本措施有下述四种：

1）NO ACTION/RESTRICT。如果在被参照关系中删除或更新的元组的主键值，在参照关系中存在相应的元组，则不允许执行删除或更新操作，该操作一般设置为默认策略。例如在 S 表（被参照关系）删除学生 "A001" 时，在 SC 表（参照关系）中还存在学生 "A001" 的选课信息，如果允许在 S 表删除学生 "A001"，则 SC 表中学号为 "A001" 的元组都失去了参照对象，所以在 S 表删除学生 "A001" 的动作会被 DBMS 拒绝执行，并返回一个错误。

2）CASCADE。如果在被参照关系中删除或更新的元组的主键值，在参照关系中存在相应的元组，则会将参照关系中对应的元组一并删除或更新。例如在 S 表（被参照关系）删除学生 "A001" 时，在 SC 表（参照关系）中还存在学生 "A001" 的选课信息，当执行在 S 表删除学生 "A001" 的动作时，则 SC 表中学号为 "A001" 的元组都失去了参照对象，所以在 SC 表中学生 "A001" 的所有选课记录会一并删除。如果是将 S 表中学生 "A001" 的学号改为 "A00001"，则在 SC 表中学生 "A001" 的所有选课记录的学号会一并改为 "A00001"。

3）SET NULL。如果在被参照关系中删除或更新的元组的主键值，在参照关系中存在相应的元组，则删除或更新被参照关系中该元组时，将参照关系中对应元组的外键值均置为空值。

4）SET DEFAULT。与 SET NULL 类似，如果在被参照关系中删除或更新的元组的主键值，在参照关系中存在相应的元组，则删除或者更新被参照关系中该元组时，将参照关系中对应元组的外键值均置为默认值。

【例 8.4】新建选修表（学号，课程号，成绩），并定义实体完整性和参照完整性。

【解答】建立 SC 表（SNO，CNO，Grade）并定义主键和建立参照关系，其 SQL 语句表示为：

```
CREATE TABLE SC(
SNO CHAR(8),
CNO CHAR(10),
Grade NUMERIC(3),
PRIMARY KEY(SNO,CNO),
FOREIGN KEY(SNO) REFERENCES S(SNO) ON DELETE CASCADE,
FOREIGN KEY(CNO) REFERENCES C(CNO) ON UPDATE NO ACTION
);
```

建立了 S、C 和 SC 表后，我们通过以下步骤验证参照完整性控制：

①往表中插入以下数据，SQL 语句表示为：

```
INSERT INTO S VALUES('A001','李红',18);
INSERT INTO S VALUES('A003',' 陈诚 ',18);
INSERT INTO C VALUES('C001','C 语言 ');
INSERT INTO SC VALUES('A001','C001',95);
INSERT INTO SC VALUES('A003','C001',85);
```

现在可以查看每张表中的元组情况了。

②往 SC 表（参照关系）中插入数据，SQL 语句表示为：

```
INSERT INTO SC VALUES('A001','C002',95);
```

由于 C 表（被参照关系）中无课程 C002，违反了参照完整性，所以 C 表的更新操作失败，系统拒绝插入。

③更新 SC 表（参照关系）中学号为" A001"、课程号为" C001"的记录，SQL 语句表示为：

```
UPDATE SC
SET SNO='A002'
WHERE SNO='A001'AND CNO='C001';
```

由于 S 表（被参照关系）中无学生" A002"，违反了参照完整性，所以 SC 表的更新操作失败，系统拒绝更新。

④更新 S 表（被参照关系）中学号为" A001"的记录，SQL 语句表示为：

```
UPDATE S
SET SNO='A002'
WHERE SNO='A001';
```

在 S 表（被参照关系）更新学生" A001"的学号时，在 SC 表（参照关系）中还存在学生" A001"的选课信息，违反了参照完整性。由于没有定义外键学号 SNO 的更新操作，ON UPDATE 子句默认为 NO ACTION，故系统拒绝更新。

⑤更新 C 表（被参照关系）中课程号为" C001"的记录，SQL 语句表示为：

```
UPDATE C
SET CNO='C002'
WHERE CNO='C001';
```

在 C 表（被参照关系）更新课程" C001"时，在 SC 表（参照关系）中还存在课程" C001"的选课信息，违反了参照完整性。由于在定义外键时，ON UPDATE 子句中定义的是 NO ACTION，故系统拒绝更新。

⑥删除 S 表（被参照关系）中学号为" A001"的记录，SQL 语句表示为：

```
DELETE FROM S
WHERE SNO='A001';
```

在 S 表（被参照关系）中删除学生"A001"时，在 SC 表（参照关系）中还存在学生" A001"的信息，所以 S 表的删除操作违反了参照完整性。系统提供了很多处理办法，由于定义了外键 SNO 的删除操作为 CASCADE，所以系统除了删除 S 表中学生" A001"的记录之外，还会删除 SC 表中学生" A001"选修的记录。初始的时候三张表中各有一条记录，现在 S 表和 SC 表都没有了学生" A001"的记录。

⑦删除 C 表（被参照关系）中课程号为 "C001" 的记录，SQL 语句表示为：

DELETE FROM C
WHERE CNO='C001';

在 C 表（被参照关系）删除课程 "C001" 时，在 SC 表（参照关系）中还存在课程 "C001" 的信息，所以 C 表的删除操作违反了参照完整性。由于没有定义外键 CNO 上的删除操作，故默认为 ON DELETE NO ACTION，所以系统的处理办法是拒绝删除课程表记录。

3. 用户自定义完整性约束

用户自定义完整性是开发者针对某一具体的业务特定需求而提出的数据必须满足的语义规则。用户自定义完整性约束条件主要有 NOT NULL、UNIQUE、DEFAULT、CHECK 等。当在关系表中插入或修改相应数据对象时，DBMS 会检查数据是否满足所定义的完整性约束条件的要求。如果不满足，就拒绝执行相应操作。除了触发器外，其他用户自定义完整性是在创建和更新关系表时定义的。

（1）NOT NULL 与 DEFAULT 约束

NOT NULL 和 DEFAULT 是对属性取值的直接、简单约束。

NOT NULL 是非空约束，当某个属性不是主属性而取值却必须非空时就可以使用这个约束来定义规则。

DEFAULT 是默认值约束，每个属性列只能有一个 DEFAULT 约束。

上述约束都是属性列级约束。

【例 8.5】DEFAULT 约束使用实例。定义关系 EMPL 如下：

CREATE TABLE EMPL
(DNO NUMERIC(2), /*DNO 为部门号 */
ENO CHAR(8) UNIQUE NOT NULL, /* 属性 ENO 取值唯一 , 而且不能为空 */
Salary NUMERIC(10) DEFAULT 8000); /* 属性 Salary 具有默认值约束 */

说明：本例中出现 DEFAULT 约束。

（2）UNIQUE 约束

当关系中已有一个主键约束时，如需在其他列上继续实现实体完整性，又不能有两个或两个以上的主键约束，则可通过 UNIQUE 和 NOT NULL 约束实现对候选键的定义。

UNIQUE 和 PRIMARY KEY 的区别在于：具有 UNIQUE 约束的属性列可取空值，而具有 PRIMARY KEY 约束的属性列不能取空值。与 PRIMARY KEY 类似，UNIQUE 约束也可以采用基于关系级别的约束定义方法在属性集合上定义，但该属性集合不能有主属性。

UNIQUE 约束定义语句的一般格式为：

UNIQUE（列名序列）;

【例 8.6】UNIQUE 约束使用实例。定义关系 DEPT 如下：

CREATE TABLE DEPT
(DEPNO NUMERIC(2),
DName CHAR(8) UNIQUE NOT NULL, /*DName 为候选键 */

    Location CHAR(10),

    PRIMARY KEY(DEPNO)); /* 在关系级别上定义主键 */

  说明：本例中同时出现 UNIQUE 约束和主键约束。

  （3）CHECK 约束

  CHECK 约束通过表达式或谓词公式（含有 OR 或 AND 的表达式）对属性列取值进行约束。

  【例 8.7】 CHECK 约束使用实例。在 S 表关系中限定 Gender 只能取" M"（男）或"F"（女）：

    ALTER TABLE S

    ADD COLUMN Gender CHAR(1)

    CHECK (Gender IN ('M','F'));

  【例 8.8】 CHECK 约束使用实例。在 S 表中加入 CHECK 约束 S1，即限制学生年龄在 18～25 岁：

    ALTER TABLE S

    ADD CONSTRAINT S1 CHECK(Sage BETWEEN 18 AND 25);

  说明：CHECK 子句只对定义其的关系具有约束作用，对其他关系没有约束作用，因此有可能产生违反参照完整性的情形。

  CHECK 约束是依附于特定关系表的，即 CHECK 约束不能独立定义，只能在创建相应关系表时"附带"定义，其约束作用只限于相应关系表范围内。

8.2 数据库安全性

  所谓数据库的安全性（Database Security），即防止非法使用数据库。信息互联互通的程度越高，数据库安全性保护问题就越重要。

  首先我们来看看涉及数据安全的一些场景：

  1）许多大型企业在数据库中存储了市场需求分析、营销策略计划、客户档案和供货商档案等基本资料，用来控制整个企业运转。如果这些数据被破坏，则会带来巨大损失。

  2）大银行的亿万资金账目都存储在数据库中，用户通过 ATM 即可存款和取款，如果保护不周，大量资金就有被非法盗用的风险。

  3）近年来电子商务的兴起，使得人们可以使用联机目录进行网上购物和其他商务活动，数据库中存有许多非常重要的数据，其中可能涉及各种机密和个人隐私，对它们的非法使用和更改或是将它们贩卖给其他人可能引起灾难性后果。对于数据拥有者来说，这些数据的共享性应当受到必要的限制，不能让没有权限的人随时访问和随意使用。

  实际上计算机系统一经问世就面临安全保护问题，但数据库系统不同于一般计算机系统，它包含了重要程度与访问级别各不相同的各种数据，并且不同权限的用户可以访问不同的数据，例如数据库管理员、数据库用户、应用程序，使用操作系统中的保护措施无法妥善解决数据库安全问题，需要一套独特的数据库安全性保护机制：数据库中数据资源的共享应该在 DBMS 统一控制之下，用户只有按照一定规则访问数据库，并通过

DBMS 的各种必要的检查，最终才能获取相应的数据访问权限。因此所有 DBMS 都必须提供数据库安全性方面的有效机制来防止恶意滥用数据库。

8.2.1　安全性控制的一般模型

在一般的计算机系统中，安全措施是一级一级层层设置的。安全性控制的一般模型如图 8.1 所示。

1）系统首先根据用户标识鉴别用户身份，只准许合法用户进入计算机系统。

2）数据库管理系统还要进行存取控制，只允许用户执行合法操作。

3）操作系统有自己的保护措施。

4）数据可以以密码形式存储到数据库中。

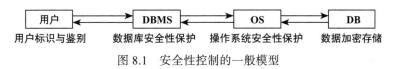

图 8.1　安全性控制的一般模型

8.2.2　安全性保护的措施

作为共享性资源，数据库对安全性保护的需求十分迫切。所有 DBMS 都需要提供一定的数据库安全性保护的基本功能，首先，DBMS 对提出 SQL 访问请求的数据库用户进行身份鉴别，防止不可信用户登录系统。用户以某种角色登录系统后，在 SQL 处理层通过基于角色的访问控制（Role Based Access Control, RBAC）机制，可获得相应的数据库资源以及对应的对象访问权限。为监控合法用户的恶意访问，DBMS 可根据用户的具体安全需求配置审计规则，所有访问登录、角色管理、数据库运维操作等过程均被独立的审计进程进行日志记录，以便后期行为追溯。

1. 用户身份标识与鉴别

用户身份标识与鉴别（Identification and Authentication）是系统提供的最外层安全保护措施，其方法是每个用户在系统中必须有一个标志自己身份的标识符，用以区别于其他用户。用户进入系统时，DBMS 将用户提供的身份标识与系统内部记录的合法用户标识进行核对，通过鉴别后才提供数据库的使用权。身份标识与鉴别是用户访问数据库的最简单且最基本的安全控制方式。openGauss 在校验用户身份和口令之前，需要验证最外层访问源的安全性，包括端口和 IP 地址的安全性。访问源验证通过后，服务端身份认证模块对本次访问的身份和口令进行有效性校验，从而建立客户端和服务端之间的安全信道。整个登录过程通过一套完整的认证机制来保障，满足 RFC 5802 通信标准。用户 omm 是数据库的初始用户，openGauss 安装好之后，该用户就自动生成了，这个用户是一个特殊的管理员，拥有系统的最高权限，能执行所有操作。

【例 8.9】在 EMS 数据库内，添加、修改和删除用户。

1）创建用户 student1，密码是 student@123，SQL 语句表示为：

```
CREATE USER student1
WITH PASSWORD"student@123";
```

2）将用户 student1 的登录密码由 student@123 修改为 abcd@123，SQL 语句表示为：

ALTER USER student1

IDENTIFIED BY 'abcd@123'

REPLACE 'student@123';

3）使用视图 PG_USER 查看当前系统中的用户列表，SQL 语句表示为：

SELECT * FROM pg_user;

4）删除用户 student1，SQL 语句表示为：

DROP USER student1 CASCADE;

2. 访问控制技术

数据库作为共享资源，被众多用户共同使用。但是，一个大型数据库具有庞大数量的数据对象，而且使用数据库的用户来自不同的应用层面，因此，不同的用户只能使用数据库中与之相应的部分资源，这就需要对数据库的数据对象进行访问控制。访问控制（Access Control）就是对数据库用户访问数据库资源权限的一种规定和管理，这里的数据库资源包括数据库中的基本表、视图、目录与索引、存储过程与应用程序等，权限则包括数据对象的创建、撤销、查询、删除、插入、修改和运行等。访问控制是数据库安全性保护的主体技术。访问控制的前提是每个用户均属于不同的等级层面，因此需要确定数据库用户的基本类型；访问控制的实施在于对数据库用户进行权限管理，因此 DBMS 需要向用户提供有效的访问授权机制。

在 openGauss 中，数据库用户的授权情况存放在 ACL（Access Control List，访问控制列表），这张表是 openGauss 进行对象权限管理和权限检查的基础。在数据库内部，每个对象都具有一个对应的 ACL，在该 ACL 数据结构上存储了此对象的所有授权信息。用户访问对象时，只有他在对象的 ACL 中并且具有所需的权限时才能访问该对象。当用户对该对象的访问权限发生变更时，只需要在 ACL 上更新对应的权限即可。

（1）数据库用户类型

用户也是数据库中的一类对象，可以根据用户名和密码登录数据库，然后用户根据被赋予的数据库操作权限，执行相应的数据库命令，从而操作和访问数据库。按照访问许可范围的不同，数据库用户可以分为两种类型：管理员用户，普通数据库用户。

1）管理员用户：DBMS 中管理员用户有初始用户和系统管理员用户两类。**初始用户**拥有系统的最高权限。这类用户都是在安装软件时就自动生成的。例如 openGauss 中的 omm 用户。**系统管理员用户**是在安装软件之后由初始用户采用 CREATE USER 命令创建的用户，这类用户在创建的时候具有 SYSADMIN 属性。具有 DBA 权限的用户有支配数据库所有资源的权限，同时对数据库负有特别责任，是数据库的超级用户。此类用户非常重要，实际应用中不能轻易指定。DBA 的权限主要包括：

①创建与操作数据库中所有数据对象。

②授予或收回其他用户的数据访问权。

③创建新用户或撤销已有用户。

④控制数据库的审计跟踪。

在 openGauss 的业务管理中，系统管理员拥有过度集中的权力，为了避免这种情况带来的高风险，可以设置三权分立，即将系统管理员的权限分成三部分：把创建角色的权力 CREATEROLE 分给安全管理员，把审计的权力 AUDITADMIN 分给审计管理员，形成系统管理员、安全管理员和审计管理员"三权分立"。三权分立后，系统管理员只对自己作为拥有者的对象有权限。

初始用户的权限不受三权分立设置影响，因此建议仅将初始用户作为 DBA，在具体的业务中使用其他类型用户。

2）普通数据库用户：普通数据库用户即 SQL 中具有连接数据库权限的用户。此类用户可以登录（连接）数据库，DBMS 根据 ACL 来判断用户是否具有读取或修改相应数据库中数据对象的权力。没有三权分立时，普通用户是由初始用户或者系统管理员、安全管理员创建的。当实施三权分立时，普通用户是由初始用户或者安全管理员创建的。安全管理员是在创建时就具有 CREATEROLE 属性的用户，或者通过 GRANT 命令被授予了 CREATEROLE 系统权限的用户，GRANT 命令将在后面详细介绍。

在 openGauss 中，新增用户的同时系统会自动创建同名角色。例 8.10 中创建的所有用户，系统都自动为他们创建了角色，如图 8.2 所示。在 openGauss 中，不区分登录用户和登录角色，见例 8.12。我们可以将这类角色理解为某个人的私有角色。

usename	usesysid	usecreatedb	usesuper	usecatupd	userepl	passwd
omm	10 t	t	t	t	t	********
gaussdb	16385 f	f	f	f	f	********
admin	25283 f	f	f	f	f	********
student1	25287 f	f	f	f	f	********
security1	25291 f	f	f	f	f	********

图 8.2　查看用户列表

【例 8.10】添加各类用户。

1）在 EMS 数据库内，创建系统管理员用户 admin，密码为 admin@123，SQL 语句表示为：

CREATE USER admin
WITH SYSADMIN
PASSWORD "admin@123";

2）创建普通用户 student1，密码是 student1@123，SQL 语句表示为：

CREATE USER student1
WITH PASSWORD "student1@123";

3）创建安全管理员 security1，密码是 security1@123，SQL 语句表示为：

CREATE USER security1
WITH CREATEROLE
PASSWORD "security1@123";

4）使用视图 pg_user 查看当前系统中的用户列表，SQL 语句表示为：

SELECT * FROM pg_user;

5）使用视图 pg_roles 查看当前系统中的角色列表，SQL 语句表示为：

SELECT * FROM pg_roles;

角色列表如图 8.3 所示。

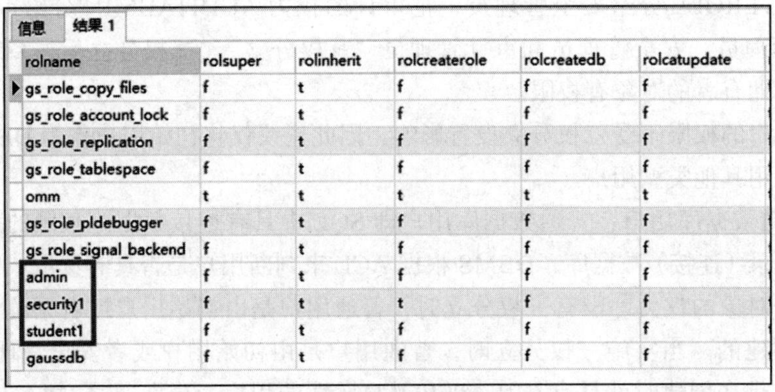

rolname	rolsuper	rolinherit	rolcreaterole	rolcreatedb	rolcatupdate
gs_role_copy_files	f	t	f	f	f
gs_role_account_lock	f	t	f	f	f
gs_role_replication	f	t	f	f	f
gs_role_tablespace	f	t	f	f	f
omm	t	t	t	t	t
gs_role_pldebugger	f	t	f	f	f
gs_role_signal_backend	f	t	f	f	f
admin	f	t	f	f	f
security1	f	t	t	f	f
student1	f	t	f	f	f
gaussdb	f	t	f	f	f

图 8.3 查看角色列表

6）使用系统表 pg_authid 查看用户属性，SQL 语句表示为：

```
SELECT *
FROM pg_authid
WHERE rolsystemadmin='t';
```

pg_authid 字段 rolsystemadmin 为真，表明该用户是管理员用户，通过查询结果可发现用户 admin 为管理员。

```
SELECT *
FROM pg_authid
WHERE rolcreaterole='t';
```

pg_authid 字段 rolcreaterole 为真，表明该用户拥有创建角色的权限，通过查询结果可发现用户 security1 为安全管理员。该用户拥有创建角色的权限。

7）删除 student1 用户，SQL 语句表示为：

```
DROP USER student1;
```

（2）角色机制

假设在数据库中数据库用户较多、用户流动性较强，某类用户都执行类似的数据操作，所需要的数据操作授权也都相同，例如学生都可以查成绩，但不可以对成绩做增删改操作。教师只对自己所教班级的成绩具有全部的权力，无权查看其他班级的成绩，更无法对其做增删改操作。如果需要安全管理员逐一对用户进行数据授权，则工作量会很大。在图 8.4 中 N 个用户的权限都是一样的，但需要逐一授权。为了便于管理，避免“一个一个”地进行相同的个别授权与收回，SQL 引入了“角色”机制。角色是一类用户的集合，该类用户具有相同的数据权限。通过在数据库中定义一些角色，例如学校数据库用户当中的教师角色、学生角色、管理人员角色等，并对每种角色，根据实际情形分别授予相应的数据权限，然后把角色赋予某些用户，此时这些用户就拥有了该角色的所有数据权限；如果收回某个用户的某个角色，则该用户就没有了这个角色的相应数据权限。角色机制使用户在取得角色后就能够通过用户标识享有相应角色的所有数据权限，从而避免了为每个用户分别授予或取消授权的烦琐。参见图 8.5 中每个用户的权限都是一样的，只需要把这些权限授予 student 这个角色，然后把这个角色赋予这 N 个用户，这些用户都拥有了这些权限。

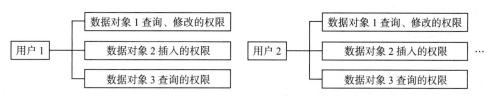

图 8.4　没有角色时逐一授权

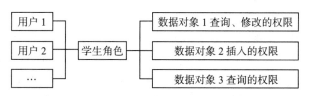

图 8.5　通过角色进行授权

在 SQL 中，用户（USER）是实际的人或者访问数据库的应用程序。角色（ROLE）被定义为一组具有相同权限的用户。用户和角色之间存在多对多联系，一个用户可以参与多个角色，一个角色也可以被授予多个用户。例如，把创建数据库的权限用 GRANT 语句授予角色 A，再把角色 A 授予用户 USER1，这样用户 USER1 就拥有了创建数据库的权限。

角色创建的语句格式为：

GRANT ROLE < 角色名 >

刚刚创建的角色并没有具体的权限内容，可以使用一般授权语句为角色授权。

角色授权的语句格式为：

GRANT < 权限 > [,< 权限 >]…

ON < 数据对象类型 > < 数据对象名 >

TO < 角色名 > [,< 角色 >]…

将角色授予其他用户的语句格式为：

GRANT < 角色名 > [，< 角色 >]…

TO < 用户名 > [，< 用户名 >]…

[WITH GRANT OPTION]；

角色之间可以存在一个角色链，也就是说可以将一个角色授予另一个角色，从而使后一个角色拥有前一个角色的权限。**将角色授予其他角色的语句格式为：**

GRANT < 角色名 1> TO < 角色名 2>；

角色收回的语句格式为：

REVOKE < 权限 > [,< 权限 >]…

ON < 数据对象类型 > < 数据对象名 >

FROM < 角色名 > [,< 角色 >]…

和其他数据库系统的角色概念不同，在 openGauss 中角色可分为两种：登录角色、组角色。如果一个角色拥有登录权限，则该角色被视为登录角色 (Login Role)，与登录用户等价，DBMS 创建一个带有登录权限的角色时会创建同名用户；如果一个角色表示一个组，则该角色被视为组角色 (Group Role)，通常组角色不需要拥有登录权限，DBMS 创建一个组角色时不会自动创建同名登录用户。

（3）授权语句

授权语句的一般格式如下：

GRANT{< 权限 1>,< 权限 2> …| ALL }

[ON < 数据对象类型 > < 数据对象名 >]

TO{< 用户 / 角色 >[, 用户 / 角色]…|PUBLIC}

[WITH GRANT OPTION]

GRANT 语句关系式的语义为：将指定的操作数据对象的权限授予指定用户或者角色。

在上述授权语句中，不同类型操作对象有着不同的操作权限，其中视图只有 SELECT、INSERT、UPDATE 和 DELETE 操作。PUBLIC 是一个公共用户，指的是全体用户。WITH GRANT OPTION 表示获得权限的用户可以将其获得的权限继续授权给其他用户。

【例 8.11】使用角色机制可以将权限授予用户，由此可见角色机制可以使自主授权的执行更加方便和灵活。

1）创建教师角色 Teacher，密码为 teacher@123；创建学生用户 Raul，密码为 raul@123；创建学生用户 White，密码为 white@123；创建学生用户 Mary，密码为 mary@123。其 SQL 语句表示为：

CREATE ROLE Teacher WITH PASSWORD "teacher@123";

CREATE USER Raul WITH PASSWORD "raul@123";

CREATE USER White WITH PASSWORD "white@123";

CREATE USER Mary WITH PASSWORD "mary@123";

此处创建角色时的密码即将来创建同名登录用户时的登录密码。

2）将对"学生"表的查询、更新和插入权限授予角色 Teacher，其 SQL 语句表示为：

GRANT SELECT, UPDATE, INSERT

ON TABLE 学生

TO Teacher;

3）将具有上述权限的角色授予 Raul、White 和 Mary，其 SQL 语句表示为：

GRANT Teacher TO Raul, White, Mary;

4）将 Teacher 赋予 White 的权限收回，其 SQL 语句表示为：

REVOKE Teacher FROM White;

5）增加 Teacher 在"学生"表上的 DELETE 权限，其 SQL 语句表示为：

GRANT DELETE

ON TABLE 学生

TO Teacher;

6）收回 Teacher 在"学生"表上的 UPDATE 权限，其 SQL 语句表示为：

REVOKE UPDATE

ON TABLE 学生

FROM Teacher;

【例 8.12】将"学生"表的 SELECT 权限和对其中学号的 UPDATE 权限授予用户 Tom 和 Lily。

1）创建用户 Tom 和 Lily，其 SQL 语句表示为：

CREATE USER Tom WITH PASSWORD "Tom@1234";

CREATE USER Lily WITH PASSWORD "Lily@1234";

2）此时查看系统角色表，发现存在 Tom、Lily，说明创建用户时系统自动创建了同名角色，其 SQL 语句表示为：

SELECT rolname FROM pg_roles；

3）将"学生"表的 SELECT 权限和学号的 UPDATE 权限授予用户 Tom，其 SQL 语句表示为：

GRANT SELECT, UPDATE（学号）

ON TABLE 学生

TO Tom

WITH GRANT OPTION；

4）以用户 Tom 的身份登录系统，即新建一个连接，用户名为 Tom，如图 8.6 所示。

图 8.6　以 Tom 身份登录数据库

Tom 将权限授予 Lily，其 SQL 语句表示为：

GRANT SELECT, UPDATE（学号）

ON TABLE 学生

TO Lily；

5）由于 DBMS 在创建用户的时候，也同时创建了 Tom 和 Lily 的同名角色，实际上我们也可以直接在第 3）步之后执行 SQL 语句：

GRANT Tom TO Lily；

这时候 Lily 这个角色就拥有了 Tom 角色的权限。在 openGauss 中，登录用户和登录角色不做区分。下面的例子中都会采用这种更为简便的方法。

【例 8.13】将"学生"表的 INSERT 和 UPDATE 权限授予角色 teacher3，同时允许 teacher3 将这两个权限再授予角色 teacher4。

1）创建不带有 LOGIN 属性的组角色 teacher3，带有 LOGIN 属性的登录角色 teacher4，其 SQL 语句表示为：

CREATE ROLE teacher3 WITH PASSWORD "teacher3@123"；

CREATE ROLE teacher4 WITH PASSWORD "teacher4@123" LOGIN；

2）此时查看系统用户表，发现只存在 teacher4，这是因为创建角色 teacher3 时没有分配 LOGIN 权限，所以没有创建同名用户。这说明只有创建带有登录权限的角色才会创建同名用户。查看系统用户表的 SQL 语句为：

SELECT username FROM pg_user；

3）将"学生"表的 INSERT 和 UPDATE 权限授予用户 teacher3，其 SQL 语句表示为：

GRANT INSERT, UPDATE

ON TABLE 学生

TO teacher3

WITH GRANT OPTION；

4）将角色 teacher 3 的权限转授予角色 teacher 4，其 SQL 语句表示为：

GRANT teacher3 TO teacher4；

5）如图 8.7 所示，打开客户端 Docker Desktop，单击 CLI 按钮，打开 openGauss 数据库的命令行界面。

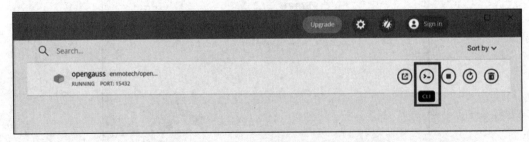

图 8.7　打开 openGauss 数据库的命令行界面

接着，如图 8.8 所示，输入 su 命令切换到 omm 用户，输入 gsql 命令可切换到数据库 EMS。

如图 8.9 所示，输入 \du 命令，可以看到角色 teacher4 属于组角色 teacher3。

由上述例子可知，GRANT 语句既可以一次向一个用户授权，也可以一次向多个用户授权，还可以一次传播多个同类对象的权限，以及一次完成对基本关系、视图和属性列等不同对象的授权。

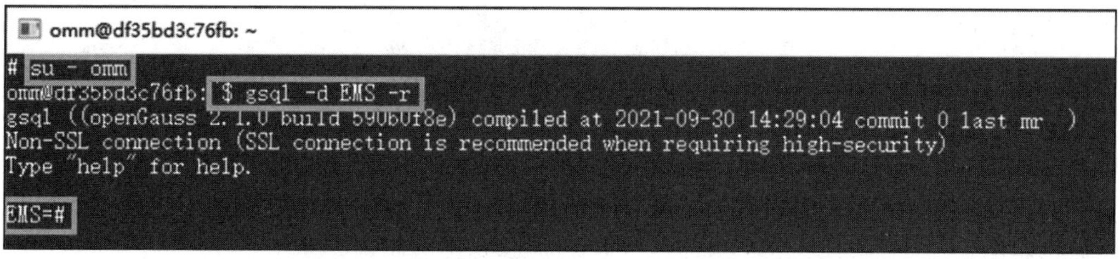

图 8.8　输入 gsql 命令

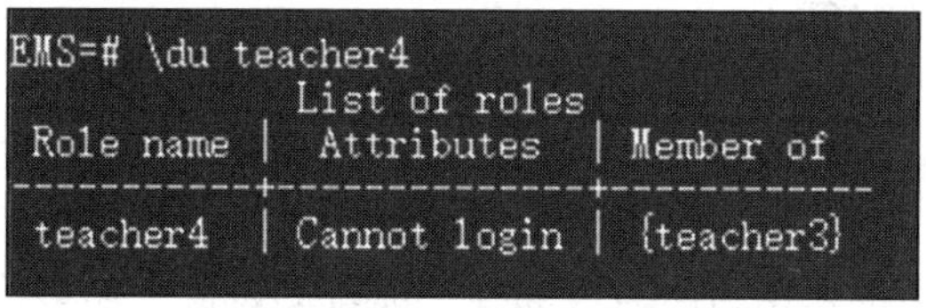

图 8.9　输入 \du 命令

（4）回收语句

用户 A 将某权限授予用户 B，则用户 A 也可以在它认为必要时将权限从 B 中回收，收回权限的语句称为回收语句，其具体形式如下：

REVOKE{|< 权限 > ALL}

[ON < 数据对象类型 > < 数据对象名 >]

FROM{< 用户 1>,< 用户 2>，…| PUBLIC }

[CASCADE | RESTRICT]；

语句中带有 CASCADE 表示回收权限时会引起级联（连锁）回收，而 RESTRICT 则表示不存在连锁回收时才能收回权限，否则拒绝回收。

【例 8.14】回收权限

1）从组角色 teacher3 中收回"学生"表上的插入和修改权限，并且是级联收回。其 SQL 语句表示为：

REVOKE INSERT, UPDATE

ON TABLE 学生

FROM teacher3

CASCADE；

这时系统不但会回收 teacher3 中"学生"关系上的插入和修改权限，还会把 teacher4 在"学生"上的插入和修改权限一并收回。

2）从用户 Lily 中收回用户 Tom 赋予的权限，其 SQL 语句表示为：

REVOKE Tom FROM Lily；

3. 审计技术

数据库安全对数据库系统来说至关重要。为了数据库安全，除了采取有效手段进行访问控制外，还可采取一些辅助的跟踪和审计手段，记录用户访问数据库的所有操作。数据库安全管理员可以利用日志信息，重现导致数据库现状的一系列事件，一旦发生非法访问，通过分析找出非法操作的用户、时间和内容等，这就是数据库安全性保护中的审计（Audit）。

在安全性考察过程中，如果怀疑数据库被修改，就可以调用相应审计程序。该程序将扫描审计追踪中某一时间段内的日志，检查所有作用于数据库的存取动作与相应操作。当发现一个非法的或者未经授权的操作时，DBA 就能够确定执行这个操作的账号。虽然还可以使用触发器建立审计追踪，但是通过数据库系统中的内置机制建立审计追踪更加方便。

8.3　事务与事务管理

一方面，数据库系统会发生各种故障。一旦发生故障，数据库的信息可能丢失或出现错误的情况，给用户造成极大损失。另一方面，多个用户会同时访问或者修改同一数据，例如，订票系统中多个用户同时订购某一航班的机票，如果不加以保护，则会发生多个用户定了同一个座位的情况。为了提高系统效率，系统允许多个程序同时操作，但为了避免并发操作间相互影响，需要建立并发操作机制，以避免各类错误的产生。所以为了保证数据库系统正常有效运行，还需要有一套特别的机制来保证数据库系统高效、一致、正确地运行。这就提出了数据库管理过程中的两个重要课题：一是如何保证数据库操作并发执行的正确性，二是如何保证数据库在系统发生故障时能从故障中恢复。研究和解决这两个课题的前提是设计一个在逻辑上"最小"的操作单位作为管理过程中的基本"粒度"单元。事务就是这样一个重要概念。本节先讨论事务的概念和基本性质，然后再利用事务控制技术来研究数据操作并发控制，最后讨论数据库的故障恢复。

8.3.1　事务的概念与性质

1. 事务的概念

事务（Transaction）是 DBMS 的基本执行单位之一，事务是由用户定义的一个数据操作的有限序列，这个操作序列具有"要么全做，要么全不做"（All or Nothing）的特性。

事务可以分为长事务和短事务两类。短事务是一条更新（插入、删除或修改）的操作语句，在关系数据库中，表现为一个 SQL 更新的语句。短事务不需要定义，是一个隐式的事务。例如以下一条给全体员工的工资增加 10% 的更新语句：

UPDATE EMPLOYEE SET SALARY=SALARY*1.1

如果这个表中有 1000 位员工，则更新语句的执行要涉及 1000 位员工。如果这条语句没有包含在任何事务中，则这条更新语句就是一个短事务，DBMS 会保证这个更新的操作要么全做，要么全不做。如果在更新语句执行的过程中停电了，只执行了 138 位员工的更新，则 DBMS 会在启动之后，数据库正常运行之前，将 138 位员工的更新全部取消，将数据库的状态恢复为从没有做过这个操作的状态。如果没有事务的控制机制，停电重启后，是无法直接判读哪些员工执行了更新，哪些还没有的。

长事务是一个具有完整功能的用户程序，例如一次转账、一次网上购物。程序由一系列数据库操作构成，通常是一组 SQL 语句的序列，涉及更新表数据库中的数据。这些操作构成一个操作序列，序列中的操作要么全做，要么全不做，整个序列是一个不可分

割的"原子化"操作单位。这就是事务的一个特性：原子性。例如从 A 账户转账 1000
元到 B 账户的事务中至少涉及两个对数据库的更新操作：①在 A 账户新增一个交易条
目，该交易条目在原有账户的余额上减少 1000 元；②在 B 账户新增一个交易条目，该
交易条目在原有账户的余额上增加 1000 元。由于我们把①和②定义为一个事务，如果
执行完①之后机器坏了，重启了，只执行了①的更新，则 DBMS 会在启动之后，数据库
正常运行之前，将①所做的更新全部取消，将数据库的状态恢复为从没有做过这个操作
的状态。如果没有事务的控制机制，停电重启后，这会出现 A 账户中少了 1000 元，而
B 账户中没有增加 1000 元的错误。这两个动作应构成一个不可分割的整体，不能只做前
一动作而忽略后一动作，这个业务必须完整，要么完成其中所有动作，要么不"提交"其
中任何动作，否则从账户 A 中减掉的金额就"消失"了。这种"不可分割"的业务单位对
于数据库业务的并发控制和数据库的故障恢复非常必要，这就是"事务"的基本概念。

一般而言，数据库应用程序都是由若干个事务组成的，每个事务可看作数据库的一
个状态，形成了数据的某种一致性，而整个应用程序运行过程则是通过不同事务使得数
据库由某种一致性不断转换到另外一种新的一致性的过程。

2. SQL 事务机制

在大多数情况下，数据库的一条语句就是一个短事务，而数据库中的长事务是用户
通过 SQL 语句来定义的。在 SQL 中，用于事务控制的主要语句如下：

1）事务开始语句：BEGIN TRANSACTION。

2）事务提交语句：COMMIT [TRANSACTION]。

3）事务回滚语句：ROLLBACK [TRANSACTION]。

当前事务正常结束，用提交语句通知系统，表示事务执行成功，应当"提交"，数据
库将进入一个新的正确状态。系统将该事务对数据库的所有更新数据由磁盘缓冲区写入
磁盘，从而交付实施。要注意的是，在有些数据库系统中，如果事务在开始时没有使用
事务开始语句，则提交语句同时还表示一个新事务的开始。

一般来讲，当前事务非正常结束时，用回滚语句通知系统，告诉系统事务执行发生
错误，不成功地结束，数据库可能处在不正确的状况，该事务对数据库的所有操作必须
撤销，使其对随后的事务永不可见。数据库将恢复到最近一次提交时的状态，而该事务
回滚到其初始状态，即事务的开始之处并重新开始执行。

【例 8.15】新建银行数据库和对应的"账户"表，模拟两个账户转账，转账失败则
事务回滚。

1）新建银行数据库，并在银行数据库中新建"账户"表，插入相关信息，SQL 语
句表示为：

```
CREATE DATABASE BANK;
CREATE TABLE 账户 (
    银行卡号 VARCHAR(23) PRIMARY KEY,
    身份证号 VARCHAR(18) UNIQUE NOT NULL,
    姓名 VARCHAR(12) NOT NULL,
    余额 NUMERIC NOT NULL CHECK( 余额 >=0)
```

);

INSERT INTO 账户 VALUES('6217×××××××××××××','440××××××××××××××',

' 李红 ',2500.5);

INSERT INTO 账户 VALUES('6217×××××××××××××','440××××××××××××××',

' 刘佳 ',4001);

INSERT INTO 账户 VALUES('6217×××××××××××××','440××××××××××××××',

' 高兴 ',1400);

2）李红转账给一个不存在的银行账号，转账失败，事务回滚，SQL 语句表示为：

DO $$

BEGIN

　　UPDATE 账户

　　SET 余额 = 余额 -1000

　　WHERE 银行卡号 ='6217×××××××××××××';

　　IF EXISTS(SELECT 1

　　　　　　　FROM 账户

　　　　　　　WHERE 银行卡号 ='6217×××××××××××××') THEN

　　　　UPDATE 账户

　　　　SET 余额 = 余额 +1000

　　　　WHERE 银行卡号 ='6217×××××××××××××';

　　ELSE

　　　　ROLLBACK;

　　END IF;

END$$；

此时查看账户表，可发现李红的余额不变，如图 8.10 所示。

银行卡号	身份证号	姓名	余额
▶ 6217××××××××××××	440××××××××××××	李红	2500.5
6217××××××××××××	440××××××××××××	刘佳	4001
6217××××××××××××	440××××××××××××	高兴	1400

图 8.10　查看李红的余额

3. 事务的性质

数据库中一般的操作序列和基于事务的操作序列是不同的，这是因为在数据管理过程中，DBMS 会通过保证事务的某些特性，来维护数据库的正确性、一致性。在数据库事务处理过程中，事务的正常状态由 "ACID" 性质或准则来保证和维持，这里 "ACID" 是事务的四个基本性质的英文单词首字母组成的。

1）原子性（Atomicity）：一个事务中所有操作要么全执行，要么全不执行，是一个不可分割的整体。

2）一致性（Consistency）：事务的执行应当使得数据库由一种一致性状态迁移到另一种新的一致性状态。在这种更新过程中，事务的一致性保证数据库的完整性。

3）隔离性（Isolation）：多个事务并发执行的结果与这些事务串行执行的结果"等效"，即多事务并发执行的结果与在单用户环境下事务逐一执行的结果一致。

同时执行若干个数据库事务，或者多个不同事务同时操作同一数据通常就是并发执行。不受控制的并发执行会带来许多问题，为此，通常要求"同时执行若干业务"的结果应当"等效"于"一个一个"轮流执行的结果。

4）持久性（Durability）：对一个已经提交的事务，事务应永久地保存对数据库的更新。

一个事务一旦完成其全部操作，它对数据库所有更新操作的结果就将永存在数据库中，即使以后发生故障，也能够通过相应的故障恢复保留这个事务的执行结果。这种事务作用的持久性意义在于保证数据库具有故障的可恢复性。比如，打开一个 word 文档，磁盘中的文档会调入内存中，用户所做的修改是基于内存的，如果没有自动保存机制或者用户没有按下保存菜单，当停电或者重启时，用户对文档所做的修改就丢失了，此时就不具有故障的可恢复性。

保证事务的 ACID 性质是保证数据库系统高效、一致、正确运行的前提。不仅单个事务的执行需要满足 ACID 性质，多个事务并发执行也要满足；不仅在系统正常运行时事务需要满足 ACID 性质，在系统发生故障时也要满足。用于保障并发执行时事务满足 ACID 性质的技术就是数据库的并发控制，用于保障在发生故障时满足 ACID 性质的技术就是数据库的故障恢复。数据操作的并发控制以及数据库的故障恢复都以事务管理为核心的。由于并发控制和故障恢复是数据库系统管理和保护的基本内容。

8.3.2　并发控制技术

对一个事务而言，在不同执行阶段需要使用系统的不同资源，有时需要 CPU，有时需要访问磁盘，有时需要 I/O，有时需要通信。也就是说，一个事务并不是同时使用系统所有资源的，而且对不同的事务来说，它们使用各种系统资源的顺序也很不相同。当事务串行执行时，不少系统资源可能会空置；如果实行事务并发操作，就可以交错地使用系统各种资源，充分有效利用资源，从而提升系统的资源利用率。虽然多事务并发执行可以大幅度提升系统效率，但对并发执行过程应当加以控制，否则会导致各种错误。下面讨论如何采用并发控制技术来避免各种错误。

1. 串行与并发执行

在事务活动过程中，只有一个事务完全结束后，另一事务才开始执行，这种执行方式称为事务的串行执行或者串行访问，如图 8.11 所示。

在事务执行过程中，如果 DBMS 同时接纳多个事务，事务执行时间就会出现重叠，这种方式称为事务的并发执行或者并发访问。

由于计算机系统的不同，并发执行又可分为两种类型。

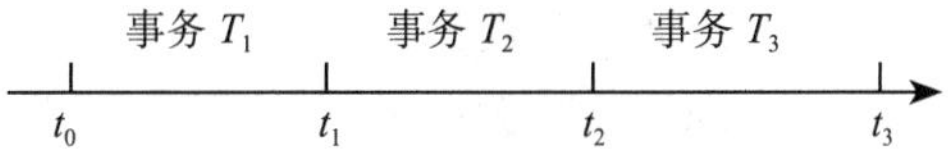

1）在单 CPU 系统中，同一时间只能有

事务 T_1　　事务 T_2　　事务 T_3

t_0　　t_1　　t_2　　t_3

图 8.11　事务的串行执行

一个事务占用 CPU，因此实际情形是各个并发执行的事务交叉使用 CPU，这种并发方式称为交叉并发执行或分时并发执行，如图 8.12 所示。

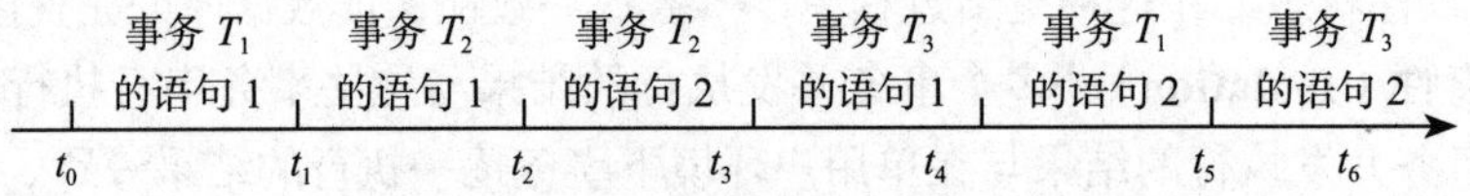

| 事务 T_1 的语句 1 | 事务 T_2 的语句 1 | 事务 T_2 的语句 2 | 事务 T_3 的语句 1 | 事务 T_1 的语句 2 | 事务 T_3 的语句 2 |

$t_0 \qquad t_1 \qquad t_2 \qquad t_3 \qquad t_4 \qquad t_5 \qquad t_6$

图 8.12　事务的并发执行

2）在多 CPU 系统中，多个并发执行的事务可以同时占用系统中的 CPU，这种方式称为同时并发执行。

以下主要讨论交叉并发执行。

2. 并发引起的不一致问题

不同用户在同一时间访问同一数据内容可能引发冲突，冲突可能导致数据不一致问题。未实行并发控制而产生数据不一致主要有下面三种情形。

（1）丢失更新

丢失更新（Lost Update）是指两个事务 T_1 和 T_2 从数据库读取同一数据并进行更新，其中事务 T_2 提交的更新结果破坏了事务 T_1 提交的更新结果，导致事务 T_1 的更新丢失。丢失更新是两个事务对同一数据并发进行写操作所引起的，因而称为写 - 写冲突（Write-Write Conflict）。

如图 8.13 所示，有 A 和 B 两个客户同时下单订购 productA，如果这个系统允许用户并发执行，那么 A 和 B 两个客户按照下述顺序开展网购业务：

1）时刻 t_1，A 执行事务 T_1，读出数据库中 productA 的余额数（余额数）为 10。

2）时刻 t_2，B 执行事务 T_2，也读出数据库中 productA 的 quantity 为 10。

3）时刻 t_3，A 继续执行事务 T_1，订购了 4 份 productA，修改 quantity=quantity-4=10-4=6，将 6 写回数据库。

4）时刻 t_4，紧接着，B 继续执行事务 T_2，订购了 3 份 productA，修改 quantity=quantity-3，此时 quantity=10-3=7，将 7 写回数据库。

最终数据库中 quantity 为 7，系统实际售出 7 份产品，但在数据库中仅减去 3 份，可见产生了错误。这个错误是因为事务 T_1 与事务 T_2 访问同一数据并进行更新，T_2 提交的结果覆盖了 T_1 提交的结果，导致 T_1 的更新丢失。

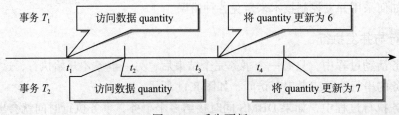

图 8.13　丢失更新

（2）读"脏"数据

所谓读"脏"数据（Dirty Read），是指事务 T_1 更新数据后，事务 T_2 读取更新后的数据，接下来 T_1 因故被撤销，使得数据恢复为原值。这时，T_2 得到的数据是数据库运行过程中的中间状态，T_2 应该读到 T_1 事务开始前的数据状态，或是 T_1 事务提交之后的数据状态。这种中间状态违法了隔离性，这种数据通常称为"脏"数据。

读"脏"数据是一个事务读取了另一个事务尚未提交的数据所引起的，因而称为读－写冲突（Read-Write Conflict）。这种情形如图 8.14 所示。

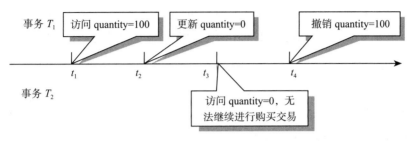

图 8.14　读"脏"数据

1）时刻 t_1，事务 T_1 读取数据 quantity=100，购买了全部 100 份商品。在时刻 t_2，quantity=0。

2）时刻 t_3，此时事务 T_2 读取 productA 的 quantity=0。这时候显示没有库存了，用户无法购买。

3）时刻 t_4，事务 T_1 回滚了。

这样，T_2 读取的就是数据库中数据的一个中间状态，即"脏"数据。

（3）不可重复读

不可重复读（Non-repeatable Read）是指当事务 T_1 读取数据 a 的值为 a' 后，事务 T_2 也对 a 进行读更新得到 a''，当 T_1 再读取 a 进行校验时，发现前后两次读取值发生了变化，导致校验失败。不可重复读也是由读－写冲突引起的。这种情形如图 8.15 所示。

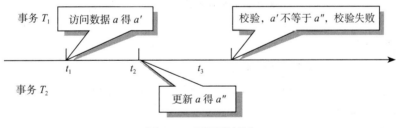

图 8.15　不可重复读

1）时刻 t_1，事务 T_1 读取数据 a 为 a'。

2）时刻 t_2，事务 T_2 修改数据 a 为 a''。

3）时刻 t_3，事务 T_1 读取数据 a 校验，发现两次读取 a 的状态不一致，校验失败。

数据更新包括数据插入、数据删除和数据修改三种情况。如果数据的更新是对原有数据的修改，则称为不可重复读；如果数据更新是删除和插入，则通常就称为幻象读。例如事务 T_1 按照 WHERE 性别 =' 女 ' 的查询条件从数据库中读取所有女生的数据集 a 后，事务 T_2 删除了 a 中某个女生的记录，当事务 T_1 再次按照 WHERE 性别 =' 女 ' 来读取该数据集时，发现此时的数据集 a 和上次读的数据集 a 已经不是同一个数据集了。又比如，事务 T_1 按照 WHERE 性别 =' 女 ' 的查询条件从数据库中读取某个数据集 a 后，事

务 T_2 在 a 中插入了一条女生记录,当事务 T_1 再次按照同一条件读取数据集,发现 a 中多出了某条记录,此时的数据集 a 和上次读的数据集 a 也已经不是同一个数据集了。

8.3.3 封锁与封锁协议

事务的并发控制就是对多事务并发执行中的所有操作按照正确方式进行调度,使得并发调度的结果等效于某种串行调度的结果。并发控制主要采用封锁技术。

1. 封锁的概念

当一个事务 T 需要对数据对象 A 进行读 / 写操作时,必须向系统申请数据上的读 / 写锁。若申请的锁与该数据对象上已经授予的锁之间不存在冲突,就可以获得相应的锁;如果申请的锁与该数据对象上已经授予的锁之间存在冲突,就需要等待,系统会维护一个锁表,锁表中会存放数据对象已经授予的锁,以及等待授予锁的队列。等那些已经授予的发生冲突的锁被释放之后,事务 T 就可以获得相应的锁。只有在获得锁之后,事务 T 才可以对数据对象 A 进行读 / 写操作。事务 T 提交之后立即释放相应的锁。

基于封锁技术的事务进程如图 8.16 所示。

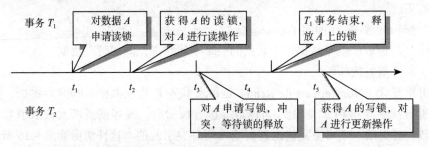

图 8.16　基于封锁技术的事务进程

2. 封锁的类型

封锁可分为排他锁和共享锁两种形式。

1)排他锁:排他锁(Exclusive Locks)又称为写锁或 X 锁。其含义是:事务 T 获得了数据对象 A 的 X 锁之后,T 可以对 A 进行读写,而其他事务只有等到 T 事务提交并释放了对 A 的 X 锁之后,才能对 A 进行封锁和读写操作。

当一个事务 T 获得了数据对象 A 的 X 锁之后,DBMS 就不会再批准其他事务对数据对象 A 的任何锁的申请,所以其他事务不能对 A 进行任何操作,只能等待锁的释放。保证事务 T 对数据对象 A 的独占性。

2)共享锁:共享锁(Sharing Locks)又称为读锁或 S 锁。其含义是:事务 T 获得了数据对象 A 上的 S 锁之后,T 可以读 A 但不能写 A;同时其他事务可以对 A 加 S 锁但不能加 X 锁,即共享锁允许多个不同事务同时读 A,但在事务 T 释放 A 上的 S 锁之前,其他事务(包括 T 本身)都不能写 A。

综上所述,一个事务 T_1 获得了数据对象 A 上的某种锁,而另一个事务 T_2 也想申请对数据对象 A 的锁,是否会成功呢?

在表 8.2S 锁和 X 锁的相容矩阵中,左侧表示事务 T_1 在数据对象上已经获得的锁的类型，其中"no lock"表示该数据对象上没有加任何锁。上部表示另一事务 T_2 对同一数据对象发出的封锁请求。T_2 的封锁请求能否满足用√或者 × 表示，其中√表示 T_2 的封锁请求与 T_1 已获得的锁相容，可以满足 T_2 的封锁请求；× 表示 T_2 的封锁请求与 T_1 已获得的相冲突，T_2 的封锁请求被拒绝。

表 8.2　S 锁和 X 锁的相容矩阵

		T_2	
		X	S
T_1	S	×	√
	X	×	×
	no lock	√	√

从事务操作角度来看，并发执行过程中之所以会出现丢失更新、读"脏"数据和不可重复读等问题，主要是因为"写－写"冲突和"读－写"冲突，由此可见，并发控制的主要任务就是避免访问过程中由"写"冲突引发的数据不一致现象，锁的机制就是通过上锁的方法来避免并行调度过程中冲突操作带来的错误。

8.3.4　封锁协议

三级封锁协议可以在不同程度上避免前述"丢失更新""读脏数据"和"不可重复读（幻象读）"问题，从而为数据一致性提供基本保证。

1. 一级封锁协议

事务 T 在对数据对象 A 进行写操作之前，必须对 A 加 X 锁，保持加锁状态直到事务结束（包括 COMMIT 与 ROLLBACK）才可释放加在 A 上的 X 锁。

采用一级封锁协议之后，事务在对数据对象 A 进行写操作时必须申请 X 锁，以保证其他事务对 A 不能做写操作，直至事务结束，才能释放 X 锁。因为"脏"读是"写－写冲突"，所以一级封锁协议要求写操作申请锁，阻止了其他事务的写操作，直至事务结束，才能释放 X 锁，其他事务才能申请到锁，因而可以防止"丢失更新"所产生的数据不一致问题。对事务实施一级封锁可避免修改丢失，见表 8.3。"Xlock quantity"表示对数据对象 A 申请 X 锁：如果申请成功，则会执行相应的读写操作；如果申请不成功，就会处于等待状态一直等到锁释放。"UnXlock quantity"表示释放数据对象 quantity 上的 X 锁。但是采用一级封锁协议之后，不能阻止其他事务进行读操作，因为其他事务进行读操作时不需要申请任何锁，而"脏"读和不可重复读都是读－写冲突，所以一级封锁协议无法解决"脏"读和不可重复读问题。

表 8.3　一级封锁协议防止丢失更新

t	T_1	T_2	t	T_1	T_2
01	Xlock quantity		07		Get Xlock quantity
02	Read quantity=10		08		Read quantity=6
03	quantity ← quantity−4	Xlock quantity	09		quantity ← quantity−3
04	Write quantity=6	Wait	10		Write quantity=3
05	Commit	Wait	11		Commit
06	UnXlock quantity	Wait	12		UnXlock quantity

2. 二级封锁协议

事务 T 在读取数据对象 A 之前必须先对 A 加 S 锁，在读完之后即刻释放加在 A 上的

S 锁。此封锁方式与一级封锁协议一起构成二级封锁协议。

对事务实施二级封锁，即可防止读
"脏"数据，见表 8.4。二级封锁协议包含
一级封锁协议的内容。按照二级封锁协议，
事务 T 获得了数据对象 A 上的写锁；其他
事务对数据对象 A 做写操作时需要申请 X
锁，因为申请不到写锁，只能等待至事务
T 结束，从而防止了丢失数据。其他事务
想做读操作需要申请 S 锁，因为申请不到
读锁，只能等待直至事务 T 结束，从而防
止了读"脏"数据。由于不可重复读的问

表 8.4 使用二级封锁协议可以防止读"脏"数据

t	T_1	T_2
01	Xlock quantity	
02	Read quantity=100	
03	Write quantity=0	
04		Slock quantity
05	ROLLBACK(quantity=100)	Wait
06	UnXlock quantity	Wait
07		Get Slock quantity
08		Read quantity=100

题中，事务 T 获得了数据对象 A 上的读锁，其他事务对数据对象 A 做写操作时需要申请
X 锁，但因为事务 T 读完之后马上释放，其他事务不用等到事务 T 结束，所以其他事务
没有等到事务 T 结束就获得了写锁，从而不能防止不可重复读的发生。

3. 三级封锁协议

事务 T 在读数据对象 A 之前必须先对 A 加 S 锁，直到事务结束才能释放加在 A 上的
S 锁。这种封锁方式与一级、二级封锁协议一起构成三级封锁协议。

在三级封锁协议中，由于包含一级封锁协议，防止了丢失修改；由于包含二级封锁
协议的基本内容，防止了读"脏"数据；对于不可重复读的问题，由于事务 T 获得了数
据对象 A 上的读锁，其他事务对数据对象 A 做写操作时需要申请 X 锁，但因为事务 T
读完之后不能马上释放，需要等到事务 T 结束，所以其他事务只有等到事务 T 结束才能
获得写锁，从而防止了不可重复读的发生。

三级封锁协议同时防止并发执行中的三类问题。执行三级封锁，可以防止不可重复
读，见表 8.5。

表 8.5 使用三级协议防止不可重复读

t	T_1	T_2	t	T_1	T_2
01	Slock A		07		Wait
02	Read A=60		08		Get Xlock A
03		Xlock A	09		Write A=200
04	Read A=60	Wait	10		Commit
05	Commit	Wait	11		UnXlock B
06	UnSlock A	Wait			

8.3.5 死锁及解决办法

采用三级封锁协议或是两级封锁协议，可以有效解决并发执行中发生的错误。但封
锁技术本身也会带来一些问题，其中主要是死锁问题。

1. 死锁

死锁（Dead Lock）就是若干个事务都处于等待状态，相互等待对方解除封锁，结果

这些事务都无法进行，系统进入对锁的循环等待。具体而言，多个事务申请不同锁，申请者既拥有一部分锁，又在等待其他事务所拥有的锁，这样的相互等待，使得它们都无法继续执行。死锁实例见表 8.6。在表 8.6 中，事务 T_1 需要先访问数据对象 A，再访问数据对象 B，而事务 T_2 需要先访问 B 再访问 A。

表 8.6　死锁实例

t	T_1	T_2	t	T_1	T_2	t	T_1	T_2
01	Xlock A		04		Read B	07	Wait	Xlock A
02		Xlock B	05	Xlock B		08	Wait	Wait
03	Read A		06	Wait		09	Wait	Wait

当 T_1 对 A 申请 X 锁后，再对 B 申请 X 锁时，T_2 已经对 B 申请了 X 锁，同时又在对 A 申请 X 锁。这样就出现了资源等待的环路，如图 8.17 所示。

2. 死锁的解决办法

数据库中难以完全避免死锁问题，因此需要讨论相应的解决方法。目前有多种解决死锁的办法。

图 8.17　资源等待的环路

（1）预防死锁发生

预防死锁发生，即预先采用一定的操作模式以避免死锁出现，主要有以下两种模式。它们也是优化访问数据库的代码的方法：

1）顺序申请法：将封锁的对象按顺序编号，事务在申请封锁时按顺序编号（从小到大或者反之）申请，这样就可避免死锁发生。例如都先申请数据对象 A 的锁，再申请数据对象 B 的锁。

2）一次申请法：事务在开始执行时一次性申请它所需要的所有锁，并在操作完成后一次性归还所有锁。使用一次申请法可能导致占用锁的时间变长，不利于并发。

这两种方法是优化代码的方法。顺序申请法只适用于访问顺序无关的简单情况，但实际的业务系统中不会只有这种简单的情况，所以死锁不可避免。

（2）允许产生死锁

允许产生死锁，即死锁在产生后被一定手段解除。这里的关键是如何及时发现死锁，通常可以采用下述方法：

1）定时法：对每个锁设置一个时限，当事务等待此锁的时间超过时限，即认为已经产生死锁，此时调用解锁程序，以解除死锁。这种方法也可能出现误报的情况，有可能某个长事务的封锁导致等待时间过长，但实际上并没有发生死锁。

2）等待图法：事务等待图是一种特殊的有向图 G，其中 G 的顶点表示正在运行的事务，G 的边表示事务等待的情形。事务等待图实例如图 8.18 所示。其中，如果事务 T_2 等待事务 T_1，就画出由 T_2 指向 T_1 的有向边等。建立事务等待图后，检测死锁就转化为判断 G 中是否存在回路问题。并发控制子系统周期性检测事务等待图，检测方法可以基于"数据结构与算法"中的拓扑排序原理，即如果 G 中顶点能够实

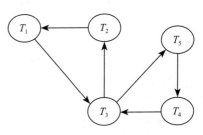

图 8.18　事务等待图实例

现拓扑排序，则其中没有回路，即无死锁存在，否则事务等待图中就存在死锁。

发现死锁后，通常选择一个代价最小的事务进行事务的回滚，即撤销该事务好像它从来没有执行过一样。在图 8.18 中，可以通过回滚事务 T_3，使其余并发事务继续执行。

在 DBMS 运行时，人们不希望发生死锁现象，因为死锁意味着资源的浪费。但是，在数据库系统之中，死锁是不可避免的，是对错误执行的并发操作的一种纠正机制，所以通过检测死锁、回滚事务，可以消除错误的并发调度。

8.3.6 多粒度封锁

从逻辑上看，数据库中的数据对象既可以是整个数据库，也可以是若干个关系表，既可以是一个关系表的所有元组，也可以是某些元组。从物理上看，它既可以是所涉及的整个数据库文件，也可以是其中的一个或若干个数据页面等。8.3.4 节中封锁时的相容矩阵就表明两个事务针对同一个数据对象至少有一个写锁时会相互冲突。图 8.19 中上锁是冲突的吗？T_1 事务已经获得了表 2 上的 S 锁，T_2 事务想对表 2 中的页面 1 上 X 锁，这两个数据对象明显不是同一个，但是它们之间存在包含的关系。当事

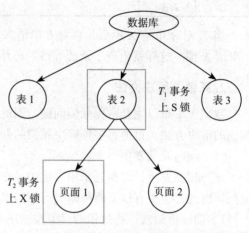

图 8.19 封锁粒度的例子

务 T_2 申请 X 锁时，能成功获得锁吗？这就是封锁粒度（Lock Granularity）问题。

1. 封锁粒度

在实行封锁时，需要考虑封锁对象或目标的"大小"。封锁对象不同将会导致封锁效果不同。实行事务封锁的数据目标的大小称为该封锁的封锁粒度。在关系数据库中封锁粒度一般分为逻辑单元和物理单元两种。

1）逻辑单元：包括单个属性（值）和属性（值）集合、单个元组和若干元组集合、单个关系表和若干关系表集合以及整个数据库等。

2）物理单元：包括存储块、存储页面和索引等。

事务对于数据的封锁粒度可大可小。一般而言，采用较小封锁粒度例如元组等，会提高并发操作性能，但较小的封锁粒度也意味着需要创建和管理更多的锁，由于 DBMS 在内存中需要维护锁表，因此这会给内存带来较大的系统开销。如果采用较大的封锁粒度例如表，就不需要那么多锁，系统需要维护锁的开销就较少，但封锁粒度大也会限制其他事务对该表中其他记录或者页面的访问，降低操作的并发程度。在实际应用中，综合平衡不同需求、合理选取封锁粒度是非常重要的。比较理想的情形是在一个系统中能同时存在不同大小的封锁粒度对象供不同事务选择和使用。一般来说，对于只处理一张表中少量元组的事务，以元组作为封锁粒度比较合适；对于处理一张表中大量元组的事务，则以关系作为封锁粒度较为合理；对于处理整个数据库的事务，则以数据库作为封锁粒度，例如备份。

现有 DBMS 一般都具有多粒度锁定功能，允许一个事务锁定不同粒度的数据对象。

2. 意向锁

当采取多粒度封锁技术时，可采用以下两种封锁方式：

1）基于数据对象自身的封锁：此时系统按照相关事务的请求，直接封锁该数据对象。

2）基于数据对象上层对象的封锁：此时系统按照相关事务的请求，对该数据对象更高粒度的上层对象上意向锁。意向锁表示一种封锁意向，当需要从某些底层数据对象如元组上获取共享锁时，可以先对高层数据对象如元组所属的页面、关系表、数据库上共享意向锁。

意向锁可以分为共享意向锁、排他意向锁和共享排他意向锁三种情形。

1）共享意向锁。当事务 T 对给定数据对象实施 S 锁时，T 需要对该数据对象的上层数据对象上共享意向锁。

2）排他意向锁。当事务 T 对给定粒度数据对象实施 X 锁时，则 T 需要对该数据对象的上层数据对象上排他意向锁。例如，事务 T 对关系表 R 实施排他意向锁，则意味着 T 要对 R 中的某些元组或者某些页面实施 X 封锁。

3）共享排他意向锁。事务 T 对给定粒度数据对象实施共享排他意向锁，则表明 T 的意向就是读取整个数据对象，并对该数据对象的下层数据对象进行更新。共享排他意向锁等同于事务 T 对某一个数据对象先施加 S 锁再施加排他意向锁。例如，事务 T 对关系表 R 实施共享排他意向锁，则意味 T 要对 R 实施 S 锁，读取整张表，但同时也要对 R 中某些元组或是某些页面实施 X 锁，进行更新。

锁的相容矩阵见表 8.7，它是两个不同的事务对同一个数据对象申请锁能否成功的判断标准。"是"表示能成功申请到锁。

T_1 事务已经获得了表 2 上的 S 锁，T_2 事务想对表 2 中的页面 1 上 X 锁，这两个对象虽然不是同一个对象，但是它们之间存在包含的关系。当事务 T_2 申请 X 锁时，会成功获得锁吗？

如图 8.20 所示，T_1 获得了表 2 上的 S 锁，获得 S 锁之前还获得了上层数据对象——数据库上的 IS 锁。当 T_2 事务想对表 2 中的页面 1 上 X 锁时，首先要申请所有上层数据对象的 IX 锁，包括数据库和表 2 的。T_2 事务在数据库上申请 IX 锁能不能成功？通过查表 8.7 的相容矩阵，发现数据库上已经有的 IS 锁和要申请的 IX 锁是不冲突的，所以

表 8.7　锁的相容矩阵

	IS	**S**	**U**	**IX**	**SIX**	**X**
IS	是	是	是	是	是	否
S	是	是	是	否	否	否
U	是	是	否	否	否	否
IX	是	否	否	是	否	否
SIX	是	否	否	否	否	否
X	否	否	否	否	否	否

注：共享意向锁，IS；共享锁，S；更新锁，U；排他意向锁，IX；共享排他意向锁，SIX；排他锁，X。

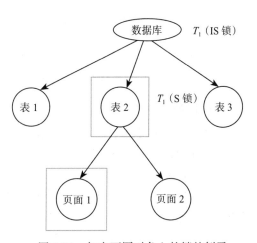

图 8.20　加在不同对象上的锁的例子

T_2 事务在数据库上申请 IX 锁能成功。那么 T_2 事务在表 2 上申请 IX 锁能不能成功？表 2 已经有的 S 锁和要申请的 IX 锁是冲突的，所以 T_2 申请表 2 上的 IX 锁没有成功，需要等待锁的释放。

8.4　数据库故障恢复

一个数据库管理系统除了要有良好的完整性、安全性保护措施及并发控制能力之外，还需要有基本的故障恢复机制。数据库恢复原理也是建立在事务概念基础之上的，实现恢复的基本思想是使用数据库的备份以及数据库的变更历史记录本——"日志文件"，来重新构建数据库中已被损坏的部分，或者修复数据库中已不正确的数据。虽然数据库恢复的原理和思路简单，但具体实现技术却相当复杂。

8.4.1　数据的故障与恢复技术

1. 数据库故障

常见的数据库故障主要有事务故障、系统故障和磁盘（介质）故障三类。

（1）事务故障

导致某一个事务中断无法正常执行完毕，但没有损坏磁盘介质的故障称为事务故障。事务故障的基本特征是故障的影响范围在一个事务之内。事务故障是由执行代码过程中所产生的逻辑错误（数据输入错误、数据溢出和资源不足等）或系统错误（活锁与死锁、事务执行失败等）引起的，使得事务尚未运行到终点即告夭折。事务故障只影响一个事务。

（2）系统故障

此类故障由系统硬件（例如 CPU）故障、操作系统故障、DBMS 代码错误、停电等原因造成，此类故障导致整个系统停止工作、内存信息丢失、所有正在工作的事务全部非正常终止，但磁盘介质中的数据不受影响，数据库没有遭到破坏。

（3）介质故障

由于磁盘等存储介质损坏而造成数据库中数据丢失，由此引起的故障称为介质故障。如果存放操作系统的硬盘发生了故障，这个故障属于系统故障，此时数据库文件从物理上看没有被破坏，从逻辑上看数据有一些不一致；介质故障是数据库硬件层面的损坏，它导致数据库文件被破坏，无法再使用。

2. 数据恢复技术

既然事务故障中事务不能正常地执行到提交，其恢复处理的本质就是撤销（undo）这个事务所做的所有操作，让其好像从来没有执行过一样。整个恢复的过程由系统自动完成，无须任何人工干预。

系统故障的影响范围是一个事务的集合，分成两类情况：①发生故障时事务还没有提交，这类事务故障恢复处理的本质是回滚这类事务所做的所有操作，让其好像从来没有执行过一样；②发生故障时事务已经提交，由于相关数据的修改可能在内存中，由于是它们是热点数据，根据操作系统的最近最少使用策略，虽然事务已经提交，但修改的某些页面可能还没有保存到磁盘中，所以有可能发生数据丢失。对于这类事务故障，需要重做（redo）事务，要保证这类事务的永久性特征，即一个事务一旦提交，其所做的数据修改需要永久保留。整个恢复的过程在系统重启之后，由系统自动完成，无须任何人工干预。

介质故障发生后磁盘受损，整个数据库遭到严重破坏，已经无法再基于原有的数据库进行恢复了，所以需要找回最新的数据库备份，重做（redo）所有备份之后提交的事务。

所以，这三种故障中只有介质故障需要人工干预，以找回最新的备份，而重做所有备份之后提交的事务也是由系统自动完成的。

数据库恢复的基本原理是没有故障的时候建立"冗余"数据，包括数据备份和建立日志文件。日志（Logging）是系统为数据恢复采取的一种对数据备份的补充措施。日志是一个文件。系统会严格地按照执行的顺序记录下数据库中所有事务对数据的写操作，包括每一次插入、删除和修改等更新操作，同时记录更新前后的值，使得以后在恢复时，可以通过日志文件来获得整个数据库变迁的历史。故障发生后，就可以通过数据库的备份和日志文件进行恢复。

常用的数据恢复模型主要有简单恢复和完全恢复两种。

1）简单恢复。 对数据库只进行数据库备份。使用简单恢复模型，能够将数据恢复到前次备份时间点的状态，但不能将数据恢复到故障发生时间点的状态。

2）完全恢复。 对数据库既进行数据备份，又制作日志文件。使用完全恢复模型，能够将数据恢复到故障发生时间点的状态。

8.4.2　数据库的备份

数据库发生故障，会导致数据丢失或不一致，因此需要定期备份数据库和日志。当发生故障的时候，系统需要通过备份的数据库和日志文件，将数据库恢复到故障发生时刻的一致性状态，从而实现数据的完全恢复。

如果没有各种类型的数据备份，就难以恢复介质级数据故障造成的数据丢失。数据备份的实现技术可以分为下述基本情形。

1. 静态备份和动态备份

按备份运行状态，数据备份可分为静态备份和动态备份。

（1）静态备份

静态备份即离线或脱机备份，其要点是备份过程中无事务运行，此时不允许对数据执行任何操作（包括存取与修改操作），备份事务与应用事务不可并发执行，备份事务执行完毕之后才允许应用事务执行。静态备份得到的是具有数据一致性的副本。

（2）动态备份

动态备份即在线备份，其要点是备份过程中可以有事务并发运行，允许对数据库进行操作，备份事务与应用事务可以并发执行。

虽然静态备份的执行比较简单，但必须等到应用事务全部结束之后才能进行，这常常会降低数据库的可用性，并且带来一些麻烦。动态备份克服了静态备份的缺点，不用等待正在运行的应用事务结束，也不会影响正在运行的事务，可以随时进行备份。但是备份业务与应用事务并发执行，容易带来动态过程中的数据不一致，因此对技术的要求较高。例如，为了能够利用动态备份得到的后备副本进行故障恢复，需要将动态备份期间各事务对数据库进行的修改活动逐一登记下来，建立日志文件。通过后备副本，结合日志文件就可将数据库恢复到某一时刻的正确状态。

2. 完全（全量）备份与差异（增量）备份

完全（全量）备份是周期性地将整个数据库转储到磁盘等脱机存储介质当中。这种方法的优点在于能够使备份数据脱离系统而存在，因此可针对介质故障进行数据恢复。不足之处在于若数据库数据量较大，备份存取的时间开销也较大，因此，备份频率不能太高。

在实际应用中，可能只有较小一部分数据发生了数据更新，因此可以仅备份更新的那部分数据，即进行数据的增量式转储（Increment Dumping），从而减少备份数据量，缩短备份的时间。这种差异（增量）备份可以适当加大备份频率。在 openGauss 中，差异备份会备份上次完全备份以来所发生的变更。

3. 物理备份与逻辑备份

物理备份是通过物理文件复制的方式对数据库进行备份，以磁盘块为基本单位将数据从主机复制到备机。物理备份适合备份大量的数据，其特点是速度快。openGauss1.0 仅支持全量备份，openGauss2.0 新增了对差异备份的支持。物理备份一般用于完全备份的场景。通过物理备份的数据文件及日志文件，数据库可以进行完全恢复。

逻辑备份是通过逻辑的方式导出数据来进行备份，例如将数据对象转化为 SQL 语句。逻辑备份适合备份那些很少变化的数据，即适合差异备份。当这些数据因误操作被损坏时，可以通过逻辑备份的数据文件进行快速恢复，如果通过逻辑备份进行全库恢复，则需要重建数据库，对于可用性要求很高的数据库，这种恢复时间太长，通常不适用，即逻辑备份不适合完全备份。逻辑备份只能基于备份时刻进行数据转储，所以恢复时也只能恢复到备份时刻保存的数据。数据库只能进行简单恢复。由于 SQL 语句这种逻辑的数据存储方式具有平台无关性，所以逻辑备份常常作为数据迁移的主要手段。

逻辑备份与物理备份的对比见表 8.8。

表 8.8　逻辑备份与物理备份的对比

	逻辑备份	物理备份
应用场景	数据量小的场景	数据量大的场景
支持的备份形式	完全、差异数据备份	完全、差异数据备份
恢复模型	简单恢复	简单恢复和完全恢复
不同种类的数据库之间的迁移	与平台无关，可以作为迁移工具	与平台相关，不能作为迁移工具

8.5　本章小结

数据库保护主要是从完整性保护、安全性保护、并发控制和故障恢复四个层面展开的。数据库的完整性是为了保护数据库中的数据，使其符合现实世界业务规则的语义要求，包括实体完整性、参照完整性和用户自定义完整性。数据完整性的控制机制包括完整性定义、检查机制以及违背完整性约束条件时 DBMS 应当采取的措施。

　　DBMS 中数据库安全性的技术主要包括用户身份鉴别、访问控制技术和审计技术。

　　事务是由用户定义的一个数据库的逻辑工作单元。为了保证事务的隔离性和一致性，DBMS 需要对事务的并发操作进行控制；为了保证事务的原子性、持久性，DBMS 必须对事务故障、系统故障和介质故障进行恢复。事务既是并发控制的基本单位，也是数据库恢复的基本单位。为了解决并发操作中出现的修改丢失、读"脏"数据和不可重复读等问题，并发控制采用了封锁机制。并发控制会带来"死锁"问题，需要采用代码优化和死锁检测等策略。

　　数据库故障主要分为事务故障、系统故障和介质故障三种基本类型。前两种故障的恢复无须人工干预，全程由 DBMS 自动完成。介质故障则需要人工干预。数据库恢复是通过数据冗余——数据备份和日志来实现的。数据库故障恢复的基本原理是使用故障发生时的数据备份以及日志文件进行数据库的重建。

　　在学习本章时需要重点掌握以下知识点：

　　1）完整性控制的实现方法。

　　2）数据库安全性保护采取的措施。

　　3）角色的概念。

　　4）事务的概念与性质。

　　5）串行与并发执行的概念。

　　6）封锁的概念。

　　7）三级封锁协议。

　　8）死锁及其解决办法。

　　9）数据库故障的常见类型。

　　10）数据库故障恢复常用的模型。

8.6　习题

一、单选题

1. SQL 语言的 GRANT 和 REVOKE 语句主要是用来维护数据库的（　　）。

　　A. 完整性　　　　　　B. 可靠性　　　　　　C. 安全性　　　　　　D. 一致性

2. 在数据库的安全性控制中，授权的数据对象的（　　），授权子系统就越灵活。

　　A. 粒度越小　　　B. 数据约束越细致　　C. 粒度越大　　　D. 数据约束范围越大

3. 当用户插入一条记录，该插入的操作违反了主键约束，则其操作结果是（　　）。

　　A. 拒绝执行　　　B. 级联操作　　　　　C. 设置为空　　　D. 成功插入

4. 性别列设置了检查约束，限制只能输入"男"或"女"，如果你在性别列输入一个其他字符，可能的操作结果是（　　）。

　　A. 拒绝执行　　　B. 级联操作　　　　　C. 设置为空　　　D. 没有反应

5. 删除一个表上约束的关键字不包括（　　）。

　　A.ALTER　　　　　B.DROP　　　　　　C.DELETE　　　　　D.TABLE

6. 约束"主键中的属性不能取空值",属于（　　　）。

　　A. 实体完整性　　　　　　　　　　　　B. 参照完整性

　　C. 用户自定义完整性　　　　　　　　　D. 函数依赖

7. 员工表的主键是员工号,部门号是外键,参照的是部门表中的部门号,员工表中的部门号允许为空,即允许员工暂时未分配部门。因此,当某个部门取消了,部门表中删除该部门信息,但相关员工依然保留,其部门等待另行分配。在这种情况下,定义员工表的外键部门号时"ON DELETE"选项设置为（　　）比较合适。

　　A.NO ACTION　　　　　B.SET NULL　　　　　C.CASCADE　　　　　D.SET DEFAULT

二、判断题

1. "学生"表中有学号为 21 的学生信息,在"选修"表中删除学号为 21 的学生的选课数据会出错,受学号外键制约,不允许删除。

2. "选修"表中有学号为 21 的学生的选课数据,在"学生"表中删除学号为 21 号的学生信息会出错,受学号外键制约,不允许删除。

3. 所有主键都可以设置为列级约束。

4. 二级封锁协议可以解决"脏"读的问题。

5. 二级封锁协议可以解决所有写 – 写冲突。

6. 死锁的发生是不可避免的。

7. 日志文件中记录了对数据库的所有操作历史。

三、简答题

1. 简述数据库安全性保护技术要点。

2. 简述 SQL 中引入角色机制的必要性。

3. 什么是事务?为什么引入事务?事务有哪些重要特性?

4. 并发操作会带来哪几种问题?这些问题的特征和根由是什么?

5. 简述死锁产生的原因和解决方法。

6. 什么是数据库故障恢复?

上机实验（二）

一、数据库完整性

社团数据库中包含如下三个关系模式:

社团（编号,名称,活动地点）,其中编号为主键。

学生（学号,姓名,性别,出生日期）,其中学号为主键。

参加社团（社团号,学号,加入时间）,其中（社团号,学号）为主键。

试用 SQL 语句定义上述关系模式,并在模式中定义以下完整性约束条件:

1）定义每个模式的主键。

2）往"社团"表中添加"负责人编号"列,类型为 VARCHAR(7)。

3）定义"参加社团"表的参照完整性:"社团号"参照的是"社团"表中的编号,"学号"参照的是"学生"表中的"学号"。

4）定义"社团"表的参照完整性:"负责人编号"参照的是"学生"表中的"学号"。

5）添加"社团"表约束，要求"活动地点"不为空。

6）添加"社团"表约束，要求"名称"唯一。

7）添加"参加社团"表约束，要求更新记录时做级联更新。

8）添加"参加社团"表约束，要求删除记录时做级联删除。

9）添加"学生"表约束，要求检查"性别"是否填写正确。

二、数据库安全性

1. 创建带有登录权限的学生角色 WangMing，带有登录权限的社团负责人角色 ChenFei，密码不限。

2. 在"学生"表、"社团"表、"参加社团"表中插入记录。

在"学生"表中插入以下记录：

('2021238',' 王明 ',' 男 ','2000-12-29')；

('2021239',' 陈飞 ',' 女 ','2001-01-24')；

在"社团"表中插入以下记录：

('0005',' 轮滑社 ',' 体育中心轮滑馆 ','2021239')；

在"参加社团"表中插入以下记录：

('0005','2021232','2021-12-29')；

('0005','2021231','2021-11-11')；

('0005','2021238','2021-12-15')；

3. 学生角色 WangMing 可查看、修改"学生"表。

4. 社团负责人角色 ChenFei 可查看"学生"表、"社团"表和"参加社团"表，可修改"社团"表和"参加社团"表。

数据库应用系统设计与实现（六）

——关系数据库的行为设计

关系数据库建立之后，可以根据需求分析的结果设计用户在关系数据库上的操作行为。对于教务管理系统而言，关系数据库的行为设计包括以下两个方面：安全控制，数据操作。

1. 安全控制

数据库的安全控制功能是不可或缺的。根据需求分析阶段确定的方案，教务管理系统具有以下三类用户：

1）管理员：具有系统的全部操作权限。

2）教师：具有修改自己用户密码的权限；具有查看自己所教课程的课程信息和授课信息的权限；具有录入、修改和查看自己所教课程的学生成绩的权限。

3）学生：具有修改自己用户密码的权限；具有查看自己所学课程的课程信息、任课教师姓名、上课的时间和地点等信息的权限；具有查看自己所学课程的成绩的权限。

在用户访问系统时，系统首先通过用户登录模块对用户输入的账号和密码进行身份验证。对于非法用户（包括未能在"用户"表找到相关的账号，用户账号和密码录入有误等），拒绝其对系统的访问；对于合法用户，应根据用户类型，在系统中呈现出相应的用户视图。

在系统开发与实现时，可为每一类用户定义一个角色，并对角色授权，从而避免对每一个用户授权的烦琐操作。

2. 数据操作

数据操作指的是数据的增加、删除、修改、查询，是一个数据库应用系统具有的基本功能。

1）数据的增加：在教务管理系统中，管理员具有对"用户""教师""学生""课程""选修"和"授课"等表的数据录入权限；教师只能录入"选修"表里成绩一栏的信息；学生没有数据录入的权限。

2）数据的删除：在教务管理系统中，只有管理员才有对"用户""教师""学生""课程""选修"和"授课"等表的数据删除权限。在进行数据删除操作时，应该注意表间存在的联系。例如，在"学生"表删除某学生记录时，若"选修"表里面存在该学生选修课程的信息，则这些选修课程的信息应该被同时删除，以保证参照完整性不被破坏。同理，在"教师"表删除某教师记录时，若"授课"表里面存在该教师教授课程的信息，则这些教授课程的信息应该被同时删除；在"课程"表删除某课程记录时，要在"选修"

表和"授课"表里面删除与该课程相关的信息。在进行应用系统开发时，可以设置系统在用户进行数据删除操作时弹出对话框询问"是否确定要删除该记录？"，以避免误操作。

3）数据的修改：在教务管理系统中，管理员具有对"用户""教师""学生""课程""选修"和"授课"等表的数据删除权限；教师具有对"选修"表里成绩一栏的修改权限；学生没有数据修改权限。跟数据的删除类似，在进行数据修改操作时，应该注意表间存在的联系。例如，在"学生"表修改某学生学号时，若"选修"表里面存在该学生选修课程的信息，则"选修"表中该学生的学号应该做同样的修改，以保证参照完整性不被破坏。同理，在"教师"表修改某教师工号时，若"授课"表里面存在该教师教授课程的信息，则"授课"表中该教师的工号应该被同时修改；在"课程"表修改某课程的课程号时，要在"选修"表和"授课"表里面进行相应的修改。在进行应用系统开发时，可以设置系统在用户进行数据修改操作时弹出对话框询问"是否确定要修改该记录？"，以避免误操作。

4）数据的查询：数据查询是数据库中最常见的一种操作。在教务管理系统中，管理员具有对"用户""教师""学生""课程""选修"和"授课"等表的所有数据的查看权限；教师具有查看自己所教授课程的课程信息和授课信息的权限，以及查看自己所教授课程的学生成绩的权限；学生具有查看自己所学课程的课程信息、任课教师姓名、上课的时间和地点等信息的权限，以及自己所学课程的成绩的权限。在进行应用系统开发时，可在前端用户界面放置用于查询条件输入的控件，将接收到的查询条件与 SQL 相结合，从而实现动态查询。例如，教师在登录教务管理系统后，可根据课程号查询自己所教授课程的学生成绩，课程号这个查询条件就可以通过如图 8.21 所示的文本框控件来输入。

课程号： JD0304

图 8.21 文本框控件

课程设计任务 6

课程设计小组进行关系数据库的行为设计，并设计出数据库应用系统的用户界面。

第9章 应用系统开发技术

信息时代，数据库是各类应用系统必不可少的技术，我们平时用到的业务系统、Web 应用、手机 App 等都需要数据库技术的支持。应用系统作为用户访问数据库的中介，封装了对数据库的所有操作，屏蔽了用户与数据库的交互过程，用户得以通过几个简单的操作而不是复杂的查询语言来完成与数据库的交互。

本章将会介绍应用系统访问数据库所用到的开发技术，重点讲解如何使用程序设计语言规范地访问数据库。在学习本章时，请大家思考以下问题：① ODBC 解决了哪些问题？② JDBC 与 ODBC 之间的联系是什么？③常用的数据库控件有哪些？在了解一门新技术时，我们有必要知道这门技术解决了哪些问题以及其发展前景如何。

9.1 数据库访问接口概述

SQL 是众多关系数据库语言的标准，用简单的语法就可以实现复杂的查询。但是对于一个应用程序而言，查询或更新数据是其功能的一部分，在此基础上再完成其他的业务逻辑。数据库访问接口的意义在于建立数据库系统与高级程序设计语言的连接桥梁，将 SQL 强大的查询能力与程序设计语言灵活的逻辑表达能力结合起来。

为了提高数据库操作过程中的逻辑处理能力，数据库系统通过函数和过程等方式允许在数据库端组织多条 SQL 语句，并整合业务逻辑处理操作。函数和过程以对象形式保存在数据库中，访问相同数据库的不同应用程序不必复写相同的业务代码，可以直接调用数据库的存储过程。除此之外，将多条 SQL 语句组织于数据库端来执行，可以显著降低客户端与服务器的通信消耗。虽然 SQL 标准为函数与过程定义了语法，但很多数据库由于在该语法制定之前就已经有了函数与过程的支持机制，因此它们都有自己的标准。9.2 小节将会介绍 PostgreSQL 数据库支持的 PL/pgSQL。

在数据库发展早期，应用程序对数据库的访问是通过数据库厂商提供的 CLI（Call Level Interface，调用层接口）来完成的。CLI 提供了高效访问数据库的方式，其缺点是这些接口由数据库厂商开发，没有统一的 API 标准，导致应用程序访问不同类型的 DBMS 时要使用不同的 API，程序设计完成后，用户无法更换数据库系统。为了解决这一问题，Microsoft 公司提出了 ODBC (Open DataBase Connectivity，开放式数据库互联）。ODBC 基于开放组和 ISO/IEC 中的 CLI 规范定义了一套 API 标准，应用程序可以使用 ODBC API 访问任何支持 ODBC 标准的数据库。各数据库厂商分别实现产品的 ODBC 驱动程序，完成 ODBC API 到 CLI 的调用传递。在 Microsoft 公司的不断完善下，目前几乎不存在不支持 ODBC 的数据库厂商，ODBC 逐渐成为标准的数据库访问技术。本章的 9.3 节将详细介绍 ODBC 的数据库访问编程。

ODBC 虽然支持众多编程语言，但其 API 使用 C 语言接口，而从 Java 调用本地

C 语言代码会造成诸多问题，并且访问速度也会受限，因此出现了服务于 Java 程序的 JDBC(Java Database Connectivity，JAVA 数据库互连) 标准。JDBC 的设计借鉴了 ODBC 的思想，沿袭了 ODBC 的基础特性，将数据库与程序通过驱动隔离，相同的 Java 代码能够通过加载不同驱动程序来访问不同的数据库。本章 9.4 节将会详细介绍基于 JDBC 的数据库访问编程。

9.2　PL/pgSQL

PostgreSQL 是加州大学开发的一个开源对象－关系数据库管理系统 (ORDBMS)。PL/pgSQL 是用于 PostgreSQL 的可载入过程语言。除了 PL/pgSQL 之外，PostgreSQL 还支持 PL/Tcl、PL/Perl 以及 PL/Python 等其他过程语言，这些过程语言赋予了数据库实现更复杂操作的能力。

大多数关系数据库使用 SQL 作为查询语言，SQL 易于学习且功能强大，能够完成绝大部分数据操作任务。以 PL/pgSQL 为代表的过程语言是 PostgreSQL 数据库服务端可编程能力的重要体现。PL/pgSQL 拓展了一般的 SQL 语句，使得 SQL 语句具有了高级程序设计语言的特性，比如条件分支、循环、定义函数、异常处理等，可以将复杂的业务逻辑和一系列查询通过函数的形式组织在数据库服务器内，这大大节省了客户端与数据库服务器的通信开销，提高了应用的执行效率。

9.2.1　块结构

PL/pgSQL 是一种块结构的语言，一个函数定义的完整文本必须是一个块，并且不区分大小写。图 9.1 展示了一个块的标准化定义，块中的每一个声明和语句都以分号终止。

PL/pgSQL 的块结构允许嵌套，在 statements 部分中的任一语句都可以是一个子块。子块能够直接访问外层块中声明的变量，但如果在子块中声明与外层块同名的变量，那么外层块的同名变量会被掩盖，此时要访问该变量

```
[ <<label>> ]
[ DECLARE
    declarations ]
BEGIN
    statements
END [ label ];
```

图 9.1　PL/pgSQL 块的标准化定义

就需要使用外层块的标签，如图 9.2 所示。在本例中，外部块的标签为 outerblock，子块可通过该标签来访问外部块变量。PL/pgSQL 代码的注释格式与 SQL 相同，单行注释使用一个双连字符 (--) 开始，多行注释包含于 /**/ 之中。

```
CREATE FUNCTION hello() RETURNS varchar AS $$
<< outerblock >>  -- 对应 [<<label>>]
DECLARE
    -- 声明变量
    prefix varchar := 'hello';
  block varchar := 'outerblock';
BEGIN
```

图 9.2　嵌套块

```
RAISE NOTICE '% %!', prefix, block;  -- 打印 'hello outerblock!'
--
-- 创建一个子块
--
DECLARE
    block varchar := 'innerblock'; -- 子块的同名变量覆盖外层
BEGIN
    RAISE NOTICE '% %!', prefix, block;  -- 打印 'hello innerblock!'
    RAISE NOTICE '% %!', prefix, outerblock.block;  -- 打印 'hello outerblock!'
END;
    RETURN block; -- 返回 'outerblock'
END;
$$ LANGUAGE plpgsql;
```

图 9.2　嵌套块（续）

9.2.2　函数

PL/pgSQL 构建的函数主要包含三个部分：函数声明、变量声明以及函数主体部分。图 9.3 给出了一个函数定义的例子，它向我们演示了与在高级程序语言中定义函数类似的，传递参数、设置返回值、声明变量以及编写业务逻辑。

```
CREATE FUNCTION sum_zoom(a integer ,b integer ) RETURNS integer AS $$
DECLARE
      -- 声明变量
    scale integer := 2;
      result integer;
BEGIN
      result := (a + b) * scale;
      RAISE NOTICE 'The result is %.', result;  -- 打印 result
    RETURN result;
END;
$$ LANGUAGE plpgsql;

select sum_zoom(1, 2) -- 执行函数 , 返回 6
```

图 9.3　PL/pgSQL 函数定义的例子

1. 函数声明

PL/pgSQL 通过 CREATE FUNCTION 命令定义函数并将其存储在数据库服务器中，在函数声明语句段中，可以指定函数名、函数所需的参数以及函数的返回值类型。AS 表示后面将跟随函数的实际代码块，这个代码块会被两个 $$ 符号包含，$$ 的作用类似于 Java 这类高级程序语言中定义函数块的大括号 { }。

函数参数只有变量类型是必需的，参数名是可选的。在图 9.3 的示例中，函数参数名已经给出，分别为 a 和 b；图 9.4 展示了不给定参数名的示例。此时，可以通过 $n 标识符来访问参数，n 表示第 n 个参数，从 1 开始计数。

在图 9.4 的例子中，还展示了使用别名来访问参数的方式，别名能够声明的范围不

局限于 $n 变量，还能用于设置任意变量。别名为相同的对象创造了不同的命名，这很容易造成混淆，考虑到可读性，最好只用别名来覆盖预先决定的名称。

```
CREATE FUNCTION sum_zoom(integer ,integer) RETURNS integer AS $$
DECLARE
    -- 声明变量
  scale integer := 2;
    result integer;
    -- 设置参数别名
    num1 ALIAS FOR $1;
    num2 ALIAS FOR $2;
BEGIN
    result := ($1 + $2) * scale; -- 使用 $n 访问参数
    RAISE NOTICE 'The result is %.', result;  -- 打印 result
    result := (num1 + num2) * scale; -- 使用别名访问参数
    RAISE NOTICE 'The result is %.', result;  -- 打印 result
  RETURN result;
END;
$$ LANGUAGE plpgsql;

select sum_zoom(1, 2) -- 执行函数 , 返回 6
```

图 9.4　使用 $n 和别名访问函数参数

2. 变量声明

PL/pgSQL 块中的变量声明和语句是划分开的，在一个块中所用到的所有变量都必须在 DECLARE 小节中声明，变量声明的一般语法为：

name [CONSTANT] type [COLLATE collation_name] [NOT NULL]
[{ DEFAULT | := | = } expression];

其中，只有变量名和变量类型是必需的。CONSTANT 选项用于声明常数变量，指定在块的持续期内变量一旦初始化就不能被改变。COLLATE 选项是为变量设置的排序规则。NOT NULL 选项保证变量必须指定一个非空默认值。DEFAULT 子句可以为变量指定一个初始值，若无该子句，变量会初始化为 SQL 空值。

PL/pgSQL 变量支持所用 SQL 数据类型，例如 varchar、integer 和 numeric，除此之外，变量类型还包括行类型、复制类型和记录类型。图 9.5 给出了不同类型的变量声明示例。

```
user_id integer := 10; -- 整数类型，初始化为 10
name varchar := 'Tom'; -- 字符类型
myrow tablename%ROWTYPE; -- 行类型
myfield tablename.columnname%TYPE; -- 复制类型
arow RECORD; -- 记录类型
```

图 9.5　不同类型的变量声明示例

行类型变量表示一个组合类型的变量，可以用于存储 SELECT 或 FOR 查询结果的一整行，通过列名来访问每个域值。复制类型能够复制你需要引用的结构数据类型，使你不必知道它的实际数据类型，比如定义一个具有表中的列相同数据类型的变量。在定义记录类型时，RECORD 起占位符的作用，不是真正的数据类型。记录类型定义的变量没有预定义的结构，只能通过 SELECT 或 FOR 命令来获取实际的结构。记录变量在被初始化之前无法被访问，否则将引发运行时错误。

3. 返回值

函数的返回值类型一般在函数声明语句中直接定义，在 RETURNS 后加入变量类型即可。图 9.3 的示例中就采用了这种方式。

PL/pgSQL 函数还提供了另外一种声明函数返回值的方式，即在参数中添加输出参数，此时可以省略 RETURNS 语句。输出参数以 OUT 开头，并且具有与普通参数相同的特性，比如使用 $n 访问、设置别名，输出参数会被初始化为 NULL，在执行过程中被赋予的最后值为最终的输出值。图 9.6 展示了带有输出参数的函数。输出参数也能够应对有多个返回值的情况，此时函数会返回一个匿名的记录类型。

```
CREATE FUNCTION sum_zoom(a integer,b integer, OUT result integer) AS $$
DECLARE
    -- 声明变量
   scale integer := 2;
BEGIN
    result := (a + b) * scale;
    RAISE NOTICE 'The result is %.', result;  -- 打印 result
END;
$$ LANGUAGE plpgsql;

select sum_zoom(1, 2) -- 执行函数，返回 6
```

图 9.6   带有输出参数的函数

如果函数没有显式指定输出参数，那么 RETURNS 声明不能省略。如果该函数没有返回值，也需要声明 RETURNS VOID。

当需要动态指定函数的返回类型时，可以将返回类型声明为一个多态类型(anyelement、anyarray、anynonarray、anyenum 或 anyrange)，此时函数会创建一个特殊参数 $0，使用它的数据类型来确定函数的实际返回类型。

9.2.3   条件分支与循环

条件分支与循环是 PL/pgSQL 中重要的特性，它为开发人员提供了更加灵活地操纵数据库数据以及组织查询语句的能力，打破了 SQL 语句的局限。

PL/pgSQL 的条件分支由 IF 和 CASE 两种语句实现。IF 语句具有三种形式：① IF…THEN…END IF ；② IF…THEN…ELSE…END IF ；③ IF…THEN…ELSIF…THEN…ELSE ... END IF。

IF 条件分支语句根据条件逻辑值的真假决定执行哪一个代码分支。图 9.7 展示了第一种类型即简单 IF 语句的示例，该示例实现了一个判断输入参数奇偶性的函数。当 num 为偶数时执行 IF 分支，否则执行 ELSE 分支。

```
CREATE FUNCTION parity(num integer) RETURNS void AS $$
BEGIN
    IF num % 2 = 0 THEN
        RAISE NOTICE 'even';
    ELSE
        RAISE NOTICE 'odd';
    END IF;
END;
$$ LANGUAGE plpgsql;

select parity(10); -- 打印 'even'
select parity(33); -- 打印 'odd'
```

图 9.7   简单 IF 语句示例

CASE 语句提供了更多的分支选择，一般具有下面两种形式：① CASE…WHEN…THEN…ELSE…END CASE。② CASE WHEN…THEN…ELSE…END CASE。

在大多数高级程序语言中，CASE 语句在找到一个匹配后，将会执行后续所有语句直到遇到 BREAK 或是结尾。PL/pgSQL 的 CASE 语句在 WHEN 子句找到匹配并执行相应语句后，控制会转移到 END CASE 之后的下一个语句，其余的 WHEN 表达式不会被计算。图 9.8 展示了第一种类型即简单 CASE 语句示例。

```
CREATE FUNCTION case_example(num integer) RETURNS void AS $$
BEGIN
    CASE num
        WHEN 1,2 THEN
            RAISE NOTICE 'one or two';
        WHEN 3,4 THEN
            RAISE NOTICE 'three or four';
        ELSE
            RAISE NOTICE 'other value';
    END CASE;
END;
$$ LANGUAGE plpgsql;
select case_example(1); -- 打印 'one or two'
select case_example(3); -- 打印 'three or four'
```

图 9.8   简单 CASE 语句示例

PL/pgSQL 的循环由 LOOP、EXIT、CONTINUE、WHILE、FOR 和 FOREACH 等语句来构建。

LOOP 循环声明的一般语法如图 9.9 所示。

```
[ <<label>> ]
LOOP
    statements
END LOOP [ label ];
```

图 9.9   LOOP 循环声明的一般语法

LOOP 定义一个无条件的循环，直到遇到 EXIT 和 RETURN 语句才会停下。label 用于为嵌套循环提供标示，使得 EXIT 和 CONTINUE 语句能够自由选择所操作的循环。

EXIT 和 CONTINUE 的声明语句类似，如图 9.10 所示。

```
EXIT [ label ] [ WHEN boolean-expression ];
CONTINUE [ label ] [ WHEN boolean-expression ];
```

图 9.10　EXIT 和 CONTINUE 的声明语句

EXIT 能够终止 label 对应的循环体，而 CONTINUE 则会跳过 label 对应循环体中剩余的所有语句，进入下一次迭代。如果没有指定 label，两者都只会控制最内层循环。如果指定了 WHEN、EXIT 和 CONTINUE，则两者都只会在条件为真时执行。

WHILE 循环声明的一般语法如图 9.11 所示。

```
[<<label>>]
WHILE boolean-expression LOOP
    statements
END LOOP [label];
```

图 9.11　WHILE 循环声明的一般语法

WHILE 循环只会在 boolean-expression 为假时结束。

FOR 循环创建一个整数范围内的循环，其中 REVERSE 选项指定整数变量递减而不是递增，BY 指定每一次递增或递减的步长。除了创建整数范围的循环外，FOR 也能够创建遍历查询结果的循环。FOR 在整数范围内循环的一般语法如图 9.12 所示。

```
[ <<label>> ]
FOR name IN [ REVERSE ] expression .. expression [ BY expression ] LOOP
    statements
END LOOP [ label ];
```

图 9.12　FOR 在整数范围内循环的一般语法

9.3　ODBC 编程

9.3.1　概述

ODBC 全称为开放式数据库互联，最早于 1992 年由微软推出。ODBC 定义了一套应用程序访问数据库的 API 规范，应用程序调用相同的 ODBC API 即可访问任何支持 ODBC 标准的数据库，不必为兼容不同的 DBMS 而修改源代码。

ODBC 的体系结构由四个组件组成：应用程序、驱动程序管理器、驱动程序和数据源。ODBC 体系结构如图 9.13 所示。

数据库厂商根据 ODBC 标准实现 ODBC 驱动程序，实现 ODBC API 函数，负责处理 ODBC 函数调用，将 SQL 请求传递到特定数据源并将结果返回给调用者。针对不同的 DBMS 版本，数据库厂商需要实现对应版本的驱动程序。驱动程序管理器是应用程序和驱动程序通信的中介，主要负责将应用程序的函数调用传递给特定的驱动程序，使应用程序能够同时访问多个数据源。

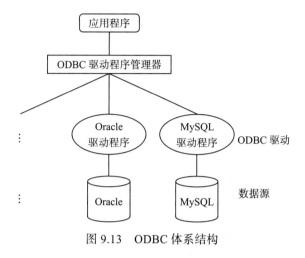

图 9.13　ODBC 体系结构

9.3.2　ODBC 应用开发流程

开发 ODBC 应用程序的标准步骤一般包含：

1）连接数据源。建立连接是 ODBC 应用程序与数据库通信的第一步，这一步需要加载 ODBC 驱动程序管理器并分配环境句柄，然后分配连接句柄，接着调用函数 SQLConnect、SQLDriverConnect 或 SQLBrowseConnect 连接到数据源。

2）初始化应用程序。此步骤的行为依赖于应用程序需要实现的功能，一般为获知驱动程序支持的功能以及分配语句句柄。

3）生成并执行 SQL 语句。此步骤可以生成静态 SQL 语句，也可以为 SQL 语句绑定参数，一般通过调用 SQLExecDirect 函数执行语句。

4）提取结果集。此步骤针对所执行语句为 SELECT 语句或目录函数的情况，获得结果集以及结果集中每列的名称、数据类型等信息。

5）提取行计数。此步骤针对所执行语句为 UPDATE、DELETE 或 INSERT 语句的情况，提取受到语句影响的行数。

6）提交事务。只有在需要手动提交事务时才会执行此步骤，调用函数 SQLEndTran 来完成事务的提交或回滚，默认情况下为自动提交事务，可以通过设置连接句柄的属性来更改。

7）断开数据源连接。在这一步中，应用程序需要释放所分配的句柄，句柄的释放顺序依次为语句句柄、连接句柄、环境句柄。

ODBC 应用并非要严格按照标准步骤来编写，大多数应用会基于标准步骤而有所变化。图 9.14 给出了一个基于标准步骤的简单 ODBC 应用的 C++ 代码示例，该示例展示了使用 ODBC 接口访问数据表，获取并操作数据的具体方法。

图 9.14 中的代码示例通过调用 SQLAllocHandle 函数来分配句柄，使用第一个参数设置句柄类型。每一个句柄都可以使用 SQLSetEnvAttr 或 SQLSetConnectAttr 函数来设置句柄属性，该示例设置环境句柄的属性以声明该程序遵循 ODBC 3.x 规范。在分配环

境句柄和连接句柄之后，示例程序使用 SQLConnect 与服务器建立连接，其参数包括了连接句柄，数据源名称、访问数据源的用户名和密码。

```
SQLHENV henv; // 环境句柄
SQLHDBC hdbc; // 连接句柄
SQLHSTMT hstmt; // 语句句柄
SQLRETURN retcode;
char id[20];
char name[20];
SQLSMALLINT num_col;
// 1. 连接数据库
// 分配环境句柄
SQLAllocHandle(SQL_HANDLE_ENV, SQL_NULL_HANDLE, &henv);
// 设置环境属性
SQLSetEnvAttr(henv, SQL_ATTR_ODBC_VERSION, (void*)SQL_OV_ODBC3, 0);
// 分配连接句柄
SQLAllocHandle(SQL_HANDLE_DBC, henv, &hdbc);
// 建立连接
SQLConnect(hdbc, (SQLCHAR*)"data source name", SQL_NTS,
    (SQLCHAR*)"username", SQL_NTS, (SQLCHAR*)"password", SQL_NTS);
// 2. 初始化应用程序
SQLLEN length;
// 分配语句句柄
SQLAllocHandle(SQL_HANDLE_STMT, hdbc, &hstmt);
// 3. 生成并执行 SQL 语句
SQLCHAR* query = (SQLCHAR*)"SELECT id, name FROM students";
// 执行 SQL 语句
retcode = SQLExecDirect(hstmt, query, SQL_NTS);
// 4. 提取结果集
if (retcode == SQL_SUCCESS) {
    // 当查询语句正确执行时
SQLNumResultCols( hstmt, &num_col); // 提取列数
    printf("The number of col: %d \n", num_col); // 打印 'The number of col: 2'
    // 绑定列
    SQLBindCol(hstmt, 1, SQL_C_CHAR, (void*)id, sizeof(id), &length);
    SQLBindCol(hstmt, 2, SQL_C_CHAR, (void*)name, sizeof(name), &length);
    while (SQLFetch(hstmt) != SQL_NO_DATA) {
        printf("id : %s \t name: %s \n", id, name);
    }
}
// 5. 断开数据源连接
SQLFreeHandle(SQL_HANDLE_STMT, hstmt); // 释放语句句柄
SQLDisconnect(hdbc); // 断开连接
SQLFreeHandle(SQL_HANDLE_DBC, hdbc); // 释放连接句柄
SQLFreeHandle(SQL_HANDLE_ENV, henv); // 释放环境句柄
```

图 9.14　基于标准步骤的简单 ODBC 应用的 C++ 代码示例

要执行 SQL 语句，需要先分配语句句柄，随后将包含 SQL 语句的字符串通过 SQLExecDirect 传递到数据库中执行。图 9.14 中的示例展示了语句只执行一次的情

况，如果一条语句预计会执行多次，可以先利用 SQLPrepare 预备该语句，再调用 SQLExecute 执行。

DBMS 在执行完用户提交的 SQL 语句后将执行结果或状态返回给用户，但用户不能直接访问，需要调用相关的 API 来访问。例如，对 Select 语句的执行结果是一个结果集，这个结果集是二维表结构的，其中的列数对应 Select 子句中的字段数。为了访问这个结果集，应用程序首先要调用 SQLNumResultCols 获得结果集中的列数，接着通过 SQLBindCol 将应用程序中定义的变量与结果集的各个列绑定。完成列绑定后，应用程序再使用 SQLFetch 获取结果集的每一行数据，并使用相关的接口遍历结果集。

应用程序完成数据库交互后，需要调用 SQLFreeHandle 释放句柄，并通过 SQLDisconnect 断开数据源连接。

每个 ODBC 函数都会返回一段返回代码用于诊断，返回代码可以表示函数的执行情况，例如成功或失败。处理每一个函数的返回代码是个很好的编程习惯，为保证代码简洁，图 9.14 的示例中省略了大部分对返回代码的处理，只在 SQLConnect 和 SQLFetch 中用到了返回代码。在用到的返回代码中，SQL_SUCCESS 表示函数已成功完成，SQL_NO_DATA 表示没有更多数据可用，即已检索到结果集尾部。

9.3.3　常用 API

上一小节简单介绍了每个过程所用函数的应用和功能，本小节会将详细介绍这些 API 的参数和具体使用。

1. SQLAllocHandle 函数

ODBC 应用中，需要分配句柄来标识特定项，句柄类型包括环境、连接、语句和描述符。句柄分配的通用函数为 SQLAllocHandle，其接口如图 9.15 所示。

```
SQLRETURN SQLAllocHandle(
    SQLSMALLINT HandleType,
    SQLHANDLE       InputHandle,
    SQLHANDLE * OutputHandlePtr );
```

图 9.15　SQLAllocHandle 函数的接口

SQLAllocHandle 函数符合 ODBC 3.0 标准，能够分配各种类型的句柄。在更早的 ODBC 标准中，分配不同类型的句柄要使用不同的函数，如 SQLAllocConnect、SQLAllocEnv、SQLAllocStmt，这些 API 均已弃用并被 SQLAllocStmt 替换。

参数 HandleType 表示分配的句柄类型，可选值包括：SQL_HANDLE_DBC、SQL_HANDLE_DESC、SQL_HANDLE_ENV 和 SQL_HANDLE_STMT，分别对应连接句柄、描述符句柄、环境句柄和语句句柄。

参数 InputHandle 表示分配句柄的上下文，由分配句柄类型来决定该参数所需的句柄：如果分配句柄类型为环境句柄，则为空句柄 (SQL_NULL_HANDLE)；若为连接句柄，该参数必须是环境句柄；若为描述符句柄或语句句柄，则为连接句柄。

参数 OutputHandlePtr 是输出指向缓冲区的指针，用于返回句柄。

SQLAllocHandle 函数的返回值为 SQL_SUCCESS、SQL_SUCCESS_WITH_INFO、SQL_INVALID_HANDLE 或 SQL_ERROR。

2. SQLSetEnvAttr 函数

ODBC 定义了许多与环境、连接或语句关联的属性。环境属性会影响整个环境，例如是否启用连接池，所用 ODBC 的版本等。连接属性单独影响每个连接，例如驱动程序在尝试连接到数据源时应等待的时间（用于判定超时）。语句属性单独影响每个语句，例如是否应异步执行语句。环境属性使用 SQLSetEnvAttr 设置，连接属性使用 SQLSetConnectAttr 设置，语句属性使用 SQLSetStmtAttr 设置。SQLSetEnvAttr 函数原型如图 9.16 所示。

参数 EnvironmentHandle 表示待设置的环境句柄，参数 Attribute 表示环境属性。在 ODBC 3.0 中，环境属性包括 SQL_ATTR_CONNECTION_POOLING、SQL_ATTR_CP_MATCH、SQL_ATTR_ODBC_VERSION 和 SQL_ATTR_OUTPUT_NTS，分别对应设置连接池、连接精度、ODBC 版本，以及返回字符串的结束符。参数 ValuePtr 表示属性取值，如 SQL_ATTR_CONNECTION_POOLING 属性的取值可以是 SQL_CP_OFF、SQL_CP_ONE_PER_DRIVER 和 SQL_CP_ONE_PER_HENV，分别表示关闭连接池、连接池中的每一个连接都必须属于同一个驱动下的连接、连接池中的每一个连接都申请于同一个环境句柄，缺省值为 SQL_CP_OFF，即关闭连接池。对参数 StringLength，如果 ValuePtr 指向字符串或二进制缓冲区，则此参数的长度应为 *ValuePtr。对于字符串数据，此参数应包含字符串中的字节数。

SQLSetEnvAttr 函数的返回值为 SQL_SUCCESS、SQL_SUCCESS_WITH_INFO、SQL_ERROR 或 SQL_INVALID_HANDLE。

3. SQLConnect 函数

ODBC 中用于与数据库建立连接的最简单 API 是 SQLConnect，其原型如图 9.17 所示。

```
SQLRETURN SQLSetEnvAttr(
    SQLHENV      EnvironmentHandle,
    SQLINTEGER   Attribute,
    SQLPOINTER   ValuePtr,
    SQLINTEGER   StringLength);
```

图 9.16　SQLSetEnvAttr 函数的原型

```
SQLRETURN SQLConnect(
    SQLHDBC       ConnectionHandle,
    SQLCHAR *     ServerName,
    SQLSMALLINT   NameLength1,
    SQLCHAR *     UserName,
    SQLSMALLINT   NameLength2,
    SQLCHAR *     Authentication,
    SQLSMALLINT   NameLength3);
```

图 9.17　SQLConnect 函数的原型

参数 ConnectionHandle 为存储该连接信息的连接句柄，参数 ServerName、UserName、Authentication 分别表示数据源名称、用户名以及身份验证字符串（一般为密码）。参数 NameLength1、NameLength2 和 NameLength3 分别表示这三个参数的字符长度。图 9.14 的示例代码中使用了 SQL_NTS，该标识符声明参数是以 null 结尾的字符串，并交由该函数自动计算长度。

SQLConnect 函数的返回值为 SQL_SUCCESS、SQL_SUCCESS_WITH_INFO、SQL_

ERROR、SQL_INVALID_HANDLE 或 SQL_STILL_EXECUTING。断开与数据源的连接
函数为 SQLDisconnect，详见 ODBC 使用指南。

4. SQLExecDirect 函数

SQLExecDirect 函数是用于向数据库发送一次性 SQL 语句的最快方法，其原型如
图 9.18 所示。

参数 StatementHandle 表示语句句柄；参数 StatementText 表示待执行的 SQL 语句字
符串；参数 TextLength 表示该字符串的长度，与 SQLConnect 相同，该参数也可以使用
SQL_NTS 代替。

SQLExecDirect 函数的返回值可以是 SQL_SUCCESS、SQL_SUCCESS_WITH_INFO、
SQL_NEED_DATA、SQL_STILL_EXECUTING、SQL_ERROR、SQL_NO_DATA、SQL_
INVALID_HANDLE 或 SQL_PARAM_DATA_AVAILABLE。如果 SQLExecDirect 遇到执行
时的数据参数，则将返回 SQL_NEED_DATA。如果 SQLExecDirect 执行的是不影响数据
源中任何行的 UPDATE、INSERT 或 DELETE 语句，则将返回 SQL_NO_DATA。

5. SQLPrepare 和 SQLExecute 函数

对于可能需要多次执行的 SQL 语句或者包含参数的语句，可以使用 SQLPrepare 先
将其交由数据库服务器编译，再使用 SQLExecute 多次执行该语句。这两个函数的原型
分别如图 9.19 所示。

```
SQLRETURN SQLExecDirect(
    SQLHSTMT        StatementHandle,
    SQLCHAR *       StatementText,
    SQLINTEGER      TextLength);
```

```
SQLRETURN SQLPrepare (
    SQLHSTMT        StatementHandle,
    SQLCHAR *       StatementText,
    SQLINTEGER      TextLength);
SQLRETURN SQLExecute(
    SQLHSTMT        StatementHandle);
```

图 9.18　SQLExecDirect 函数的原型　　　图 9.19　SQLPrepare 和 SQLExecute 函数的原型

SQLPrepare 包含的参数与 SQLExecDirect 相同，需要语句句柄、SQL 语句字符串
以及字符串的长度。SQLExecute 的参数只有一个语句句柄。与 SQLConnect 不同的是，
SQLPrepare 的 SQL 语句字符串可以使用"?"来表示语句中的未知数，该未知数可以
在语句编译后给出，以实现使用参数控制执行不同 SQL 语句的目标。如 INSERT INTO
students VALUES(?, ?, ?, ?)，将插入表 students 的四列数据设置为参数，以实现每次能
够插入不同的数据。

SQLPrepare 函数的返回值包括 SQL_SUCCESS、SQL_SUCCESS_WITH_INFO、
SQL_STILL_EXECUTING、SQL_ERROR　或 SQL_INVALID_HANDLE。SQLExecute
函数的返回值可以是 SQL_SUCCESS、SQL_SUCCESS_WITH_INFO、SQL_NEED_
DATA、SQL_STILL_EXECUTING、SQL_ERROR、SQL_NO_DATA、SQL_INVALID_
HANDLE 或 SQL_PARAM_DATA_AVAILABLE。

6. SQLBindParameter 函数

为了实现 SQL 语句执行时的参数传递，ODBC 提供了 SQLBindParameter 函数将 C

数据类型绑定到参数标记 "?" 的位置。SQLBindParameter 函数的原型如图 9.20 所示。

其中, 参数 StatementHandle 为语句句柄; 参数 ParameterNumber 为参数编号, 按递增参数顺序排序, 从 1 开始; InputOutputType 指定参数的类型是输入型、输出型, 还是其他; ValueType 指定参数的 C 数据类型; ParameterType 指定参数的 SQL 数据类型; ColumnSize 为参数标记的列或表达式的大小; DecimalDigits 为参数标记的列或表达式的十进制数字; ParameterValuePtr 为指向参数数据缓冲区的指针; BufferLength 为 ParameterValuePtr 缓冲区的长度 (以字节为单位); StrLen_or_IndPtr 为指向参数长度的缓冲区的指针。SQLBindParameter 函数的返回值可以是 SQL_SUCCESS、SQL_SUCCESS_WITH_INFO、SQL_ERROR 或 SQL_INVALID_HANDLE。

7. SQLBindCol 函数

SQLBindCol 是将应用程序数据缓冲区绑定到结果集中列的方法, 可以将结果集的数据提取到变量之中, 其原型如图 9.21 所示。

```
SQLRETURN SQLBindParameter(
    SQLHSTMT         StatementHandle,
    SQLUSMALLINT     ParameterNumber,
    SQLSMALLINT      InputOutputType,
    SQLSMALLINT      ValueType,
    SQLSMALLINT      ParameterType,
    SQLULEN          ColumnSize,
    SQLSMALLINT      DecimalDigits,
    SQLPOINTER       ParameterValuePtr,
    SQLLEN           BufferLength,
    SQLLEN *         StrLen_or_IndPtr);
```

图 9.20　SQLBindParameter 函数的原型

```
SQLRETURN SQLBindCol (
    SQLHSTMT         StatementHandle,
    SQLUSMALLINT     ColumnNumber,
    SQLSMALLINT      TargetType,
    SQLPOINTER       TargetValuePtr,
    SQLLEN           BufferLength,
    SQLLEN *         StrLen_or_IndPtr);
```

图 9.21　SQLBindCol 函数的原型

其中, StatementHandle 为语句句柄; ColumnNumber 为结果集中列的编号, 从 1 开始计数; TargetType 为数据缓冲区中 C 数据类型的标识符, 图 9.14 示例代码中所用的 SQL_C_CHAR 表示参数类型为 C 数据类型的 char 字符; 第四、第五个参数分别表示数据缓冲区的指针和该缓冲区的长度 (以字节为单位), 最后一个参数是指向要绑定到列的长度/指示器缓冲区的指针。返回值可以是 SQL_SUCCESS、SQL_SUCCESS_WITH_INFO、SQL_ERROR 或 SQL_INVALID_HANDLE。

8. SQLFetch 函数

SQLFetch 返回结果集中的下一个行集, 它只能在结果集存在时调用, 即在创建结果集的调用之后, 在该结果集上的游标结束之前。如果绑定了任何列, 它就会返回这些列中的数据。如果应用程序已指定一个指向行状态数组或缓冲区的指针 (在其中返回提取的行数), SQLFetch 也将返回此信息。SQLFetch 函数的原型如图 9.22 所示。

```
SQLRETURN SQLFetch(
    SQLHSTMT        StatementHandle);
```

图 9.22　SQLFetch 函数的原型

其中，StatementHandle 为语句句柄。返回值可以是 SQL_SUCCESS、SQL_SUCCESS_
WITH_INFO、SQL_NO_DATA、SQL_STILL_EXECUTING、SQL_ERROR 或 SQL_
INVALID_HANDLE。

9.4 JDBC 编程

Java 数据库互连（JDBC）定义了 Java 应用程序访问数据库的标准接口。JDBC 在程
序中的角色与 ODBC 相同，并且 JDBC 的许多设计也借鉴了 ODBC。

图 9.23 展示了一个使用 JDBC API 访问数据库的 Java 程序示例，它演示了 JDBC 的
五个基本步骤：注册 JDBC 驱动，打开数据库连接，执行 SQL 语句，处理查询结果，释
放资源。程序所用的 JDBC 接口来自于 java.sql 包，本节将会详细介绍该示例的各个步骤。

```
String url = "jdbc:mysql://localhost:3306/example";
String user = "root";
String password = "123456";
try {
    //1. 注册 JDBC 驱动
    Class.forName("com.mysql.cj.jdbc.Driver");
    //2. 打开数据库连接
    Connection con = DriverManager.getConnection(url, user, password);
    //3. 执行 SQL 语句
    Statement stmt = con.createStatement();
    // 执行 INSERT 语句
    String sql1 = "insert into students values('2021000',' 张三 ',' 男 ','2000-1-1')";
    int num_row = stmt.executeUpdate(sql1); // 返回受影响的行的数目
    System.out.println("The number of affected rows is:" + num_row);
    // 执行 SELECT 语句
    String sql2 = "select id,name from students";
    ResultSet queryResult = stmt.executeQuery(sql2); // 返回查询结果集
    //4. 处理查询结果
    while(queryResult.next()){
        String id = queryResult.getString("id"); // 使用列标签取值
        String name = queryResult.getString(2); // 使用行标签取值
        System.out.println("id: "+ id + "\t name: " + name);
    }
    //5. 释放资源
    stmt.close();
    con.close();
} catch ( Exception e){
    e.printStackTrace();
}
```

图 9.23 JDBC 程序示例

9.4.1 注册 JDBC 驱动

当 DBMS 提供 JDBC 驱动时，Java 程序能够访问其数据库。在早期，由于很多关
系数据库只支持 ODBC 访问，因此出现了一种用于解决该问题的 JDBC–ODBC 桥类型

的驱动，它能够将 JDBC 的调用发送给 ODBC，但由于执行效率低下而逐渐被淘汰。目前，应用程序如果只需要访问单一类型的数据库，可以选择该数据库厂商提供的本地协议 JDBC 驱动，该类型驱动是使用纯 Java 实现的，具有最快的访问速度。如果应用程序需要同时访问多种类型数据库，则会考虑使用稍慢一些的网络协议驱动，单个驱动程序即可访问多种数据库。

示例代码使用的驱动类型为本地协议驱动，匹配 MySQL 数据库。该类型驱动需要提前下载并置入项目的依赖库中，再根据包路径加载驱动。常见数据库系统的 JDBC 驱动程序见表 9.1。

表 9.1　常见数据库系统的 JDBC 驱动程序

数据库类型	驱动程序名称	URL 格式
MySQL	com.mysql.jdbc.Driver	jdbc:mysql://hostname/databaseName
SQLServer	com.microsoft.jdbc.sqlserver.SQLServerDriver	jdbc:microsoft:sqlserver://localhost:1433
ORACLE	oracle.jdbc.driver.OracleDriver	jdbc:oracle:thin:@hostname:portNumber:databaseName
PostgreSQL	org.postgresql.Driver	jdbc:postgresql://hostname:port/dbname
DB2	com.ibm.db2.jdbc.net.DB2Driver	jdbc:db2:hostname:port Number/databaseName
Sybase	com.sybase.jdbc.SybDriver	jdbc:sybase:Tds:hostname: portNumber/databaseName

9.4.2　打开数据库连接

选定驱动之后，Java 程序需要打开一个数据库连接来访问数据库，这一步通过 DriverManager 类的 getConnection 方法来实现。该方法包含三个参数，依次为数据库 URL、访问用户名和密码，三者均为字符串类型。数据库 URL 一般都包含四项信息，在图 9.23 的示例中，与数据库通信所用的协议为 jdbc:mysql，数据库服务器所在的主机名为 localhost，端口号为 3306，数据库名称为 example。URL 也可以包含用户名和密码，此时后两个参数可以省略。不同 DBMS 的 URL 格式并不相同，如 Oracle 的 URL 格式一般为：

jdbc:oracle:thin:@hostname:port Number:databaseName

其中 jdbc:oracle:thin: 为 Oracle 支持的一种通信协议。JDBC 对数据库通信协议没有要求，该协议一般由驱动的开发商指定，并且一个 JDBC 驱动可以支持多个协议。应尽量避免将用户和密码写在代码中，因为这会导致安全隐患。相对安全的方式是设置配置文件来保存数据库的连接信息，在应用程序中读取该配置文件，解析出用户和密码。当然，用户也可以根据需要对配置文件做进一步的加密处理。

连接建立成功后会返回一个 Connection 对象 con，Connection 对象能够设置事务提交的模式（默认为自动提交），包含了事务手动操作的方法，如提交、回滚、设置还原点等。

9.4.3　执行 SQL 语句

打开数据库连接后，程序可以通过该连接把 SQL 语句发送到数据库服务器执行并获得执行结果，这一交互过程一般通过三个接口来实现，即 Statement、PreparedStatement 和 CallableStatement，它们分别对应三种不同的应用场景。Statement 用于执行不需要参数的静态 SQL 语句。PreparedStatement 适用于多次执行的 SQL 语句，并且接受输入参数。CallableStatement 则用于调用 SQL 的存储过程和函数（由 9.2 小节描述的技术所构建）。

1. Statement

使用 Statement 对象方法时，需要在执行 SQL 语句前调用 Connection 对象的 createStatement 方法创建 Statement 对象（图 9.23 示例中为 stmt）。Statement 对象并非待执行的 SQL 语句本身，它实现了将 SQL 语句发送到数据库服务器去执行的各种方法，可用于执行不同的 SQL 语句。它包括三种执行方法：

1）boolean execute（String SQL）：该方法可执行任意 SQL 语句，如果返回结果是 ResultSet 对象，返回 true，否则返回 false。

2）int executeUpdate（String SQL）：该方法用于执行非查询性语句，例如 INSERT、UPDATE、DELETE 或 CREATE 语句，返回受到该语句影响的行的数目。

3）ResultSet executeQuery（String SQL）：该方法用于执行查询性语句，一般为 SELECT，会返回一个 ResultSet 对象表示查询结果集。

图 9.23 示例代码执行了 INSERT 和 SELECT 语句来分别演示 executeUpdate 和 executeQuery 方法。如果语句执行成功，那么 executeUpdate 将会返回整数 1，因为该语句只插入了一行数据；executeQuery 则会返回一个结果集，用于保存查询结果，在 9.4.4 小节将会介绍处理该结果集的方法。

2. PreparedStatement

PreparedStatement 接口继承了 Statement 接口，使 Statement 对象能够处理具有未知参数的动态 SQL 语句。使用 PreparedStatement 接口时，SQL 语句中的未知参数可以使用 " ? " 来表示，这种包含 " ? " 的动态 SQL 语句可以被提前提交给数据库服务器编译，服务器每次执行该语句时，可以重用编译结果，用新值替代 " ? "，实现动态查询。图 9.24 所示为 PreparedStatement 使用示例，它展示了使用预备语句的完整过程。

```
String sql = "insert into students values(?, ?, ?, ?)";
Date date = new Date(0);
PreparedStatement preparedStatementstmt = con.prepareStatement(sql);
// 设置参数
preparedStatementstmt.setString(1, "2021001");
preparedStatementstmt.setString(2, " 李四 ");
preparedStatementstmt.setString(3, " 男 ");
preparedStatementstmt.setDate(4, date);
// 执行语句
preparedStatementstmt.executeUpdate();
```

图 9.24　PreparedStatement 使用示例

PreparedStatement 对象使用 Connection 对象的 prepareStatement 方法来创建，此过程会将带参数的 SQL 语句发送到数据库中编译，在执行语句前，需要 setXXX() 方法将值与参数绑定，其中 XXX 表示绑定到参数的 Java 数据类型。图 9.24 示例中展示了 String 和 Date 两类数据类型的绑定。PreparedStatement 对象实现的语句执行方法与 Statement 对象相同，图 9.24 的示例中使用了 executeUpdate 以执行 INSERT 语句。

3. CallableStatement

CallableStatement 接口也继承于 Statement 接口，其创建的对象可以调用 SQL 的存储过程和函数。它与 PreparedStatement 的工作流程相似，都需要提前将待执行语句交付给服务器编译，并且能够接受参数。图 9.25 所示为 CallableStatement 代码示例。

```
String sql = "{ ? = call somefunction(?) }";
CallableStatement cstmt = con.prepareCall(sql);
cstmt.registerOutParameter(1, Types.INTEGER); // 绑定输出参数类型
cstmt.setInt(2, 2); // 绑定输入参数
cstmt.executeUpdate(); // 执行语句
int res = cstmt.getInt(1); // 获取返回结果
```

图 9.25　CallableStatement 代码示例

对于函数的输入参数，CallableStatement 对象的参数绑定方式和 PreparedStatement 相同，使用 setXXX() 方法绑定 java 变量。对于输出参数（函数返回结果），则需要使用额外的 registerOutParameter() 方法来绑定 JDBC 数据类型，再通过 getXXX() 方法来获取输出参数。

9.4.4　处理查询结果

JDBC 的查询结果集存储在 ResultSet 对象中，程序可以通过导航方法，移动光标来指向结果集中的某一行，并通过与每列结果数据类型对应的 getXXX() 方法来获取当前行的数据，其中 XXX 表示 Java 数据类型。

使用导航方法为 next() 时，该方法会将光标移动到下一行，并返回一个布尔变量，如果光标移动前已经到了最后一行则返回 false，否则返回 true。随后可以使用 getString 方法来读取每一列的数据。getString 可以读取所有 SQL 基本数据类型的数据（通过转化为 Java 的 String 类型的值）；一些约束性更强的读取方法包括 getInt() 和 getDate() 等。get 方法获取数据有两种方式：一种使用列名来提取（如 id），另一种使用列的位置来提取（如 2，则代表第 2 列）。

ResultSet 对象除了能用于提取数据外，也能用于更新数据，对结果集的更新会反映到数据库中。ResultSet 接口提供了一系列数据更新方法，对单个域的数据更新采用 updateXXX() 方法，其中 XXX 表示该列的数据类型。对一行数据的更新、删除、插入方法分别为 updateRow()、deleteRow() 和 insertRow()。

9.5　VB 数据库编程

Visual Basic（VB）是微软公司开发的一种可视化程序设计语言。这种语言对开发者的编码能力要求较低，不需要他们具有非常高超的编程技巧，编码人员只需要将控件拉到操作界面，配置好相关控件属性，实现相关方法即可。在 Visual Basic 中，除了

Button、Label 等常规控件外，还包含能够连接数据库数据的相关数据库控件。数据库控件提供了访问数据库的便捷方式，简化了应用程序与数据库系统的交互方式，本节将会详细介绍几种常用数据库控件的使用方法。

9.5.1 ADO Data 控件

要想引入 ADO（Microsoft ActiveX Data Objects）数据控件，需要在"工程 / 部件"选项中添加"Microsoft ADO Data Control 6.0(OLE DB)"选项。ADO Data 控件（见图9.26 和图 9.27) 使用 ADO 快速地创建一个到数据库的连接，该控件所建立的连接可以用于包含"DataSource"属性的所有数据绑定控件，以向数据绑定控件发送数据。接下来介绍的 DataGrid、DataList、DataCombo 等均为数据绑定控件。

图 9.26　ADO Data 控件图标

图 9.27　ADO Data 控件外观

在应用程序中直接使用 ActiveX 数据对象也能够建立数据库连接，ADO Data 控件的优势在于可以直接设置属性以配置数据库连接，降低代码的复杂度，并且控件本身提供了移至首位、前一位、后一位、末尾等按钮来移动结果集的当前行位置。ADO Data 控件的常用数据相关属性。ADO Data 控件的常用数据相关属性见表 9.2。

表 9.2　ADO Data 控件的常用数据相关属性

属性名	说明
ConnectionString	数据库连接字符串
ConnectionTimeout	等待打开连接的最大等待时间（单位为秒）
UserName	用于访问数据库的用户名称
Password	用于访问数据库的密码
RecordSource	设置命令需要访问的数据，内容类型受 CommandType 影响，可以为 SQL 语句，也可以是表名等
CommandTimeout	等待命令返回的最大延迟（单位为秒）
CommandType	指示命令类型，决定 RecordSource 的内容类型。可取值为： 1 — adCmdText 2 — adCmdTable 4 — adCmdStoredProc 8 — adCmdUnknown
MaxRecords	从数据库中取回的结果集的最大数目，为 0 时表示取回所有结果

图 9.28 展示了使用 ODBC 连接 MySQL 数据库的 ADO Data 控件属性配置，在连接之前需要配置好 ODBC 数据源，接下来介绍的数据库控件均会基于该数据源。数据库连接字符串"DSN=mydemo32"表示使用名称为"mydemo32"的 32 位 ODBC 数据源。RecordSource 属性使用 SQL 语句"select * from students"表示从表 students 获取数据，可以通过修改该语句来改变从数据源查询的数据。

ADO Data 控件的作用与 Visual Basic 内部的 Data 控件相似，都是与数据库建立连接。但是，Data 控件支持的数据库类型并不丰富，相比之下 ADO Data 控件更加灵活，支持绝大多数数据库，并且效率更高。

数据	
BOFAction	0 - adDoMoveFirst
CacheSize	50
CommandTimeout	30
CommandType	8 - adCmdUnknown
ConnectionString	DSN=mydemo32
ConnectionTimeout	15
CursorLocation	3 - adUseClient
CursorType	3 - adOpenStatic
EOFAction	0 - adDoMoveLast
LockType	3 - adLockOptimistic
MaxRecords	0
Mode	0 - adModeUnknown
Password	123456
RecordSource	select * from students
UserName	root

图 9.28　使用 ODBC 连接 MySQL 数据库的 ADO Data 控件属性配置

9.5.2　DataGrid 控件

DataGrid 控件（见图 9.29 和图 9.30）是一种类似于电子数据表的数据绑定控件，可以显示一系列行和列来表示数据库查询结果集的记录和字段。DataGrid 控件是功能最为全面的数据库控件之一，在绑定数据源后，除了能够查看数据外，还提供了数据表的更新、添加和删除功能。

图 9.29　DataGrid 控件图标

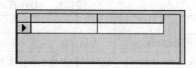

图 9.30　DataGrid 控件外观

在使用 DataGird 控件之前，需要在"工程 / 部件"选项中添加"Microsoft DataGrid Control 6.0(OLEDB)"选项，通过双击工具栏的 DataGrid 控件图标向工程中添加控件。

DataGrid 控件常用的数据相关属性见表 9.3，其中 DataSource 属性是 DataGrid 控件最为关键的属性，决定了控件所绑定的数据记录结果集。一般情况下，该属性会设置为 ADO Data 控件，用来连接到指定数据库。AllowAddNew、AllowDelete 和 AllowUpdate 属性用于决定控件是否提供添加记录、删除记录和修改记录的交互功能。

表 9.3 DataGrid 控件常用的数据相关属性

属性名	说明
DataSource	设置控件所绑定的数据源
AllowAddNew	取值为 True 或 False，默认为 False。决定控件是否提供添加记录的交互功能
AllowDelete	取值为 True 或 False，默认为 False。决定控件是否提供删除记录的交互功能
AllowUpdate	取值为 True 或 False，默认为 True。决定控件是否提供更新记录的交互功能

图 9.31 所示为使用 DataGrid 控件连接 ADO Data 控件数据的示例，图 9.32 所示为 DataGrid 控件示例的数据属性配置。其中 DataSource 属性设置的"Adodc1"值表示 ADO Data 控件的名称。该示例允许修改、添加和删除数据。单击 DataGrid 表格的单元

格可以修改该单元格的数据。在表格末尾能够向数据表添加行，所添加的数据要严格遵循数据表规则。选中一行按下“Delete”键即可删除该行数据。

id	name	gender	birth
2021230	张怡	女	2002/1/1
2021231	杨恒华	男	2001/12/18
2021232	张浩	女	2002/7/4
2021233	刘玉	女	2001/11/18
2021234	雷琳	女	2002/4/8
2021235	吴述	男	2002/5/9
2021236	潘恩依	男	2002/8/1
2021237	陈国柏	男	2002/9/25
2021238	贺易	男	2002/3/5

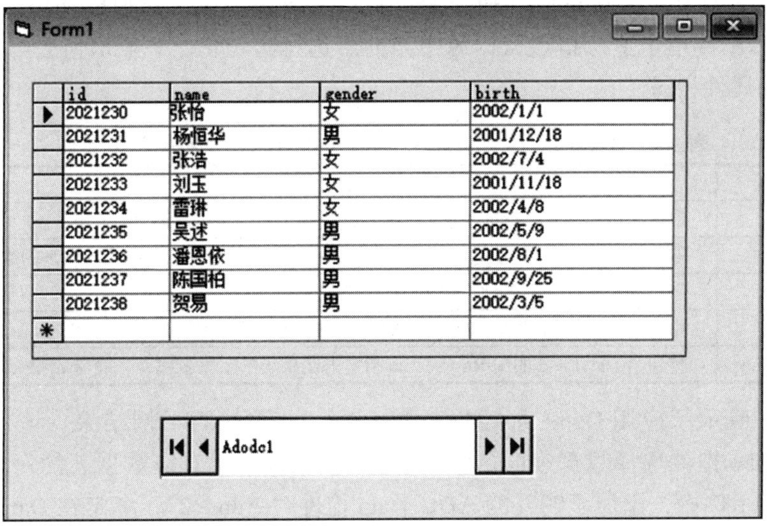

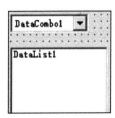

图 9.31　使用 DataGrid 控件连接 ADO Data 控件数据的示例

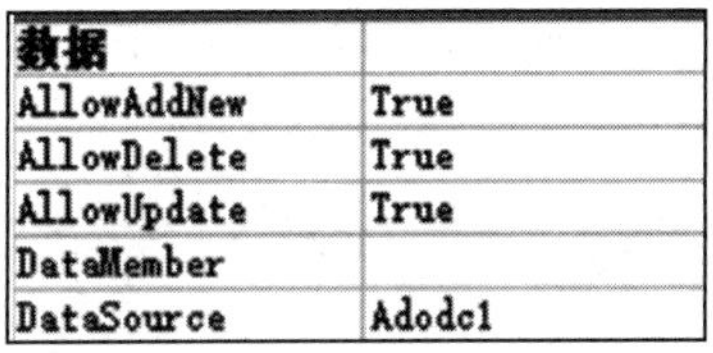

数据	
AllowAddNew	True
AllowDelete	True
AllowUpdate	True
DataMember	
DataSource	Adodc1

图 9.32　DataGrid 控件示例的数据属性配置

9.5.3　DataList 控件与 DataCombo 控件

DataList（见图 9.33 和图 9.35) 控件是一种数据绑定列表展示控件，DataCombo 控件（见图 9.34 和图 9.35）是一种数据绑定组合框，两者均为用于绑定数据表中单列字段数据的控件。在使用这两个控件之前，需要在“工程 / 部件”选项中添加“ Microsoft DataList Controls 6.0(OLEDB)”选项，再通过双击工具栏的控件图标向工程中添加控件。

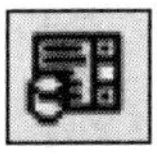

图 9.33　DataList 控件图标

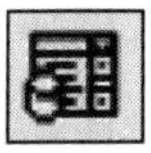

图 9.34　DataCombo 控件图标

图 9.35　DataList 控件和 DataCombo 外观

DataList 控件和 DataCombo 控件具有相同的绑定数据的相关属性，两种控件常用的数据相关属性见表 9.4。与 DataGrid 控件不同的是，DataList 控件和 DataCombo 控件中展示的数据来自 RowSource 属性而非 DataSource 属性，在这两种控件中，DataSource 和 DataField 属性用于追踪指定数据源中当前所选行的变化，一般取值会与 RowSource 和 ListField 属性相同。

表 9.4　DataList 控件和 DataCombo 控件常用的数据相关属性

属性名	说明
RowSource	取值为填充列表数据的 ADO Data 控件名称，绑定对应数据库
ListField	取值为 RowSource 属性指定的记录集中的所有字段名称，使用该字段下的数据填充列表
DataSource	绑定的数据控件的名称，用于捕捉选择更新
DataField	由 DataSource 属性指定的记录集中更新的字段名称
BoundColumn	传递给 DataField 的由 RowSource 指定的结果集的字段名称，一般与 ListField 相同

图 9.36 展示了应用 DataList 控件与 DataCombo 控件的示例结果。该示例实现了在 DataCombo 控件选择数据表的名称，DataList 控件展示对应数据表的一列字段下的数据。在该示例中，添加了额外的 ADO Data 控件"Adodc2"，绑定在 DataCombo 中，"Adodc2"只在"Adodc1"的基础上修改 RecordSource 属性的 SQL 语句为：select table_name from information_schema.tables where table_schema='demo'. 该语句用于提取所连接数据库的所有表的名称，并对 DataCombo 控件中 Change 事件编写响应代码以适应数据表变化，如图 9.37 所示。

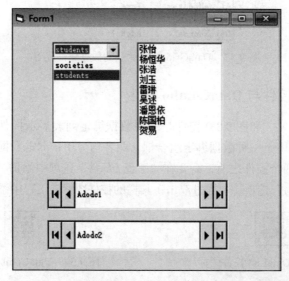

图 9.36　应用 DataList 控件与 DataCombo 控件的示例结果

```
Private Sub DataCombo1 Change()
    Adodc1.RecordSource = "Select * from " + DataCombo1.BoundText
    Adodc1.Refresh
End Sub
```

图 9.37　DataCombo 控件 Change 事件响应代码

9.5.4 MSHFlexGrid 控件

MSHFlexGrid 控件（见图 9.38 和图 9.39）可以以表格形式显示数据库的数据，并且提供了灵活的数据操作。MSHFlexGrid 控件是在 MSFlexGrid 控件的基础上发展而来的，具有更强大的功能以及更灵活的使用方式。在使用 MSHFlexGrid 控件之前，需要在"工程 / 部件"选项中添加"Microsoft Hierarchical FlexGrid Control 6.0(OLEDB)"选项，通过双击工具栏的 MSHFlexGrid 控件图标向工程中添加控件。

图 9.38 MSHFlexGrid 控件图标

图 9.39 MSHFlexGrid 控件外观

MSHFlexGrid 控件可以绑定 ADO Data 控件、ADO 对象或数据环境来显示数据，控件所访问的数据是只读的。MSHFlexGrid 控件绑定 ADO Data 控件的方式最为简单，只需要设置 DataSource 属性为对应的 ADO Data 控件名即可。若要绑定 ADO 对象，需要先引入 ADO 对象，再将 DataSource 属性设置为 ADO 对象的 Recordset 属性。若要绑定数据环境，需要设置 DataSource 属性为对应的数据环境，并设置 DataMember 属性为 Command 对象。

MSHFlexGrid 控件能够灵活地操作数据表的展示形式，图 9.40 展示了使用 MSHFlexGrid 控件展示数据表的示例。示例绑定 ADO Data 控件，对第三列按照一般升序排列，并将同一列中数据相同的单元格合并。示例代码如图 9.41 中所示，代码被编写在 Form1 窗体的加载事件响应函数中，首先通过设置 MSHFlexGrid 控件的 Col 属性设置排序列，再通过 Sort 属性设置排序规则，接着使用 MergeCells 属性设置窗口合并规则，MergeCol 决定合并的列。

除了示例中所示的一般升序排序和自由合并之外，Sort 属性和 MergeCells 属性还有其他可选值，Sort 属性可选排序规则见表 9.5，MergeCells 属性可选合并规则见表 9.6。

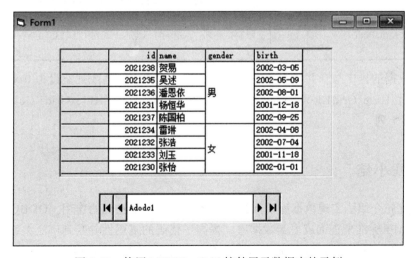

图 9.40 使用 MSHFlexGrid 控件展示数据表的示例

```
Private Sub Form_Load()
    ' 第三列按照一般升序排序
    MSHFlexGrid1.Col = 3 ' 设定第三列排序
    MSHFlexGrid1.Sort = 1 ' 排序规则设为一般升序
    ' 第三列自由合并
    MSHFlexGrid1.MergeCells = flexMergeFree
    MSHFlexGrid1.MergeCol(3) = True ' 合并第三列
End Sub
```

图 9.41　MSHFlexGrid 控件的排序与单元格合并示例代码

表 9.5　Sort 属性可选排序规则

变量名	数值	排序规则
flexSortNone	0	不执行排序
flexSortGenericAscending	1	一般升序。执行估计文本，不管是字符串还是数字的升序排序
flexSortGenericDescending	2	一般降序。执行估计文本，不管是字符串还是数字的降序排序
flexSortNumericAscending	3	数值升序。执行将字符串转换为数值的升序排序
flexSortNumericDescending	4	数值降序。执行将字符串转换为数值的降序排序
flexSortStringNoCaseAsending	5	字符串升序。执行不区分字符串大小写比较的升序排序
flexSortNoCaseDescending	6	字符串降序。执行不区分字符串大小写比较的降序排序
flexSortStringAscending	7	字符串升序。执行区分字符串大小写比较的升序排序
flexSortStringDescending	8	字符串降序。执行区分字符串大小写比较的降序排序
flexSortCustom	9	自定义。使用 Compare 事件比较

表 9.6　MergeCells 属性可选合并规则

变量名	数值	排序规则
flexMergeNever	0	不显示。包含相同内容的单元不分组。这是缺省设置
flexMergeFree	1	自由。包含相同内容的单元总被合并
flexMergeRestrictRows	2	限制行。只有行中包含相同内容的相邻单元（向当前单元左边）时才合并
flexMergeRestrictColumns	3	限制列。只有列中包含相同内容的相邻单元（向当前单元上方）时才合并
flexMergeRestrictBoth	4	限制行和列。只有行中（向左）或列中（向上）包含相同内容的单元时才合并

　　除了数据的排序与合并外，MSHFlexGrid 控件能够将行高或列宽设为 0 来隐藏行或列，如 "MSHFlexGrid1.RowHeight(0) = 0" 隐藏第 0 行，"MSHFlexGrid1.ColWidth(1) = 0" 隐藏第 1 列。

9.6　本章小结

　　本章首先介绍了实现数据库访问接口的各项技术以及它们的作用。ODBC 定义了一套统一的 API 标准来查询或更新数据库，提高了代码的复用性并受到广泛关系数据库的支持。JDBC 解决了 Java 程序调用 ODBC API 的诸多问题，确保了"纯 Java"的数据库访问方案。OLEDB、ADO 和 ADO.NET 等技术为拓展对非关系数据源的支持提供了解决方案。其次本章介绍了 PL/pgSQL 的作用及其语法，讲解了 PL/pgSQL 如何创建函数，如何使用条件分支与循环以及如何组织 SQL 语句。再次本章介绍了 ODBC 的四层体系结构，开发基于 ODBC 的应用程序的标准步骤以及开发 JDBC 应用程序的标准步骤。

JDBC 和 ODBC 都是用来连接数据库的启动程序，掌握 ODBC 应用开发流程和 JDBC 编程是本门课程研究的核心内容。本章最后简要介绍了 VB 数据库编程的主要控件，包括 ADO 数据控件、DataGrid 控件、DataList 控件、DataCombo 控件和 MSHFlexGrid 控件。

在学习本章时需要重点掌握以下知识点：

1）PL/pgSQL 的语法及作用。

2）ODBC 的四层体系结构。

3）ODBC 的应用开发流程。

4）开发 JDBC 应用程序的标准步骤。

5）VB 数据库编程的主要控件。

9.7 习题

简答题

1. PL/pgSQL 练习：编写 SQL 语句来创建一个表 job_past，包括列 employee_id、start_date、end_date、job_id 和 department_id，并确保列 employee_id 在插入时不包含任何重复的值，外键列 job_id 只包含那些 jobs 表中存在的值（自定义各列的类型）。

2. 简述 ODBC 诞生的背景及意义，其数据库访问技术具有什么特点。

3. ODBC 从发布到现在，各版本之间有哪些差异？利用你身边可访问的数据库，为你的 Window 系统配置 ODBC 数据源。

4. 游标是一种访问数据库查询结果集的方式，请了解游标相关功能，并练习使用 ODBC 中游标相关函数访问查询结果集。

上机实验（三）

从 MySQL、SQLServer、openGauss 等中选择一种数据库系统，建立教学数据库，导入测试数据，并完成下述操作：

1）在 Windows 环境中配置 ODBC 数据源。

2）使用 ODBC 或 JDBC 连接数据库。

3）在程序中分别执行对数据库的增加、删除、修改和查询操作。

数据库应用系统设计与实现（七）

——数据库的连接与用户界面设计

下面将以具备增加、删除、修改、查询数据等基础功能的教务管理系统为例，介绍应用与数据库的交互方式及其实现。

1. 系统详细设计

在开发数据库应用前，我们需要完成需求分析与系统设计，确定应用需要具备的功能。系统详细设计作为数据库应用开发的第一步，应该能够明确系统边界，并指导后续开发，最大限度地满足目标。

教务管理系统需要实现的功能包括如下方面：

1）支持三种类型用户的登录：管理员、教师与学生。

2）**管理员操作**：增加、删除、修改学生信息和课程信息，录入学生选课信息。

3）**教师操作**：增加、删除、修改、查询课程中学生成绩，查看不及格学生及成绩、未考试（缺考）学生信息，根据分数段查询学生信息。

4）**学生操作**：查看所选课程信息及成绩。

图 9.42 展示了该教务管理系统需要实现的所有用例。上述功能可以概括为两个方面：数据库的权限控制与数据的增删改查。为降低实现的复杂度，权限控制方案将通过前端交互界面实现，不同类型用户在底层均使用相同的数据库用户连接。因此，我们将重点关注数据增删改查功能模块。

接着，我们需要基于待实现的系统功能，设计能够承载所有功能的数据库表结构。上述功能能够抽象出两类主要的实体，即**学生**与**课程**，并且这两类实体能够通过**选修**关系相连接。提取出实体与关系后，需要继续为实体与关系对应的表补充属性，并标记各个表中的主键与外键。例如：每个学生需要有学号、姓名和班级等属性；每一个选修关系中包含一对课程号与学号，并通过一个属性来标识学生的成绩。图 9.43 展示了教务管理系统数据库的完整 E-R 图。

最后，让我们来考虑应该如何实现系统。在后续小节中将介绍详细方案，示例代码将以 java 作为编程语言。

2. 连接 openGauss

本教务管理系统所使用的数据库为 3.1.0 版本的 openGauss。openGauss 默认的监听端口号为 5432，在连接数据库前，请确保 openGauss 已成功部署并启动。

（1）初始化数据库

在连接前，需要为教务管理系统创建一个专门的数据库，用于存储所有相关数据，以及对应的数据表。在 gsql 命令行中输入如下语句新建数据库 **EMS**：

CREATE DATABASE EMS;

按照如下脚本在数据库 **EMS** 中新建教务管理系统所需的三类表：**学生、课程**与**选修**。

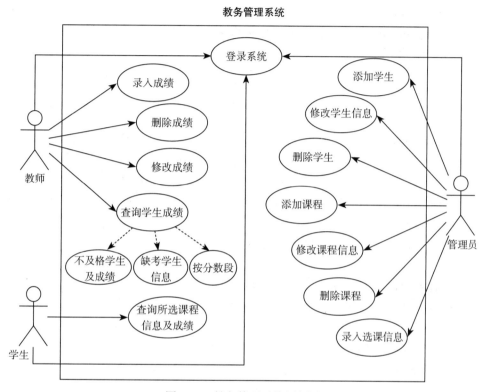

图 9.42　教务管理系统用例图

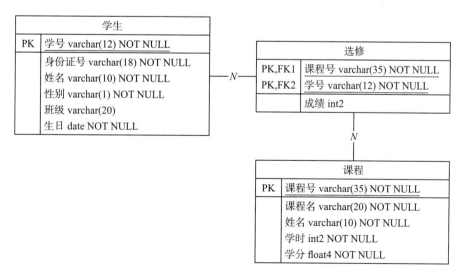

图 9.43　教务管理系统数据库的完整 E-R 图

```
CREATE TABLE "public"." 课程 " (
" 课程号 " varchar(35) COLLATE "pg_catalog"."default" NOT NULL,
" 课程名 " varchar(20) COLLATE "pg_catalog"."default" NOT NULL,
" 学时 " int2 NOT NULL,
" 学分 " float4 NOT NULL,
CONSTRAINT "Course_pkey" PRIMARY KEY (" 课程号 "));
ALTER TABLE "public"." 课程 "  OWNER TO "gaussdb";
COMMENT ON COLUMN "public"." 课程 "." 课程号 " IS ' 主键 ';

CREATE TABLE "public"." 学生 " (
" 身份证号 " varchar(18) COLLATE "pg_catalog"."default" NOT NULL,
" 学号 " varchar(12) COLLATE "pg_catalog"."default" NOT NULL,
" 姓名 " varchar(10) COLLATE "pg_catalog"."default" NOT NULL,
" 性别 " varchar(1) COLLATE "pg_catalog"."default" NOT NULL DEFAULT ' 男 '::
character varying,
" 班级 " varchar(20) COLLATE "pg_catalog"."default",
" 生日 " date NOT NULL,
CONSTRAINT " 学生 _pkey" PRIMARY KEY (" 学号 "),
CONSTRAINT " 学 生 _ 性 别 _check" CHECK ((((" 性 别 ")::text = ANY ((ARRAY
[' 男 '::character varying, ' 女 '::character varying])::text[]))));
ALTER TABLE "public"." 学生 "  OWNER TO "gaussdb";
COMMENT ON COLUMN "public"." 学生 "." 学号 " IS ' 主键 ';

CREATE TABLE "public"." 选修 " (
" 课程号 " varchar(35) COLLATE "pg_catalog"."default" NOT NULL,
" 学号 " varchar(12) COLLATE "pg_catalog"."default" NOT NULL,
" 成绩 " int2,
CONSTRAINT " 选修 _pkey" PRIMARY KEY (" 课程号 ", " 学号 "),
CONSTRAINT " 学号 " FOREIGN KEY (" 学号" ) REFERENCES "public"." 学生 "
(" 学号 ") ON DELETE NO ACTION ON UPDATE NO ACTION,
CONSTRAINT " 课程号 " FOREIGN KEY (" 课程号 ") REFERENCES "public"." 课
程 " (" 课程号 ") ON DELETE NO ACTION ON UPDATE NO ACTION);
ALTER TABLE "public"." 选修 "  OWNER TO "gaussdb";
COMMENT ON COLUMN "public"." 选修 "." 课程号 " IS ' 主键 ';
COMMENT ON COLUMN "public"." 选修 "." 学号 " IS' 主键 ';
```

（2）导入 JDBC 驱动

JDBC 定义了 Java 应用程序访问数据库的标准接口。对于不同种类的数据库，开发者需要下载特定的 JDBC 驱动程序才能与数据库交互。由于标准接口一致，开发者无须为不同的数据库编写不同的代码，只需更换 JDBC 驱动即可。

　　openGauss 的 JDBC 驱动能够从其官网获取，示例中所使用的 JDBC 版本为 3.1.0。将下载解压后的 opengauss-jdbc-3.1.0.jar 包移动至项目目录下的 lib 目录中。此时，项目的目录结构应如图 9.44 所示。

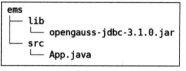

图 9.44　项目的目录结构

　　（3）测试连接

　　在 Database.java 中调用 JDBC 接口，实现基于已存在的用户名与密码与数据库建立连接的 getConnect() 静态方法（见图 9.45），并在 App.java 中调用该方法，测试能否与数据库成功连接（见图 9.46）。

```
import java.sql.*;
public class Database { // 驱动类
    static final String DRIVER = "org.opengauss.Driver";
    // 数据库连接描述符
    static final String URL = "jdbc:opengauss://localhost:5432/ems";

    public static Connection getConnect(String username, String passwd) {
        Connection conn = null;
        // 加载驱动
        try {
            Class.forName(DRIVER);
        } catch( Exception e ) {
            e.printStackTrace();
            return null;
        }
        // 创建连接
        try {
            conn = DriverManager.getConnection(URL, username, passwd);
            System.out.println("Connection succeed!");
        } catch(Exception e) {
            e.printStackTrace();
            return null;
        }
        return conn;
    };
}
```

图 9.45　Database.java

```
public class App {
    public static void main(String[] args) throws Exception {
        // 需修改为可用的用户名与密码
        Connection conn = Database.getConnect("gaussdb", "@abc1234");
        client.run();
        conn.close();
        System.out.println("Quit");
    }
}
```

图 9.46　用于测试数据库连接的 App.java

上述代码中，用户名与密码需要修改为读者所创建的数据库用户与密码，需要确保该用户具备查询与修改教务管理系统所涉及的三种表的权限。

JDBC 提供 DriverManager.getConnection() 方法用于创建数据库连接。该方法具有三种重载，使用不同的参数与数据库连接描述符。以用户名与密码为参数的重载方法，其对应的 URL 格式为：

jdbc:opengauss://host:port/database

其中，database 为要连接的数据库名称；port 为数据库服务器监听的端口，未指定的情况下是 5432 端口；host 为数据库服务器名称或 IP 地址，localhost 代表本地数据库，若要连接远程数据库，则需要改为数据库所在服务器的 IP 地址。

3. 系统实现

在正式开始编写代码之前，我们需要先决定代码的具体结构及对应的功能。下面的代码将采用 View-Service-Dao 的三层体系结构。其中，View 层即视图层，只需负责处理与用户的交互，无须关心后台的具体执行逻辑。Service 层为业务逻辑层，使用 Dao 层提供的数据操作方法，实现系统所支持的所有功能。Dao 层全称为数据访问对象（Data Access Object）层，主要负责与数据持久层的交互任务，是教务管理系统与数据库的访问结构。代码架构的设计至关重要，好的代码结构能够大大提高系统可扩展性与代码可读性。

（1）实体层

为了便于数据交互，需要额外构建一个 entities 包，存放常用的实体类：**Student** 与 **Course** 分别代表学生与课程，与数据库中学生表、课程表的字段一一对应。**Student** 实体类的实现示例如图 9.47 所示。

```
public class Student {
    public String idCard; // 身份证号
    public String stuId; // 学号
    public String name; // 姓名
    public String gender; // 性别
    public String clase; // 班级
    public Date birthday; // 生日

    public Student(String idCard, String stuId, String name, String gender, String clase, Date birthday) {
        this.idCard = idCard;
        this.stuId = stuId;
        this.name = name;
        this.gender = gender;
        this.clase = clase;
        this.birthday = birthday;
    }
}
```

图 9.47 Student 实体类的实现示例

（2）Dao 层

首先构建提供给 Service 层的数据库访问接口。Dao 层中包含三个类，即 **CourseDao**、

SelectionDao 与 **StudentDao**，对应数据库中课程、选修与学生三张表。一个类一般只负责提供一张表的增删改查接口，只有 **SelectionDao** 类才会提供跨表的查询，如查询选修某一课程的所有学生。Dao 层中各个类所实现的方法如图 9.48 所示（省略了除构造方法外其他方法的参数）。

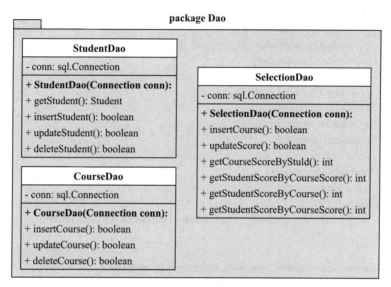

图 9.48　Dao 层中各个类所实现的方法

下面将以 StudentDao 的实现为例，介绍基于 JDBC 实现数据库交互的具体方法，StudentDao 的完整代码如图 9.49 所示。

```java
public class StudentDao {
    private Connection conn = null;
    public StudentDao(Connection conn){    this.conn = conn;    }
    /* 根据学号查询单个学生 */
    public Student getStudent(String stuId) {
        String sql = "SELECT * FROM 学生 WHERE 学号 = ?";
        PreparedStatement ps = null;
        try {
            ps = conn.prepareStatement(sql);
            ps.setString(1, stuId);
            ResultSet rs = ps.executeQuery();
            if (rs.next()) { return new Student(rs.getString(" 身份证号 "), rs.getString(" 学号 "),
                        rs.getString(" 姓名 "), rs.getString(" 性别 "),
                        rs.getString(" 班级 "), rs.getDate(" 生日 "));
            }
        } catch (SQLException e) {
            return null;
        } finally {
            if (ps != null) try { ps.close(); } catch (SQLException e) { e.printStackTrace();}
        }
        return null;
```

图 9.49　StudentDao.java 的完整代码

```
    }
    /* 向表中插入单个学生 */
    public boolean insertStudent(Student student){
        String sql = "INSERT INTO 学生 VALUES(?, ?, ?, ?, ?, ?)";
        PreparedStatement ps = null;
        try {
            ps = conn.prepareStatement(sql);
            ps.setString(1, student.idCard);
            ps.setString(2, student.stuId);
            ps.setString(3, student.name);
            ps.setString(4, student.gender);
            ps.setString(5, student.clase);
            ps.setDate(6, student.birthday);
            ps.executeUpdate();
            return true;
        } catch (SQLException e) {
            return false;
        } finally {
            if (ps != null) try { ps.close(); } catch (SQLException e) { e.printStackTrace();}
        }
    }
public boolean updateStudent(String stuId, String name, String gender,
            String clase, String birthday) {
    // 当输入字符串为空时，其对应字段不更新
    String sql = String.format("UPDATE 学生 SET 姓名 = %s, 性别 = %s, 班级 = %s, 生日 = %s
WHERE 学号 = %s",
            name.length()> 0 ? "'" + name + "'" : " 姓名 ",
            gender.length()> 0 ? "'" + gender + "'" : " 性别 ",
            clase.length()> 0 ? "'" + clase + "'" : " 班级 ",
            birthday.length()> 0 ? "'" + birthday + "'" : " 生日 ",
            stuId);
    Statement stmt = null;
    try {
        stmt = conn.createStatement();
        stmt.executeUpdate(sql);
        return true;
    } catch (SQLException e) {
        return false;
    } finally {
        if (stmt != null) try { stmt.close(); } catch (SQLException e) { e.printStackTrace();}
    }
}

/* 根据学号删除学生 */
public boolean deleteStudent(String stuId) {
    String sql = "DELETE FROM 学生 WHERE 学号 = ?";
    PreparedStatement ps = null;
    try {
        ps = conn.prepareStatement(sql);
```

图 9.49　StudentDao.java 的完整代码（续）

```
      ps.setString(1, stuId);
      ps.executeUpdate();
      return true;
    } catch (SQLException e) {
      return false;
    } finally {
      if (ps != null) try { ps.close(); } catch (SQLException e) { e.printStackTrace();}
    }
  }
}
```

图 9.49　StudentDao.java 的完整代码（续）

上述代码使用了两种方式向数据库发送 SQL 语句：**Statement** 与 **PreparedStatement**。**PreparedStatement** 继承自 **Statement**，相较于 **Statement**，其一大优势在于采用了预编译的形式，能够大大提高在批量执行场景下的效率。由于本示例中的 sql 语句仅执行一次，因此两者在性能上没有显著差异。此外，**PreparedStatement** 的另一优势在于能够设置参数（参数处使用 "?" 占位符），从而能够提高代码可读性并且有效地防止 SQL 注入。

增加、删除、修改与查询数据这些操作在代码实现上的主要差异在于它们所设定的 SQL 语句不同。查询语句使用 executeQuery() 方法执行，并通过 ResultSet 类型接收数据；涉及数据库修改的增加、删除和修改语句，使用 executeUpdate() 方法执行并返回被修改的行数。

（3）Server 层

Server 层包含四类：**LoginService**、**StudentService**、**CourseService** 与 **SelectionService**。**LoginService** 负责三类用户的登录服务，后三者分别负责学生表、课程表与选修表相关的数据增删改查服务。Service 类需要封装 Dao 层提供的数据操作方法，以方便 View 层的调用。StudentService.java 的完整代码如图 9.50 所示。

```
public class StudentService {
  private StudentDao studentController;

  public StudentService(Connection conn) {
    this.studentController = new StudentDao(conn);
  }

  public boolean addStudent(String idCard, String stuId, String name,
                String gender, String clase, String birthdayString) {
    Date birthday = Date.valueOf(birthdayString.trim());
    Student student = new Student(idCard.trim(), stuId.trim(), name.trim(),
                  gender.trim(), clase.trim(), birthday);
    return studentController.insertStudent(student);
  }

  public boolean deleteStudent(String stuId) {
    return studentController.deleteStudent(stuId.trim());
  }
```

图 9.50　StudentService.java 的完整代码

```
public boolean updateStudent(String stuId, String gender,
                String name, String clase, String birthday) {
    return studentController.updateStudent(stuId.trim(), name.trim(), gender.trim(),
                    clase.trim(), birthday.trim());
    }
}
```

图 9.50　StudentService.java 的完整代码（续）

考虑到命令行界面接收的用户输入均为字符串类型，**StudentService** 实现的所有方法的参数类型均为 String 类型，并调用 trim() 方法去除字符串参数首尾空格，对用户输入做预处理。当后续业务逻辑发生变化时，例如，需要限制班级名的长度，代码的改动就能够被限定在单个方法中并且快速定位改动位置，这有效地降低了系统的维护成本。

在简化的用户登录模块中，管理员与教师的用户名和密码采用硬编码的形式写进代码中，因此系统不支持管理员与教师的账户修改。此外，每个学生的密码也是固定的，因此仅支持用户名的修改。在图 9.51 中可以看到管理员登录（ManagerLogin）与学生登录（StudentLogin）在实现上的差异，学生登录时将会向数据库查询是否存在该学生。

```
public boolean ManagerLogin(String username, String password){
    String realname = "admin";
    String realpwd = "123456";
    if (username.equals(realname) && password.equals(realpwd)) {
        return true;
    }
    return false;
}
public boolean StudentLogin(String username, String password) {
    Student stu = studentController.getStudent(username);
    String realpwd = "123456";
    if (stu != null && realpwd.equals(password)) {
        return true;
    }
    return false;
}
```

图 9.51　LoginService 的代码

（4）View 层

教务管理系统的交互界面将以命令行的形式提供给用户，它包含四类界面：主界面（登录界面）、管理员界面、教师界面与学生界面。所有界面都具备一些共同的操作，例如，循环打印菜单、读取用户输入等，将共同的操作提取至父类 **View** 中。**View** 类包含一个全局的扫描器以读取用户输入，并通过 readString()、run()、quit() 等统一的方式分别读取输入、展示界面以及退出界面。继承它的所有界面只需关注抽象方法 menu() 的实现即可。图 9.52 为 View 包类图，其中 **ClientView**、**ManagerView**、**TeacherView** 与 **StudentView** 分别对应了主界面、管理员界面、教师界面与学生界面的实现。View.java 的代码如图 9.53 所示。

package view

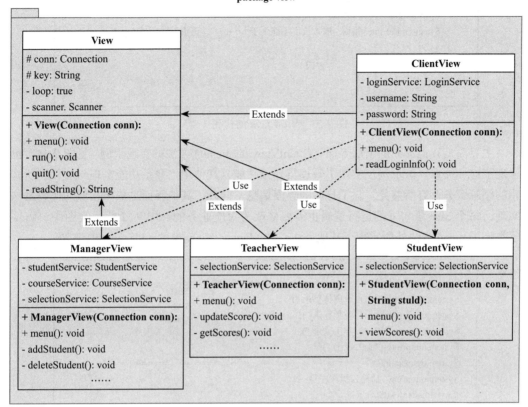

图 9.52　view 包类图

```
public abstract class View {
    protected Connection conn;
    private boolean loop = true;
    private static Scanner scanner = new Scanner(System.in);
    protected String key = ""; // 接收用户键盘输入

    public View(Connection conn) { this.conn = conn; }

    abstract public void menu(); /* 显示菜单 */

    public void run() {
        while(loop) { menu(); }
    }

    public void quit() { loop = false; }

    /* 读取用户键盘输入，要求字符串长度不超过 n */
    protected String readString(int n) {
        String res = "";
        while (scanner.hasNextLine()) {
```

图 9.53　View.java 的代码

```
        res = scanner.nextLine();
        if(res.length() <= n) break;
        System.out.print(" 错误 : 输入长度不能大于 " + n + "，请重新输入 : ");
    }
    return res;
    }
}
```

图 9.53　View.java 的代码（续）

　　主界面是其他界面的上层界面，ClientView 的 menu() 方法的实现示例（见图 9.54）也体现了这一关系。该示例仅实现了管理员登录功能，其他用户登录功能实现与此仅在所调用的登录服务上有所差异。除了打印的界面信息不同外，其他界面也依照相似的代码结构实现，每个 case 语句下的运行逻辑也需要修改为对应业务的。图 9.52 所示类图中，View 子类除了 menu 方法外所实现了其他方法，如 ManagerView 类的 addStudent() 方法。

```
public void menu() {
    System.out.println("================= 教务管理系统 =================");
    System.out.println("\t\t1. 管理员登录 ");
    System.out.println("\t\t2. 教师登录 ");
    System.out.println("\t\t3. 学生登录 ");
    System.out.println("\t\t9. 退出 ");
    System.out.println("================================================");
    System.out.print(" 请输入操作序号 : ");
    key = Reader.readString(1);
    switch (key) {
        case "1":
            readLoginInfo();
            if (loginService.ManagerLogin(username, password)) {
                new ManagerView(conn).run();
            } else {
                System.out.println(" 用户名或密码错误 ");
            }
            break;
        case "9":
            quit();
            break;
    }
}
```

图 9.54　ClientView 的 menu() 方法实现示例

（5）启动

　　此时，系统的所有实现已经完成，我们需要在 App.java 中程序入口处创建 **ClientView** 类实例并调用 run() 方法以启动系统主界面。图 9.55 为最终版本的 App.java 的 main 函数代码，图 9.56 ～图 9.58 显示了最终版本的界面以及所支持的业务。

　　在主界面进行登录操作后，将进入对应用户类型的界面。图 9.59 ～图 9.61 演示了管理员添加学生、添加课程与录入学生选课信息的操作。演示过程中添加了学号为 0005 的学生与课程号为 0002 的课程，并在两者间建立了选修关系。

```
public static void main(String[] args) throws Exception {
    Connection conn = Database.getConnect("gaussdb", "@abc1234");
    new ClientView(conn).run();;
    conn.close();
    System.out.println("Quit");
}
```

图 9.55　App.java 的 main 函数代码

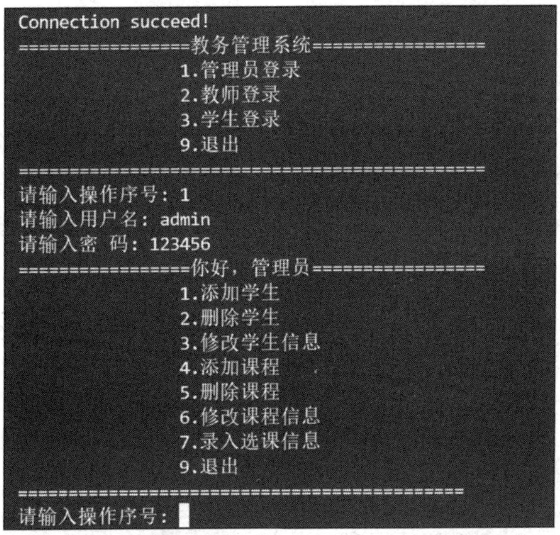

图 9.56　主界面、管理员登录与管理员界面

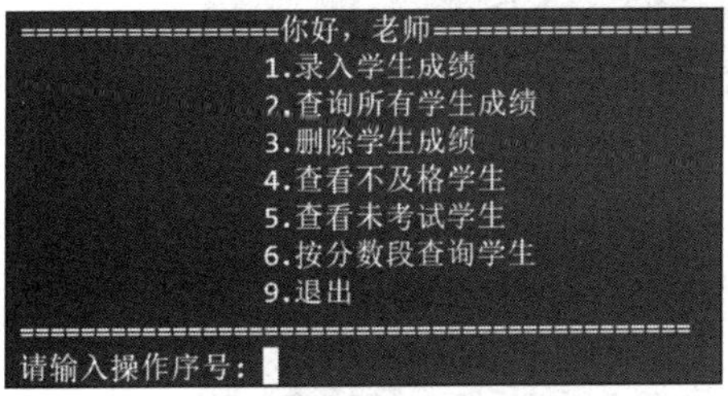

图 9.57　教师界面

图 9.58　学生界面

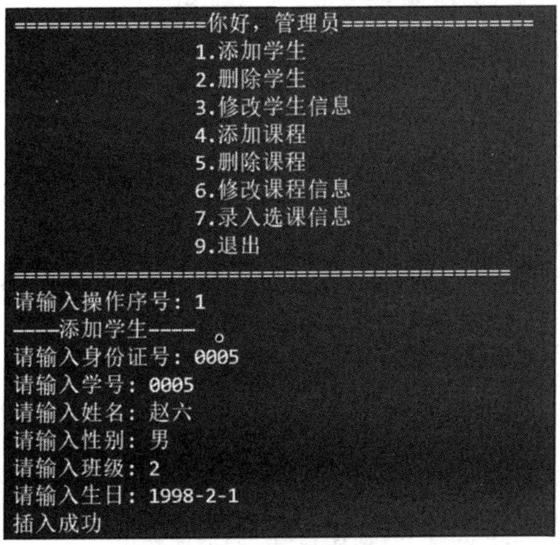

图 9.59　管理员添加学生

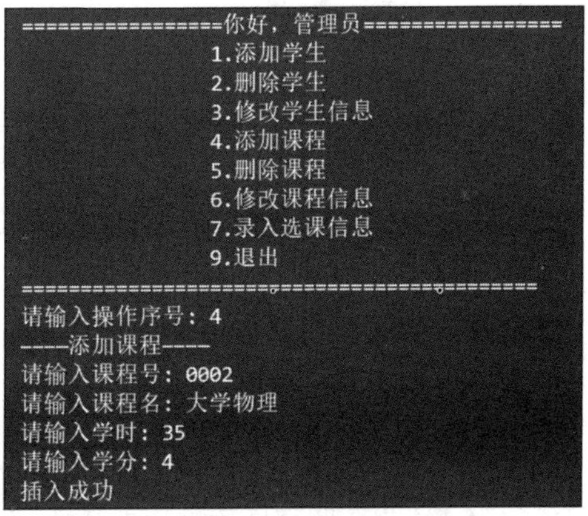

图 9.60　管理员添加课程

在教师界面，教师能够录入学生在课程下的成绩（见图 9.62），并查看课程下该学生的信息与成绩（见图 9.63）。新录入的学生能够登录系统，并查看所选课程的各项信息与成绩，如图 9.64 所示。

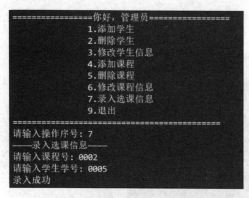

图 9.61　管理员录入学生选课信息

图 9.62　教师录入学生成绩

```
==================你好，老师===================
           1.录入学生成绩
           2.查询所有学生成绩
           3.删除学生成绩
           4.查看不及格学生
           5.查看未考试学生
           6.按分数段查询学生
           9.退出
==============================================
请输入操作序号: 2
----获取课程的学生成绩----
请输入课程号:0002
     学号     |     姓名     |     性别     |     班级     |     成绩
     0005     |     赵六     |      男      |      2       |      85
```

图 9.63　教师查看课程下所有学生成绩

```
==================教务管理系统===================
           1.管理员登录
           2.教师登录
           3.学生登录
           9.退出
==============================================
请输入操作序号: 3
请输入用户名: 0005
请输入密　码: 123456
==================你　好 ===================
           1.查看课程成绩
           9.退出
==============================================
请输入操作序号: 1
所选课程信息及成绩如下
     课程号     |     课程名     |     学时     |     学分     |     成绩
     0002     |    大学物理    |     35      |     4.0      |      85
```

图 9.64　学生登录并查看所选课程信息

课程设计任务 7

课程设计小组在已完成的课程设计任务的基础上，参考上述控制台程序的实现逻辑，采用 VB 或其他可视化编程工具设计并实现一个简单的数据库应用系统。

第 10 章　大数据时代的数据管理

随着通信技术、计算机技术的不断发展，移动通信、云计算、电子商务等各种新兴服务的兴起，大量以社交、交易、交通等方式为代表的信息在不断产生、传送，大数据时代已经到来。在此时代背景下，人们日常生活的方方面面都被大数据所影响，各行各业的服务商们结合行业特点及领域优势，通过对大规模、多种类数据的管理、利用，使决策更科学、合理。如何妥善管理、合理利用大规模、多种类的数据，成了人们迫切需要解决的关键问题。因此，大数据管理技术的推进与发展，是此时代背景下的必然结果。在实践中，许多大数据的基本概念被逐步明确，众多实用的大数据处理框架、技术也步入成熟阶段。

本章从大数据管理技术概述入手，主要介绍数据仓库、NoSQL 数据库、云数据库等大数据管理形式。在学习本章时，请大家思考以下问题：①为何需要大数据管理技术？② NoSQL 和数据仓库技术之间有什么关系？③ 云计算如何影响云数据库的发展？

10.1　大数据管理技术概述

数据管理是指对数据进行有效的组织、编目、定位、存储、检索和维护等。伴随着计算机软硬件多年的发展，数据管理先后经历了人工管理阶段、文件管理阶段、数据库管理阶段。在当前大数据时代背景下，单个行业的数据已经轻松突破 EB 级，目前全球数据已经突破 ZB 级，预计 2030 年将突破 YB 级。在行业数据动辄过 EB 的情况下，要想高效管理大数据，就需要不断突破技术。

本节主要介绍大数据的概念、构成和特点，并介绍主要的大数据管理技术。

10.1.1　从数据库到大数据

从数据库到大数据不是简单的技术演进，大数据时代的到来彻底颠覆了数据库传统的数据管理方式以及管理思维。

1. 大数据的概念和构成

大数据是指传统数据处理应用软件不足以处理的大量或复杂的数据集。大数据中的"大"不仅体现在其数据量的大，而且体现在数据中蕴藏的价值大。

为进一步帮助读者理解大数据，我们从大数据的数据形式进行介绍。数据形式按照结构化程度可以分为结构化数据、半结构化数据以及非结构化数据。结构化数据具有固定的结构、属性划分，以及类型等信息，适合保存在关系数据库中，如学校里的学生信息、企业里的交易信息等。半结构化数据是指有一定的结构，但相比结构化数据又具有更高的灵活度，如 XML、HTML 等。非结构化数据是指无法用统一结构表示的信息，如普通文本、视频、音频、图像等。在大数据时代来临前，信息系统处理的数据以结构化数据为主，因此，关系数据库在传统数据关联技术中占统治地位。随着信息技术的发展，半结构化数据和非结构化数据越来越多，且占比越来越高，对数据管理提出了新要求，因此人们越来越注重非关系数据库的发展。

大数据的构成如图 10.1 所示。

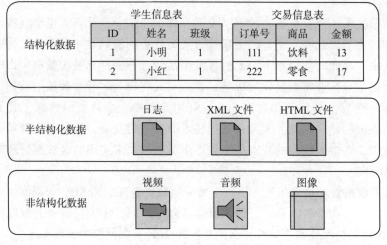

图 10.1　大数据的构成

2. 大数据的特点

早期人们认为大数据具有四个特点，即 Volume（规模性）、Velocity（高速性）、Variety（多样性）和 Value（价值性），由于这些英文字母均以 V 开头，故简称 4V。当对数据质量的关注提升到一定高度时，人们发现大数据还具有 Veracity（真实性）的特点，故有时也称大数据具有 5V 特点，如图 10.2 所示。

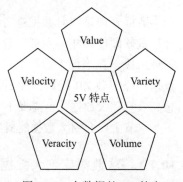

图 10.2　大数据的 5V 特点

（1）规模性

大数据首先让人印象深刻的特点就是数据的体量大。随着信息化技术、通信技术、计算机技术的蓬勃发展，数据量呈现出爆炸式增长的趋势，其规模可以达到 PB 级别，甚至是 EB 级别。人们日常生活中的社交、网购、交通等活动都会产生数据，而这些数据都会被服务商记录下来，从而构成了大数据的部分来源。随着涉及的人数不断增加以及时间的推移，数据规模就变得非常大。实际上，各行各业随时都在产生数据，有些数据从某个视角看用处不大，但是当存在一定关联的数据被整合后，数据的潜在价值就可以体现出来。据国际数据公司（International Data Corporation，IDC）统计显示，全球近 90% 的数据将在近几年产生，预计到 2025 年，全球的数据量将是 2016 年（16.1ZB）的 10 倍，达到 163ZB。

（2）多样性

大数据的多样性首先体现在数据来源具有多样性。信息技术已经在各个产业中得到全面使用，计算机、手机、传感器、各种嵌入式设备随处可见，这些都使得数据来源变得更加丰富，企业可以从传感、网络、交易等各种来源中获得数据。其次，大数据的数据形式也具有多样性，传统数据库中以结构化数据为主，在大数据中不仅有结构化数据，还有诸如邮件、网页等形式的半结构化数据，以及诸如视频、音频等形式的非结构化数据，且以非结构化数据为主。此外，各类数据间可能还存在多种类型的关联关系。

（3）高速性

高速性是指数据处理速度快，时效性要求高。大数据不仅规模大，而且对处理数据的响应速度有更加严格的要求，这是大数据区别于"海量数据"或者"大量数据"的主要特点。在网络时代，企业通过高性能计算机以及合理的布局来快速处理数据，为客户提供低延迟响应已成为趋势。

（4）价值性

价值是大数据最重要的特点，也是大数据能够飞速发展的前提。大数据的价值往往呈现出稀疏性的特征，从局部视角看价值密度低。因此，尽管企业拥有大量数据，但真正发挥作用的可能仅仅是其中的一小部分。从大量不相关或关联性很小的数据中提取出对未来趋势与预测分析模型有价值的数据，才是大数据真正的价值所在。

（5）真实性

真实性是指数据是真实和可信的，其来源是真实的，内容也是真实的。IBM认为，互联网上留下的都是人类行为的真实电子踪迹，可以真实地反映或折射人们的行为甚至思想和心态。如果互联网中充斥着大量虚假、错误数据，利用这些数据完成的分析必然不能发挥辅助决策的作用。因此，要实现对大数据技术的有效利用，数据的真实性是重中之重。

3. 科学研究的第四范式

从数据库到大数据，并非在数据规模上的简单增长，数据规模只是大数据最明显的特点之一。数据思维的转变，是人们应对大数据时代到来需要做出的改变。

1998年图灵奖获得者、数据库专家Jim Gray通过观察，总结出人类在科学研究上经历的三种范式，分别是经验、理论和计算。大数据出现后，传统的三种范式难以面对如此庞大的、低密度的、高处理速度要求的数据。基于以上情况，Jim Gray提出了一种新的研究范式，即数据探究型研究范式，也被称为第四范式。第四范式的特点是科研人员从大数据中查找和挖掘所需要的证据或者信息。四个范式简介见表10.1。

表 10.1　四个范式简介

范式	时间	名称	方式
第一范式	几千年前	经验	描述自然现象
第二范式	几百年前	理论	使用模型或者归纳
第三范式	几十年前	计算	用计算模拟复杂现象
第四范式	几年前	数据探究	数据挖掘、分析等

10.1.2　主要大数据管理技术

随着大数据管理技术的不断发展，大数据管理方案已经有了比较完备的架构，表现为分层结构，从下到上分别为：大数据采集及预处理，大数据存储系统，大数据计算系统，大数据查询，分析及可视化系统。这四层之间以松耦合的形式进行组装，形成各式各样的大数据系统以便使用，即这四层之间的耦合性并不强，用户可以根据实际需要来构建适用的大数据管理系统。

（1）大数据采集及预处理技术

大数据的来源通常包括管理信息系统、Web、业务系统和科学实验系统等。为了构造基于大数据分析的应用，需要使用 ETL（Extract Transform Load，抽取、转换、装载）、文件适配器、网络爬虫、定制的实时数据采集等多种技术从上述数据源系统中抽取结构化、半结构化和非结构化数据。此外，不同的数据集可能存在不同的结构和模式，如文件、XML 树、关系表等，表现为数据的异构性。对多个异构的数据集，需要做进一步集成处理或整合处理，对来自不同数据集的数据做收集、整理、清洗、转换后，装载到一个新的数据集，为后续查询和分析处理提供统一的数据视图。

（2）大数据存储技术

由于数据规模庞大，传统的关系数据库、文件系统等无法实现对大数据的高效存储、快速读取和检索，通常需要根据大数据形式的不同，采用不同的大数据存储和管理方案。针对大规模的结构化数据可采用新型数据库集群，通过列存储或行列混合存储以及粗粒度索引等技术，结合 MPP（Massively Parallel Processing，大规模并行处理）构建高效的分布式计算模式，实现对 PB 量级数据的存储和管理。

以 HDFS（Hadoop 分布式文件系统）为代表的开源分布式文件存储系统可用于解决非结构化大数据的存储问题。HDFS 在面向大容量文件分布式管理的同时，保证了数据的鲁棒性，同时具有高容错、高一致性、高吞吐量的特点。其他常见的分布式文件系统还包括 Ceph、AmazonS3、FastDFS、MogileFS 等。

NoSQL（Not Only SQL）是一种可同时存储结构化数据、非结构化数据和半结构化数据的技术，具体的 NoSQL 数据库将在 10.3 节中介绍。

（3）大数据计算技术

大数据离不开高性能的计算平台和计算模型。并行计算、分布式计算、云计算和边缘计算等都可作为大数据计算的支撑技术，常见的计算模型则有批计算、流计算、迭代计算、交互式计算等。与流计算相比，批计算是指对静态数据的批量处理，适用于拥有海量数据且对响应速度要求不高的系统，如 Hadoop、Spark 等。流计算是指对具有时效性的数据进行计算，适用于上游数据准确性高且对响应速度要求高的系统，如 Storm、Flink 等。迭代计算将前一轮计算的输出作为下一轮计算的输入，适用于需要多重计算、循环引用的场景，常见的迭代算法有 K-means、Semi-clustering 等。交互式计算的目标在于实时地响应用户，交互式系统一般会将数据完全维护在内存中，常见的交互式系统有 Presto、Drill 等。

（4）大数据查询、分析及可视化技术

虽然在大数据系统中主要使用 NoSQL 来存储数据，但是在发展过程中人们发现：无论是从提高生产效率的角度还是从应用程序继承的角度，SQL 都有便于使用者理解的优点以及历史优势，因此在大数据管理系统的上层提供 SQL 引擎成为大数据管理系统的共识。查询系统为用户提供类 SQL 甚至兼容 SQL 的查询语言，当用户使用查询语句时，语法解析器会将查询语句转换为对计算系统的作业调度，从而实现数据的高性能查询与分析。常用的查询引擎有 SparkSQL、Presto 等。

大数据可视化主要是使用并行计算技术，合理利用有限的计算资源，高效地处理和分析特定数据集的特性，借助图形化手段表现数据内容。如 Microsoft 公司在其云计算平台 Azure 上开发了大规模机器学习可视化平台（Azure Machine Learning），将大数据分析任务以有向无环图和数据流图的方式展示给用户，取得了比较好的效果。

思考：大数据管理技术如何实现对数据的长久有效管理？

10.2　数据仓库

数据库的出现方便了人们对业务数据进行操作和处理。但随着历史数据的堆积，数据量不断增加，人们发现了数据的潜在价值后，便不满足于简单地对数据进行操作和处理，而更加关注各类数据的分析处理，以支持企业的决策。因此，出于发展决策支持系统（Decision Support Systems，DSS）的目的，数据仓库诞生了。数据仓库的出现，不仅在整体上推动了决策支持系统的发展，也推动了联机分析处理（Online Analytical Processing，OLAP）工具的发展。

本节首先介绍数据仓库的概念、特性，并在此之上介绍数据仓库的体系结构，然后介绍基于 Hadoop 平台的数据仓库工具 Hive。

10.2.1　数据仓库概述

在 20 世纪 90 年代，自然演化下产生的决策支持系统被三个问题所困扰：数据缺乏可信度、生产率低、从数据到信息转化的不可行性。因此，William H. Inmon 起头提出了数据仓库，并由此提出了数据仓库体系结构层次，旨在解决上述三个问题，为决策支持系统带来新的发展。

本小节首先介绍数据仓库的概念、特性，然后将数据仓库和操作型数据库进行对比。

1. 数据仓库的概念、特性

不严格地说，数据仓库也是一种数据库，但它与操作型数据库有区别，且二者分开存放。操作型数据库是执行联机事务和查询处理的数据库，而数据仓库是面向主题的、集成的、非易失的和反映历史变化的数据集合。数据仓库有下述特性：

（1）面向主题性

面向主题性是数据仓库在使用时的最明显特性。面向主题性是指数据仓库会围绕用户所给出的主题来组织。下面以一个实例来说明面向主题性。

如图 10.3 所示，某服饰店的操作型数据库中存在帽子表、衣服表、裤子表、袜子表以及鞋子表，而其数据仓库中存放了以销售量、成本、库存

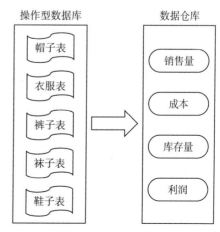

图 10.3　面向主题性实例

量以及利润为主题的表格。比如调用数据仓库中的销售量主题时，数据仓库会以销售量
为关键词去操作型数据库中查找相关数据，并返回给
用户。

（2）集成性

集成性是数据仓库最重要的特性。集成性是指数
据仓库会将多个不同的数据库集成在一起，这就要求
解决不同数据库中命名、编码、属性等不一致的问题。

如图 10.4 所示，假设在操作型数据库中有表 *A*、

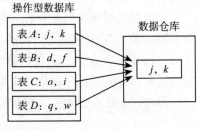

图 10.4　集成性

B、*C*、*D*。当数据仓库想要检索主题 (*j*, *k*) 时，此时
A 表中编码 (*j*, *k*) 对应主题 (*j*, *k*)，而在 *B* 表中编码 (*d*, *f*) 对应 (*j*, *k*)，表 *C* 中编码 (*o*, *i*)
对应 (*j*, *k*)，表 *D* 中 (*q*, *w*) 对应 (*j*, *k*)，则数据仓库会将这些编码对应的数据取出，整合
之后返回给用户。

（3）非易失性

数据仓库的非易失性是指数据仓库会将查询过的不同数据保存起来，形成历史快照，
便于之后访问。但这种非易失性是相对的，数据仓库并没有数据恢复、并发控制等机制。

在图 10.5 中，增删查改一次性地操作型数据库，而操作型数据库实时地反映着数据
的变化。当操作型数据库发生增、删、改操作时，其中的数据也会改变，此时再对其进
行查操作，查询结果就会与增、删、改操作之前的结果不一致。数据仓库会保持主题的
历史快照，即使操作型数据库发生了变化，数据仓库也不会立即发生变化，数据仓库因
此具有非易失性。

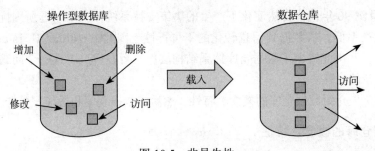

图 10.5　非易失性

（4）反映历史变化

数据仓库能反映历史变化是指数据仓库在设计上是考虑历史维度的信息的，因而数
据仓库中的数据总是显式或隐式地包含时间元素，提供时间信息，如图 10.6 所示。

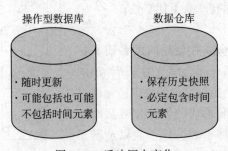

图 10.6　反映历史变化

2. 数据仓库和操作型数据库的区别

为了进一步加深读者对数据仓库的理解，此处对数据仓库和操作型数据库进行比较。建立在操作型数据库之上的系统是联机事务处理（Online Transaction Process，OLTP）系统，它主要负责企业的日常任务，如记录支出、记录人员变动等。建立在数据仓库之上的系统则是联机分析处理（Online Analytical Processing，OLAP）系统，它主要负责为用户提供面向特定主题、特定需求的数据，供用户决策。在操作型数据库之上的 OLTP 系统和在数据仓库系统之上的 OLAP 系统的区别见表 10.2。

表 10.2　OLAP 系统与 OLTP 系统对比

	OLAP 系统	OLTP 系统
用户	操作人员，底层管理人员	决策人员，高级管理人员
功能	日常操作处理	分析、决策
设计	面向应用	面向主题
操作特点	简单的事务	复杂的查询

10.2.2　多维数据模型

数据仓库和数据仓库技术是基于多维数据模型的，多维数据模型以类似超立方体的形式组织数据。多维数据模型围绕中心主题来组织，用事实表示主题，而事实是用数值度量的。

多维数据模型中的维是透视图或者一个组织想要记录的实体。通过多维数据模型，数据仓库对数据进行多个维度的描写，从而为用户展现多个维度的观察视角，供用户参考。在通常情况下，数据立方体会围绕某个中心主题来构建，该主题是用事实表示的。为便于读者深入理解维度的概念，进而能够构建多维数据模型，下面举一个由二维进入三维的示例：

假设某道路建造公司记录了一些路段的车流量，车流量表按照车型（货车、轿车）、时间段（0:00—8:00，8:00—18:00，18:00—24：00），以及车流量（单位为辆）来表示，见表 10.3。

下面在表 10.3 的基础上加一个道路维度，即不仅要描述 ×× 一路的车流量，还要描述 ×× 二路、×× 三路的车流量，见表 10.4。

表 10.3　车流量表（二维）

时间段	×× 一路	
	车型（辆）	
	轿车	货车
0:00—8:00	2682	469
8:00—18:00	3567	853
18:00—24:00	3043	613

表 10.4　三条道路的车流量表（三维）

时间段	×× 一路		×× 二路		×× 三路	
	车型（辆）					
	轿车	货车	轿车	货车	轿车	货车
0:00—8:00	2682	469	1960	346	1564	867
8:00—18:00	3567	853	2863	612	2068	435
18:00—24:00	3043	613	1036	530	1391	368

从上述例子中，我们可以发现三维表实际上是由多个二维表组成的，由此类推，四维表可以由多个三维表组成，n 维表可以由多个 $n-1$ 维表组成。

10.2.3 数据仓库的体系结构

据 William H.Inmon 所提出的体系结构设计层次，数据仓库的体系结构包含四个层次：操作层、数据仓库层、部门层和个体层，如图 10.7 所示。

（1）操作层

操作层也称数据源，其中主要是操作型数据库，它们既是数据仓库的数据来源，也是原始外部数据、文档资料等的存放处，其主要服务于高性能事务处理领域。系统采用 ETL 工具对操作层中的数据进行处理，将其装载到数据仓库中。

（2）数据仓库层

数据仓库层主要包括数据仓库，以及数据仓库检测、运行与维护工具等。数据

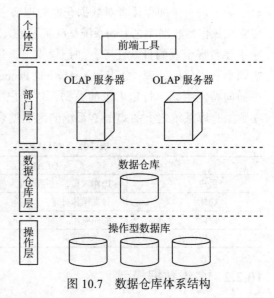

图 10.7　数据仓库体系结构

仓库中不仅存放 ETL 工具处理后的原始数据，还有一些将要导出的数据。

（3）部门层

部门层也称服务层、OLAP 层或者多维 DBMS 层，其中存放的几乎全为导出数据。部门层为上层提供数据服务，可直接从数据仓库中获取数据供上层使用，也可通过 OLAP 服务器为前端应用提供数据服务。

（4）个体层

个体层也称用户层。个体层直接面向用户，主要形式为各种辅助分析的前端和应用。

10.2.4 Hive

本章介绍数据仓库架构 Hive，这是一种建立在 Hadoop 基础上的数据仓库架构。在 Hadoop 中，MapReduce 虽然能解决分布式计算的难题，但是其编程难度高、学习成本高，因此并不适于在一些开发周期短的企业项目中使用。Hive 的出现解决了上述问题，方便了不熟悉 Hadoop 架构的人使用 Hadoop。Hive 不仅为数据仓库的管理提供了数据 ETL 工具、数据查询分析工具，还定义了与 SQL 相似的操作，允许开发人员实现 MapReduce 相应的功能。

1. Hive 概述

2010 年 9 月，Hive 成为 Apache 的顶级项目，Apache 官网对 Hive 的定义是：Apache Hive 数据仓库软件有助于使用 SQL 读取、写入和管理驻留在分布式存储中的大型数据集，使其结构可以投影到已经存储的数据上，并提供了一个命令行工具和 JDBC 驱动程序来将用户连接到 Hive。

Hadoop 中使用了分布式文件存储系统 HDFS，HDFS 具有较高的延迟性。尽管一般来说 Hive 处理的数据集较小，但它底层的 HDFS 决定了它的性能无法与传统数据库厂商提供的数据仓库产品相比。

总的来说，Hive 是 SQL-on-Hadoop 框架的代表项目，它的全部数据都存储在 HDFS 中。它的出现解决了传统关系数据库如 Oracle、MySQL 在大数据处理上的瓶颈，同时由于 Hive 的操作最终会转换为 MapReduce 的实现，所以它继承了 MapReduce 高可拓展性、高容错性的特点。

2. Hive 架构

Hive 架构中的主要组件包括 CLI（Command Line Interface，命令行接口）、JDBC/ODBC、Thrift Server、HWI（Hive Web Interface，Hive 的 Web 接口）、Driver 以及 MetaStore。下面介绍 Hive 中各个组件的功能。

1）CLI 组件是 Hive 的命令行界面，是用户使用 Hive 的最常见方式。用户使用的方式可以是交互式界面，也可以是含有 Hive 语言的脚本。其功能有创建表、检查以及查询表等。

2）Thrift Server 允许为用户提供 JDBC/ODBC 的访问接口，且允许用户使用 Java、C++ 等编程语言来访问 Hive，使 Hive 具有跨语言性。

3）HWI 为用户提供一种可以通过 Web 访问 Hive 的服务。

4）Driver 组件包括编译器（Compiler）、优化器（Optimizer）以及解释器（Executor）。Driver 主要完成查询语句分析、编译、优化的过程，并将执行计划存储在 HDFS 中，以供 MapReduce 执行。

5）MetaStore 组件是 Hive 用来负责存储元数据、管理元数据的组件，通常支持用关系数据库中的表来存储元数据。Hive 中的元数据包括表的名称、表数据所在目录、表的属性等。

上述几个部件组成了基本的 Hive 架构。当用户通过用户接口（CLI、JDBC/ODBC 或 HWI）访问 Hive 时，Hive 会将相关信息交给 Driver 来编译、分析、优化，最后编程为可执行的 MapReduce 任务，交给 Hadoop，最终由 MapReduce 中的 Job Tracker、Task Tracker 结合 HDFS 中的 Name Node、Data Node 完成调度任务，并将结果层层返回给用户。

Hive 的体系结构及执行流程如图 10.8 所示。

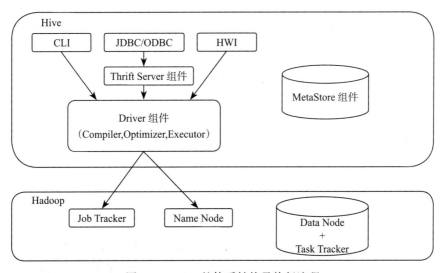

图 10.8　Hive 的体系结构及执行流程

10.3 NoSQL 数据库

进入大数据时代，面对海量数据，人们对数据存储的要求更注重于灵活性和可拓展性。尽管 SQL 以保持数据的一致性、高通用性、高性能等优点在数据库领域得到广泛应用，但其扩展困难、读写慢和成本高的缺点在大数据时代成为不可忽视的问题。为了解决上述问题，也为了存储大量半结构化数据和非结构化数据，人们提出 NoSQL 数据库，并倡导以多种数据结构来存储数据，而不再像 SQL 数据库中那样使用一种数据结构来满足所有需求。

本节先介绍 NoSQL 数据库的概念以及类型，再介绍 Hadoop 架构中的 NoSQL 数据库框架 Hbase。

10.3.1 NoSQL 数据库概述

1. NoSQL 数据库的概念

NoSQL 数据库的完整名称有两种版本：一种是"Not Only SQL"，即不仅仅有 SQL，这也是较多人接受的一种版本；另一种是"Non-relational SQL"，即非关系数据库，与关系数据库对立。NoSQL 数据库适用于对灵活性、性能要求高的场景。

相比于传统关系数据库中的 ACID 原则，NoSQL 支持 CAP（Consistence、Availability、Partition Tolerance，即一致性、可用性、分区容错性）理论，如图 10.9 所示。一致性指的是系统在执行某项操作后仍然处于一致的状态，可用性指的是每一个操作必须在一定时间内返回结果，分区容错性指的是系统在存在网络分区的情况下仍然可以满足一致性和可用性要求。CAP 理论认为分布式系统只能兼顾其中两个特性，所以在设计上，一般会使 NoSQL 往可用性、分区容错性的方向走，而通过各种方式来满足一致性的特定要求。

思考：传统的关系数据库与 NoSQL 数据库有哪些区别？ NoSQL 数据库的哪些特性可以解决海量多源异构数据的存储问题？

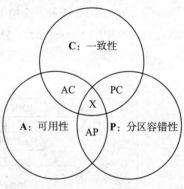

图 10.9 CAP 理论

2. NoSQL 数据库的类型

最常见的四种 NoSQL 数据库为键值数据库、列数据库、文档数据库以及图数据库。

（1）键值数据库

键值数据库使用一个特定的键以及一个指针，指向特定的散列表中的特定数据。键值数据库对于 IT 系统而言，有简单、易部署的优点，但其缺点是仅查询或更新部分值时效率较低。常见的键值数据库有 Redis、Berkeley DB 等。

（2）列数据库

列数据库通过键来指向特定的列族，每个列族中可以包含多个多维数据表。列数据库的优点在于其可扩展性强，更容易进行分布式扩展，所以列数据库常用来应对分布式存储的海量数据。下面举一个示例来说明列数据库（见图 10.10）。

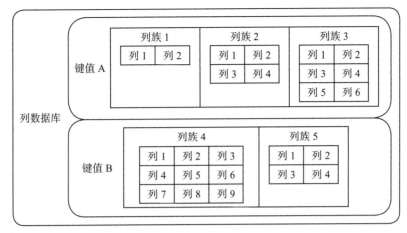

图 10.10　列数据库示例

在图 10.10 中，键值 A 对应列族 1、列族 2 和列族 3；键值 B 对应列族 4 和列族 5。每个列族中均有多个维度，可以存放多维数据表。常用的列数据库有 HBase、Riak 等。

（3）文档数据库

文档数据库与键值数据库相似，可以看作升级版的键值数据库。因为文档数据库不仅可以根据键索引目标，还可以根据文档内容索引目标，所以文档数据库的效率比键值数据库的更高。在文档数据库中，文档以版本化的格式存储，比如 JSON。文档数据库允许嵌套键值。图 10.11 所示的文档数据库的示例中包含嵌套键值。

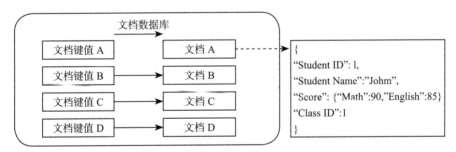

图 10.11　文档数据库示例

图 10.11 中，每个文档键值对应一个文档，且文档信息以 JSON 的形式存储，在 "Score" 中还有键值嵌套。常用的文档数据库有 MongoDB、CouchDB 等。

（4）图数据库

图数据库使用灵活的图模型，包括节点、边以及节点间的关系。通过将图中各个节点以及其边、关系保存下来，就可以达到保存一个图的目的。图数据库的优点在于可以利用图相关的算法对数据进行运算，如最短路径算法、N 度关系查找算法等。某社交应用中的图模型如图 10.12 所示。

在图 10.12 中，每个用户代表一个节点，节点

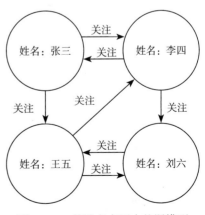

图 10.12　某社交应用中的图模型

和节点之间用箭头连接，箭头表示关注。常用的图数据库有 Neo4J、Infinite Graph 等。

实际上 NoSQL 数据库不只有四种类型，但是上述四种是最常用的 NoSQL 数据库类型。

10.3.2 HBase

HBase 是 Apache 的 Hadoop 子项目，是一个分布式开源列数据库，主要用来存储非结构化和半结构化的松散数据，提供高可靠性、高性能、可伸缩和可实时读写的数据库系统。

1. HBase 逻辑模型

HBase 以表的形式存储数据，表由行和列组成，而列可划分为多个列族，且每个数据的记录都会伴随一个时间戳。表 10.5 为一个 HBase 数据表的示例。

（1）行键（Row Key）

行键是用来检索记录的主键。在 HBase

表 10.5　HBase 数据表示例

行键	列族 1		列族 2		列族 3	
	列 1	列 2	列 1	列 2	列 1	列 2
key1	t1:aa t2:ab		t1:abx t2:acd			
key2		t1:abc			t1:kk	t1:ti
key3				t1:ijk t2:lmn		

数据表中访问行只有三种方式：通过单个行键、通过行键的 range（区间）以及全表扫描。

（2）列族（Column Family）

HBase 的列族可以看作一个多维数据表，一个列族可以含有一个或者多个列值。

（3）单元格（Cell）

由 "行键 + 列族 + 列" 可以确定一个单元格。单元格中的数据以字节形式存储。

（4）时间戳（Timestamp）

每个单元格中保存同一份数据的多个版本，版本与版本之间以时间区分，这就是时间戳的用处。

2. HBase 架构

HBase 架构一般由 Client（客户端）、Zookeeper 集群、Region Server（区域服务器）集群以及 Master（主节点）组成，它们之间的关系如图 10.13 所示。

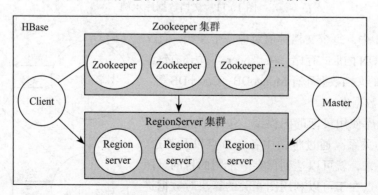

图 10.13　HBase 架构

（1）Client

Client 提供用户访问 HBase 的接口，并维护一些能加快 HBase 访问的 Cache（高速缓存），比如 Region 的位置等缓冲信息。

（2）Zookeeper

Zookeeper 主要负责三项工作：

1）存储 Region Server 集群中所有 Region（区域）的入口，Region 是 HBase 数据表的分块。

2）保证集群中 Master 的唯一性。

3）监控 Region Server，并将其信息传给 Master，以保证其状态正常。

（3）Master

Master 是 HBase 中的管理员，它主要负责以下几项工作：

1）负责 Region Server 中的 Region 分配。

2）均衡 Region Server 的负载。

3）处理 Schema（模式）的更新请求。

4）管理用户对表的 CRUD（增加、读取、更新和删除）操作。

（4）Region Server

Region Server 是 HBase 中最核心的模块，主要负责管理用户的 I/O 请求，切分在运行过程中变动过大的 Region 等。

3. HBase 存储方式

一个 Region Server 中管理着多个 Region，Region 是什么？数据表在 HBase 中将根据行进行分块，一个数据表将被分为多个 Region，并由 Master 将这些 Region 分配给多个 Region Server 进行存放。Region 是 HBase 中分布式存储和负载均衡的最小单元，一个 Region 不会被拆分到多个 Server 上。

Region 虽然是分布式存储的最小单元，但不是存储的最小单元。Region 由一个或多个 Store 组成，每个 Store 又由一个 memStore 和多个 StoreFile 组成，最后 Store 以 Hfile 格式保存在 HDFS 上。

Region Server 中的数据存储方式如图 10.14 所示。

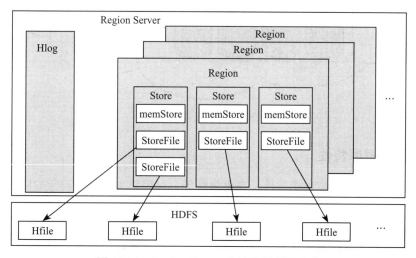

图 10.14　Region Server 中的数据存储方式

10.4 云数据库

云计算是大数据时代应对庞大计算量的有效解决方案，它基于分布式处理、并行处理和网格计算等技术来统筹多个计算资源进行计算。随着云计算的发展，云数据库的价值日益凸显。云数据库为云计算的数据提供了安身之处，是大数据时代下的一种重要云服务。

本节首先介绍云数据库的概念，然后介绍云数据库的特点，并对比云数据库与分布式数据库，最后简要介绍华为的 GaussDB。

10.4.1 云数据库概念

云是服务商提供的一种服务，这种服务让用户能无视或者感知不到云服务的底层实现，以简易、快捷的方式享受服务。云的底层实现无法被用户感知，本质上是云把具体功能隐藏起来了。

云数据库就是众多云服务中的一种，它是在 SaaS（Software-as-a-Service，软件即服务）的趋势下发展起来的一个应用。云数据库能极大增强用户的存储能力，用户在实际应用中无须了解云的底层细节，如图 10.15 所示。服务提供商通过虚拟技术，为用户提供了多种易用的方式，使用户仅对一台虚拟服务机进行操作，就能拥有强大的存储能力。云数据库以高可扩展性、高可用性等优势被广泛接受。

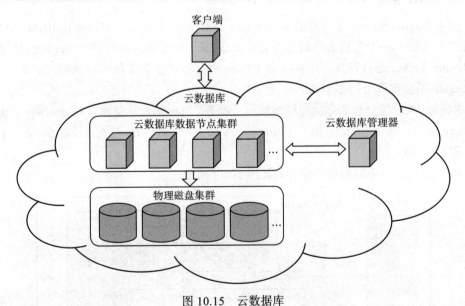

图 10.15 云数据库

10.4.2 云数据库特性

云数据库的特性有高可扩展性、高可靠性等，对用户来说还有较低的使用成本、易用性等优势。

（1）高可扩展性

云数据库的高可扩展性是指当有需求时，可以轻松地在云数据库的水平方向扩展或者申请一些资源，体现出很好的弹性。

（2）高可靠性

云数据库的高可靠性是指存在其中的数据几乎不会丢失。首先，云数据库中的数据一般会有备份，且相同数据的备份一般放在不同地理位置的服务器中；其次，当某些节点发生故障无法使用时，云数据库管理器会自动申请其他节点来代替当前节点，保证数据仍然可用。

（3）使用成本低

云数据库一般采用多租户的形式进行出租。客户租用云服务器时，按需租用，付出相应费用即可。这种多租户的形式，一方面能节省客户的开销，降低使用成本；另一方面可以统筹所有服务器，关闭不必要的服务器，节省资源。

（4）高易用性

高易用性首先体现在用户使用大容量的云服务器时无须在意其底层实现的细节；其次体现在用户使用云服务器时不需要在特定的地点，只需进行相关的身份认证。

10.4.3　GaussDB

GaussDB 数据库是华为鲲鹏生态建设中的主力场景之一。针对关系数据库的 OLTP 应用场景，华为推出云数据库 GaussDB（for MySQL）和 GaussDB（for openGauss），对 OLAP 场景则推出数据仓库服务 GaussDB（DWS）。对于非关系数据库，华为自主研发了计算存储分离架构的分布式多模 NoSQL 数据库服务，包括 GaussDB（for Mongo）、GaussDB（for Cassandra）、GaussDB（for Redis）和 GaussDB（for Influx）这四款主流 NoSQL 数据库服务。本节简要介绍 GaussDB（for MySQL）和 GaussDB（for openGauss）。

1. GaussDB（for MySQL）

GaussDB（for MySQL）是华为自研的最新一代企业级高扩展海量存储分布式数据库，完全兼容 MySQL。GaussDB（for MySQL）体系架构自下向上分为三层，如图 10.16 所示。

1）存储层。存储层基于华为 DFV（Data Function Virtual，数据功能虚拟化）存储，提供分布式、强一致和高性能的存储能力，用来保障数据的可靠性以及横向扩展能力。DFV 是华为提供的一套通过存储和计算分离的方式，构建以数据为中心的全栈数据服务架构的解决方案。

2）存储抽象层。将原始数据库基于表文件的操作抽象为对应分布式存储，向下对接 DFV，向上提供高效调度的数据库存储语义，是 GaussDB（for MySQL）实现高性能数据管理的核心所在。

3）SQL 解析层。GaussDB（for MySQL）支持与传统关系数据库相同语法规范的 SQL 语句，复用了 MySQL8.0 代码，保证与原生数据库的 100% 兼容，用户业务从 MySQL 上迁移不用修改任何代码，从其他数据库迁移也能使用 MySQL 生态的语法、工具，降低开发、学习成本。

GaussDB（for MySQL）采用集群架构，一个集群包含一个主节点和多个只读节点。将资源从地理位置和网络时延维度划分为区域（Region），同一个 Region 内共享弹性计算、块存储、对象存储、VPC（虚拟专有云）网络、弹性公网 IP、镜像等公共服务。Region 分为通用 Region 和专属 Region：通用 Region 指面向公共租户提供通用云服务的 Region；专属 Region 指只承载同一类业务或只面向特定租户提供业务服务的专用 Region。一般情况下，GaussDB（for MySQL）实例应该和弹性云服务器实例位于同一地域，以实现最高的访问性能。

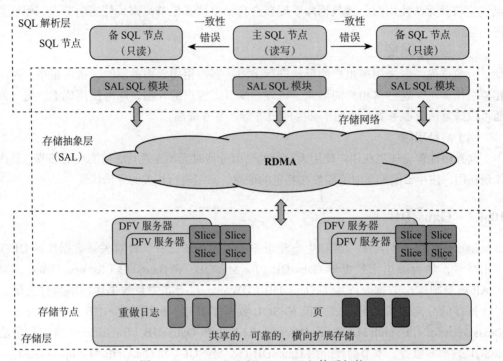

图 10.16 GaussDB（for MySQL）体系架构

注：Slice 为分片。

进一步，GaussDB（for MySQL）将某个地域内拥有独立电力和网络的物理区域称为可用区（Availability Zone，AZ）。一个 AZ 是一个或多个物理数据中心的集合，有独立的水电，AZ 内逻辑上再将计算、网络、存储等资源划分成多个集群。AZ 之间内网互通，不同 AZ 之间物理隔离。每个 AZ 都不受其他 AZ 故障的影响，并提供低价、低延迟的网络连接，以连接到同一地区其他 AZ。通过使用独立 AZ 内的 GaussDB（for MySQL），可以保护应用程序不受单一位置故障的影响，并支持跨 AZ 高可用、跨 Region 容灾。同一 Region 的不同 AZ 之间没有实质性区别。

GaussDB（for MySQL）兼容 MySQL，因此原有 MySQL 应用可方便地迁移到云端，在保持业务系统稳定性的同时，重复利用云带来的高并发特性，提升系统性能。由于支持达 120TB 的海量数据存储，GaussDB（for MySQL）在很多大数据分析应用中游刃有余。此外，GaussDB（for MySQL）无须搭载分布式数据库中间件分库分表，同时支持分布式事务的强一致性。这些特点使 GaussDB（for MySQL）和原生 MySQL 相比时具有高性能、高扩展性、高可靠性、高兼容性和低成本的优势。

2. GaussDB（for openGauss）

GaussDB（for openGauss）是华为结合自身技术积累，推出的全自研新一代企业级分布式数据库，支持集中式和分布式两种部署形态。集中式形态适用于数据量较小，且未来数据量增幅有限，但对数据可靠性和业务可用性有较高要求的场景。分布式形态支持更大的数据量，横向扩展能力较强，可以通过扩容的方式提高实例的数据容量和并发能力。分布式 GaussDB（for openGauss）的系统架构如图 10.17 所示。

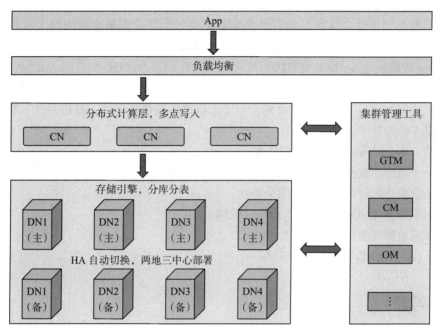

图 10.17　GaussDB（for openGauss）的系统架构

在图 10.17 中，CN（Coordinator Node，协调节点），负责数据库系统元数据存储、查询任务的分解和部分执行，以及 DN（Data Node，数据节点）中查询结果的汇聚。GaussDB（for openGauss）支持 Ustore 存储引擎（又名 In-place Update 存储引擎）和 Append Update（追加更新）模式的行引擎。追加更新可较好地支持业务中的增、删以及 HOT（Heap only Tuple）Update（即同一页面内更新），但对于跨数据页面的非 HOT UPDATE 场景不够高效。Ustore 引擎采用 NUMA-Aware 的 UNDO 子系统设计，在多核平台上扩展性较好，同时采用多版本索引技术解决索引清理问题，有效提升存储空间的回收复用效率。

GaussDB（for openGauss）执行引擎采用分布式并行执行框架，支持节点间并行和节点内并行能力。节点内支持多线程并发执行，从而提高系统吞吐量，具备大数据下高性能查询能力。GaussDB（for openGauss）适合大并发、大数据量、以联机事务处理为主的交易型应用，如政务、金融、电商、O2O（线上到线下）、电信客户关系管理（CRM）计费等。

GaussDB（for openGauss）的基本执行过程如下：

1）CN 接收业务系统提交的含 CRUD（Create、Retrieve、Update 和 Delete，即增、查、改和删）操作的 SQL。

2）CN 利用数据库的优化器生成执行计划，发送给各 DN 执行。GaussDB（for openGauss）基于一致性哈希算法将数据分布到各 DN，提供三种流（广播流、聚合流和重分布流）处理 DN 间的数据获取，提升表连接执行效率。

3）DN 将执行结果集返回给 CN 汇总，CN 将汇总后的结果返回给业务应用。

10.5　本章小结

本章首先介绍了大数据的概念、构成、特点与科学研究的第四范式。大数据中不仅有结构化数据，还有占比越来越高的非结构化数据和半结构化数据。其次本章介绍了数据仓库的概念、特性、体系结构以及多维数据模型，涉及数据仓库的四个特性，以及数据库与数据仓库的对比，使读者进一步理解数据仓库的概念。再次，本章介绍了基于 Hadoop 的数据仓库 Hive 的架构。从次，本章介绍了 NoSQL 数据库的概念、类型与 Hadoop 中 NoSQL 数据库 HBase 的框架。本章最后叙述了云数据库的概念，将云数据库与分布式数据库进行了对比，并分别介绍了云数据库高可扩展性、高可靠性、易用性以及使用成本低的特性。

在学习本章时需要重点掌握以下知识点：

1）大数据的数据形式与"5V"特点。

2）数据仓库的体系结构和四个特性。

3）NoSQL 数据库的类型与 HBase 框架。

4）云数据库的特点。

5）GaussDB 数据库。

10.6　习题

简答题

1. 大数据的"5V"特点是什么？分别举例说明。

2. 数据仓库的特性是什么？

3. 最常见的 NoSQL 数据库有哪些？

4. CAP 理论是什么？

5. 云数据库在哪些方面体现了云计算的特性？

上机实验（四）

1. GaussDB（for MySQL）

1）掌握从华为云购买 GaussDB（for MySQL）数据库的方法。

2）熟悉 GaussDB（for MySQL）基本的数据库维护，包括查看数据库实例、增加集群节点、变更集群规格、查看集群网络、查看节点、集群备份恢复、日志管理和参数修改。

3）掌握 GaussDB（for MySQL）数据库的基本操作，包括用户管理和授权、创建数据库、创建和管理表、创建和管理索引等。

2. GaussDB(for openGauss)

1）登录管理控制台，掌握从华为云购买 GaussDB（for openGauss）数据库的方法。

2）练习 GaussDB（for openGauss）数据库实例连接方法，包括内网、公网和数据管理服务（Data Admin Service，DAS）三种连接方式。

3）掌握使用 JDBC 连接 GaussDB（for openGauss）数据库。

4）掌握使用 ODBC 连接 GaussDB（for openGauss）数据库。

附　录

附录 A　Win10 下 openGauss 的安装

A.1　openGauss 简介

openGauss 是一款开源关系数据库管理系统，采用木兰宽松许可证 v2 发行。openGauss 内核源自 PostgreSQL，深度融合华为在数据库领域多年的经验，结合企业级场景需求，持续构建竞争力特性。openGauss 同时也是一个开源、免费的数据库平台，鼓励社区贡献、合作。

在安装 openGauss 之前，首先安装 Navicat。Navicat 是一套可创建多个连接的数据库管理工具，用以方便地管理 MySQL、Oracle、PostgreSQL、SQLite、SQL Server、MariaDB 和 MongoDB 等不同类型的数据库，并支持管理某些云数据库，例如阿里云、腾讯云。Navicat 的功能足以满足专业开发人员的所有需求，对数据库服务器初学者来说也相当容易学习。Navicat 的用户界面（GUI）设计良好，让用户可以用安全且简单的方法创建、组织、访问和共享信息。本书安装的是 Navicat Premium 15。

A.2　安装步骤

1. 开启 Windows 的子系统功能（WSL）

1）先在 Win10 上安装 WSL。

①在开始菜单栏找到 PowerShell，以管理员身份打开 PowerShell 并运行，如图 A.1 所示。

图 A.1　以管理员身份运行 PowerShell

②输入" dism.exe /online /enable-feature /featurename：Microsoft-WindowsSubsystem-Linux /all /norestart"，开启 Windows 的子系统功能，如图 A.2 所示。

③输入" dism.exe /online /enable-feature /featurename：VirtualMachinePlatform /all /norestart"，选择虚拟机平台。

2）重启计算机。

3）下载并安装 wsl2 的 Linux 内核。

下载链接为 https：//wslstorestorage.blob.core.windows.net/wslblob/wsl_update_x64.msi。

下载后双击 ![wsl_update_x64.msi] 安装即可。安装完成后会显示如图 A.3 所示界面，单击"Finish"按钮即可。

图 A.2　开启 Windows 的子系统功能

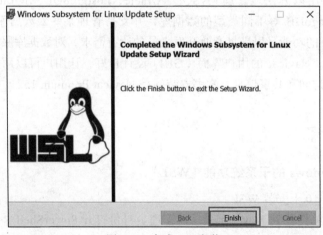

图 A.3　完成 wsl 安装

4）依旧以管理员身份打开并在 PowerShell 中运行"wsl --set-default-version 2"，设置 wsl 版本为 2，如图 A.4 所示。

图 A.4　设置 wsl 版本

2. 安装适用于 Windows 的 Docker。

下载链接为 https：//www.docker.com/get-started。

1）单击"Download for Windows"下载后安装，如图 A.5 所示。

2）下载后双击 ⊙ Docker Desktop Installer.exe 安装即可。安装成功后，在桌面双击 ▣ 打开即可，当看到图 A.6 所示界面即表示安装成功。

图 A.5　开始 Docker 安装

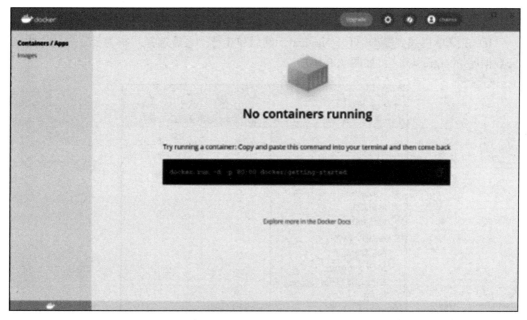

图 A.6　Docker 安装成功

3. 安装 openGauss

1）打开 PowerShell 并运行"docker pull enmotech/opengauss"，拉取 openGauss 镜像。

2）输入"docker run --name opengauss --privileged=true -d -e GS_PASSWORD=opengaussDB@1234 -v D：\workspace_data\opengaussdata：/var/lib/opengauss -p 15432：5432 enmotech/opengauss：latest"，创建 openGauss 容器，如图 A.7 所示。

```
PS C:\Windows\system32> docker pull enmotech/opengauss
Using default tag: latest
latest: Pulling from enmotech/opengauss
284055322776: Pull complete
a7ca82b898d7: Pull complete
2f93c23d8eb5: Pull complete
3842013b7685: Pull complete
6bc7e92855e3: Pull complete
39c9c4e5b487: Pull complete
1f9d76df94b5: Pull complete
44db1c59ef84: Pull complete
63ab02376fd3: Pull complete
cf751b0b3be9: Pull complete
9dc428e2c8b4: Pull complete
Digest: sha256:d5a3e38fa2553a44e7fa1cd5cad0b4f0845a679858764067d7b0052a228578a0
Status: Downloaded newer image for enmotech/opengauss:latest
PS C:\Windows\system32> docker run --name opengauss --privileged=true -d -e GS_PASSWORD=opengaussDB@1234 -v D:\workspace_
data\opengaussdata:/var/lib/opengauss -p 15432:5432 enmotech/opengauss:latest
```

图 A.7　在 PowerShell 中创建 openGauss 容器

创建 openGauss 容器的语句解释如图 A.8 所示。

opengaussDB@1234可换成你想设置的密码
（密码规则：数字+大小写字符+常规符号）

docker run --name opengauss --privileged=true -d -e GS_PASSWORD=opengaussDB@1234

-v D:\workspace_data\opengaussdata:/var/lib/opengauss -p 15432:5432 enmotech/opengauss:latest

将容器内的/var/lib/opengauss路径映射到本机的D:\workspace_data\opengaussdata下

（D:\workspace_data\opengaussdata可以更换成你自己设置的文件夹路径，只要这个文件夹路径存在即可）

图 A.8　创建 openGauss 容器的语句解释

4. 连接数据库 openGauss

1）在菜单栏找到▨并打开 Navicat，然后单击▨，之后选择"华为云"→"华为云云数据库 PostgreSQL"，如图 A.9 所示。

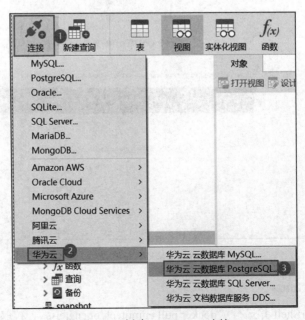

图 A.9　创建 openGauss 连接

2）在弹出的"新建连接"窗口输入信息（结合上一步安装 openGauss 的信息来填写），添加完成后，双击 🔟 myopengauss ，然后图标由灰色变成鲜亮色即表示连接成功，如图 A.10 所示。

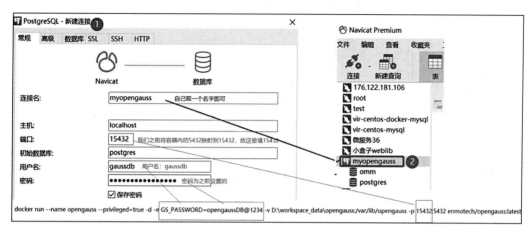

图 A.10　结合创建 openGauss 容器步骤中的信息填写"新建连接"信息

附录 B 习题参考答案

第 1 章

一、单选题

1. B   2. A   3. C   4. D   5. C

二、多选题

1. ABCD   2. AD   3. ABC   4. AC   5. ABD

三、判断题

1. F   2. F   3. F   4. T   5. F

四、名词解释

1. 数据不一致，是指本应相同的数据在不同的位置上出现不同且相互冲突的版本。

2. 信息就是客观事物的状态和运动特征的一种普遍形式，它以物质介质为载体，反映和传递世间万物存在方式和运动状态的表征，是事物现象及其属性标识的集合。

3. 数据异常可简单地理解为数据的不正常，包括更新异常、插入异常、删除异常三种情况。由于更新行为没有统一执行而产生的数据的不正常，即更新异常。由于该插入的数据没有被插入而导致的数据不正常，称为插入异常。由于没有统一执行删除数据而导致的数据异常称为删除异常。

4. 数据库是相关联的数据集合。

5. 数据集被分块分别存储在多台计算机上，这些计算机通过网络连接，既可以单独处理存储在本机的数据，也可以和其他联网的计算机一起对整个数据集进行全局处理，这种数据处理方式称为分布式处理。

五、简答题

1. 数据是信息的载体，信息是数据的内涵。数据具有多种表现形式，同一信息可有不同的数据表现形式。同一数据可以有不同的解释，因此，往往需要联系数据的上下文来理解其蕴含的信息。

2. 在文件系统中，文件的逻辑结构与物理结构分离开了，程序员只需要通过文件名，由文件系统负责找到该文件名对应的物理地址，就可以实现对数据的存储、检索、插入、删除以及修改。各个应用程序可以以文件为单位共享数据，程序和数据之间有了一定的独立性。文件系统使得计算机数据管理的方法得到极大改善，计算机除了用于科学计算外，还被企业用于信息管理。

然而，这种数据管理技术也存在不足之处。由于一个文件对应一个应用，数据缺乏统一的规范化标准，同一个数据在不同文件中可以采用不同的数据类型来存储；文件的格式也可以是多种多样的。文件内部的数据虽然实现了结构化，即记录了文件内各种数据间的关联，但文件从整体看却是无结构的，不同文件之间数据关联缺乏记录。因此，在面对一些复杂问题的查询时，需要编写程序才能实现查询。

使用文件系统实现数据管理，数据的共享程度低，数据冗余较严重，不仅会浪费存储空间，而且会导致数据不一致和数据异常。

3. 使用数据库系统实现数据管理，是从整体关联用户的需求出发的，而不是只针对某种特定的应用来考虑数据的组织和存储。从数据共享的角度出发，将相关联的数据集合在一起构建一个数据库，不同的用户可以通过数据库管理系统的支持，访问各自所关心的那部分数据。数据库系统在数据存储上尽可能地降低数据冗余，避免数据不一致和数据异常的发生，同时也能满足不同用户对于数据的不同访问需求，实现了更高程度的数据共享。

4. ①涉及的数据量大；②数据需要被长期保存；③数据需要被多个应用程序（或多用户）所共享。

第 2 章

一、单选题

1. D　　　　2. C　　　　3. D　　　　4. C　　　　5. C

二、多选题

1. ABCD　2. ABC　　3. ABC　　4. ABCD　5. ABD　　6. ABD　　7. ABC

三、判断题

1. T　　　2. T　　　3. F　　　4. T　　　5. T　　　6. F

四、名词解释

1. 对象表示现实世界中的实体。

2. 具有相同的属性集和方法集的所有对象的集合称为类。

3. 在实体所有属性中，能唯一区分每一个实体的最小属性集合称为实体标识符。

4. 泛化关系是指抽取多个实体的共同属性作为超类实体。

5. 在树中，没有子节点的节点称为叶节点。

6. 能由其他属性计算或推导出值的属性称为派生属性。

五、简答题

1. 层次模型用一棵倒立的"有向树"的数据结构来表示各类实体以及实体间的联系。层次模型具有以下特征：①根以外的其他节点有且仅有一个父节点，每个节点都可有多个子节点，这就使得层次数据库系统只能直接处理一对多的实体关系；②任何一个给定的记录值只有按其路径查看时，才能显出其全部意义，没有一个子记录值能够脱离父记录值而独立存在。

2. 网状模型使用一种名为"有向图"的数据结构表示实体类型及实体之间的联系。网状模型具有以下优点：①能够更为直接地描述客观世界中实体间的复杂联系；②节点间的联系简单，数据访问灵活，存取效率较高；③有对应的数据库行业标准。

3. 在关系模型中，无论是实体还是实体之间的联系均用关系来表示。关系模型具有以下优点：①有较强的数学理论根据；②数据结构简单、清晰，用户易懂易用；③关系数据库语言是非过程化的，用户只需要指出"做什么"，而不必详细说明"怎么做"；④操作对象和操作结果都是关系，即若干元组的集合，对于用户而言，提高了数据访问的便利程度。

第3章

一、单选题

1. B　　　2. B　　　3. C　　　4. D　　　5. A

二、多选题

1. ABD　2. ABCD　3. ABD　4. AC　5. ABCD　6. ABCD　7. ABCD

三、判断题

1. T　　　2. F　　　3. F　　　4. F　　　5. T　　　6.T

四、名词解释

1. 数据独立性是指在数据库三级模式结构中，某一层次上模式的改变不会使其上一层的模式也发生改变的能力。

2. 数据库管理系统是数据库系统的核心，它由一系列帮助用户创建和管理数据库的应用程序组成。数据库管理系统位于用户/应用程序和操作系统（OS）之间，用于建立、使用和维护数据库，并对数据库进行统一的管理和控制，以保证数据的安全性和完整性。

3. 概念模式简称模式，描述的是现实世界中的实体及其性质与联系，定义记录、数据项、数据的完整性约束条件及记录之间的联系，是数据库的框架。概念模式是数据库中全体数据的逻辑结构和特征的描述，是所有用户的公共数据视图。一个数据库只有一个概念模式。概念模式把用户视图有机地结合成一个整体，综合权衡所有用户的需求，实现数据的一致性，并最大限度地降低数据冗余度，准确地反映数据间的联系。

4. 数据的物理独立性是指用户的应用程序与存储在磁盘上的数据库中的数据是相互独立的。数据在磁盘上如何存储是由数据库管理系统管理的，用户不需要了解，应用程序只需要处理数据的逻辑结构即可。当数据的存储改变时，例如改变存储设备或引进新的存储设备、改变数据的存储位置、改变物理记录的体积、改变数据的物理组织方式等，相应地调整概念模式–内模式的映射，使概念模式保持不变，因此外模式保持不变，从而不必修改应用程序，确保了数据的物理独立性。

5. 数据的逻辑独立性是指用户的应用程序与数据库的逻辑结构是相互独立的。例如，在不破坏原有记录类型之间联系的情况下增加新的记录类型，在原有记录类型之间增加新的联系，或在某些记录类型中增加新的数据项时，数据的整体逻辑结构发生变化，而用户对数据的需求没发生变化，那么数据的局部逻辑结构无须修改。这时，只需修改外模式–概念模式的映射，保证数据的局部逻辑结构不变。由于应用程序是依据数据的局部逻辑结构编写的，所以应用程序无须修改，从而保证了数据与程序间的逻辑独立性。

6. 数据字典保存了用DDL书写的数据库的逻辑结构、完整性约束和物理存储结构，作为数据库各种数据操作（如查找、修改、插入和删除等）和数据库维护管理的依据。

五、简答题

1. 三级模式结构是数据库领域公认的标准结构，它包括外模式、概念模式、内模式。依照这三级模式构建起来的数据库分别称为用户级数据库、概念级数据库、物理级数据库。不同级别的用户所看到的数据库是不一样的，从而形成数据库中不同的视图。三级模式结构通过两级映射联系了起来。数据库的三级模式结构和两级映射维护了数据与应用程序之间的无关性，保证了数据库系统具有较高的数据独立性。

2. 数据库管理系统的主要功能包括数据定义，数据操纵，数据库运行管理，数据组织，存储与管理，数据库的建立与维护，通信等。

3. 针对文件系统的缺点而发展出来的数据库系统是以统一管理和共享数据为目标的。在数据库系统中，数据不再面向某个应用，而是作为一个整体来描述和组织，并由 DBMS 统一管理，因此数据可被多个用户、多个应用程序共享。它具有以下特点与意义：①数据结构化。②实现数据共享。③数据冗余度小。④程序和数据之间具有较高的独立性。⑤具有良好的用户接口。⑥对数据实行统一管理和控制。

4. 数据库是全球三大基础软件技术之一，也是 IT 系统必不可少的核心技术。各行各业都离不开数据库技术。随着互联网及移动互联网在我国的普及应用和数字经济发展的不断成熟，数据产生的速度越来越快，数据类型越来越复杂，数据库产品成为数字经济发展的底层核心技术焦点，国产数据库发展关系到国家经济安全。目前国内市场仍以欧美数据库产品为主导，因此我国自主研发数据库都是非常必要的。

第 4 章

一、单选题

1. D   2. D   3. A   4. A   5. D

二、多选题

1. AB   2. ABCD   3. ACD   4. ABCD   5. AB

三、判断题

1. F   2. T   3. F   4. T   5. F   6. T

四、名词解释

1. 设 F 是基本关系 R 的一个或一组属性，但不是关系 R 的主键。如果 F 与基本关系 S 的主键 K_S 相对应，则称 F 是基本关系 R 的外键。

2. 参照完整性规则定义了外键与主键之间的引用规则。参照完整性规则规定：若属性（或属性组）F 是基本关系 R 的外键，它与基本关系 S 的主键 K_S 相对应（基本关系 R 与 S 不一定是不同的关系），则对于 R 中每个元组在 F 上的值必须在以下两种情况中：①取空值（F 的每个属性值均为空值）；②等于 S 中某个元组的主键值。

3. 实体完整性约束规则是指关系中不允许出现相同的元组；若属性 A 是关系 R 的主属性，则属性 A 不能取空值。

4. 关系外模式是关系概念模式的一个逻辑子集，描述关系数据库中数据的局部逻辑结构。

5. 关系数据库的概念模式是由若干个关系模式组成的集合，描述关系数据库中全部数据的整体逻辑结构。

6. 一个用户可以使用的全部"表"和"虚表"，构成这个用户的数据视图；视图中所有"表"和"虚表"的框架组成关系数据库的外模式。

五、简答题

1）E-R 图如图 B-1 所示。

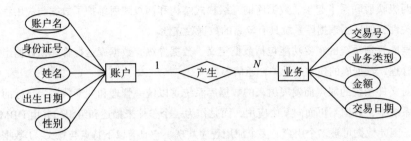

图 B-1 E-R 图

2）E-R 图可转换为以下关系模式：

账户（<u>账户名</u>，身份证号，姓名，出生日期，性别）

业务（<u>交易号</u>，业务类型，金额，交易日期，账户名）

第 5 章

一、单选题

1. C   2. B   3. A   4. D   5. B   6. B

二、多选题

1. BC   2. BCD   3. ABCD   4. ABCD   5. BD

三、判断题

1. F   2. T   3. T   4. F   5. T   6. T

四、计算题

1. 1）$R \cup S$ 答案见表 B-1。

    2）$R-S$ 答案见表 B-2。

    3）$R \times S$ 答案见表 B-3。

表 B-1 $R \cup S$

A	B	C
LA	01	BF
FC	01	BF
FC	03	AC
KB	01	BF
KB	04	AC

表 B-2 $R-S$

A	B	C
FC	01	BF
FC	03	AC
KB	01	BF

表 B-3 $R \times S$

R.A	R.B	R.C	S.A	S.B	S.C
LA	01	BF	LA	01	BF
FC	01	BF	LA	01	BF
FC	03	AC	LA	01	BF

（续）

R.A	R.B	R.C	S.A	S.B	S.C
KB	01	BF	LA	01	BF
LA	01	BF	KB	04	AC
FC	01	BF	KB	04	AC
FC	03	AC	KB	04	AC
KB	01	BF	KB	04	AC

4）$R \cap S$ 答案见表 B-4。

5）$R \infty S$ 答案见表 B-5。

表 B-4　$R \cap S$

A	B	C
LA	01	BF

表 B-5　$R \infty S$

A	B	C
LA	01	BF

6）R 和 S 的外部并答案见表 B-6。

2. 1）$R \bowtie S$ 答案见表 B-7。

表 B-6　R 和 S 的外部并

A	B	C
LA	01	BF
FC	01	BF
FC	03	AC
KB	01	BF
KB	04	AC

表 B-7　$R \bowtie S$

A	B	C	D
LA	01	BF	BF
FC	01	BF	NULL
FC	03	AC	NULL
KB	01	BF	NULL

2）$R \bowtie S$ 答案见表 B-8。

3）$R \bowtie S$ 答案见表 B-9。

表 B-8　$R \bowtie S$

A	B	C	D
LA	01	BF	BF
KB	04	NULL	AC

表 B-9　$R \bowtie S$

A	B	C	D
LA	01	BF	BF
FC	01	BF	NULL
FC	03	AC	NULL
KB	01	BF	NULL
KB	04	NULL	AC

4）$R \propto S$ 答案见表 B-10。

5）$S \propto R$ 答案见表 B-11。

表 B-10　$R \propto S$

A	B	C
LA	01	BF

表 B-11　$S \propto R$

A	B	D
LA	01	BF

6）R 和 S 的外部并答案见表 B-12。

7）$R \infty S$ 答案见表 B-13。

表 B-12 R 和 S 的外部并

A	B	C	D
LA	01	BF	NULL
FC	01	BF	NULL
FC	03	AC	NULL
KB	01	BF	NULL
LA	01	NULL	BF
KB	04	NULL	AC

表 B-13 $R \infty S$

A	B	C	D
LA	01	BF	BF

五、简答题

1. 优化策略

1）尽可能早地执行选择及投影操作，以期得到较小的中间结果。

2）把笛卡儿乘积和随后的选择合并成连接操作，使选择与笛卡儿乘积一并完成，避免了做完笛卡儿乘积后要再次扫描一个较大的关系来做选择操作，减少时间和空间的开销。

3）一连串的选择操作和一连串的投影操作可同时执行，从而避免文件的重复扫描。

4）若在关系的父表达式中多次出现某个子表达式，可预先将该子表达式算出结果并保存起来，从而避免重复计算。

5）在连接前对关系文件进行预处理，如排序和建立索引。将两个有序的关系进行连接，可避免来回扫描关系文件。

2. 两种关系代数表达式及比较：

1）$\pi_{\text{CN,ID}}(\sigma_{\text{TA}>50000}(A \infty T))$。

2）$\pi_{\text{CN,ID}}(\sigma_{\text{TA}>50000}(T) \infty A)$。

3）与1）相比，2）的执行效率更高。

3. 关系代数表达式为 $\pi_{\text{CNM,CS}}(\sigma_{\text{D}='2022-10-1' \wedge \text{SN}='001'}(O) \infty C)$ 或 $\pi_{\text{CNM,CS}}(\pi_{\text{CN}}(\sigma_{\text{D}='2022-10-1' \wedge \text{SN}='001'}(O)) \infty C)$ 或 $\pi_{\text{CNM,CS}}(\pi_{\text{CN}}(\sigma_{\text{D}='2022-10-1' \wedge \text{SN}='001'}(O)) \infty \pi_{\text{CN,CNM,CS}}(C))$。

4. 相应的元组关系演算表达式和域关系演算表达式：

1）$\{t \mid (\exists u)(O(u) \wedge u[4]>10000 \wedge t[1]=u[2] \wedge t[2]=u[3])\}$。

2）$\{t_1 t_2 \mid (\exists u_1)(\exists u_2)(\exists u_3)(\exists u_4)(\exists u_5)(O(u_1 u_2 u_3 u_4 u_5) \wedge u_4>10000 \wedge t_1=u_2 \wedge t_2=u_3)\}$。

化简得：$\{t_1 t_2 \mid (\exists u_1)(\exists u_4)(\exists u_5)(O(u_1 t_1 t_2 u_4 u_5) \wedge u_4>10000)\}$。

第 6 章

一、单选题

1. C　　2. B　　3. D　　4. B　　5. C

二、多选题

1. ABC　　2. ABCD　　3. ABC　　4. ABC　　5. AB

三、判断题

1. F　　　　2. F　　　　3. T　　　　4. F　　　　5. F　　　　6. T

四、名词解释

1. 设 R 是一个关系模式，X 和 Y 是 R 的属性子集，r 是 R 的任一具体关系。如果对 r 的任意两个元组 t_1 和 t_2，只要 $t_1[X]=t_2[X]$ 成立，就有 $t_1[Y]=t_2[Y]$ 成立，则称 X 函数决定 Y，或 Y 函数依赖于 X，记为 $X \to Y$。$X \to Y$ 为关系模式 R 的一个函数依赖。

2. 对于函数依赖 $X \to Y$，如果存在 X 的真子集 X'，使得 $X' \to Y$ 也成立，则称 Y 部分依赖于 X。

3. 如果有函数依赖 $X \to Y$，$Y \to Z$ 成立，且 $Y \to X$ 不成立，Z 不是 Y 的子集，则称 Y 传递依赖于 X。

4. 如果关系模式 R 为 1NF，并且 R 中的每一个非主属性都完全依赖于 R 的某个候选关键字，则称 R 属于第二范式，简记为 2NF。

5. 如果关系模式 R 为 2NF，并且 R 中的每一个非主属性都不传递依赖于 R 的某个候选关键字，则称 R 属于第三范式，简记为 3NF。

6. 如果关系模式 R 为 1NF，并且 R 中的每一个函数依赖 $X \to Y (Y \notin X)$，必有 X 是 R 的超键，则称 R 属于 Boyce-Codd 范式，简记为 BCNF。

五、简答题

1. 函数依赖及候选键

1）存在以下这些函数依赖：$S \to (N,B,A)$，$S \to D$，$D \to H$。

2）因为 $S \to D$，$D \to H$，根据 Armstrong 公理的传递律，有 $S \to H$，所以有 $S \to (N,B,A,D,H)$，因此 R 的候选键是 S。

2. 最小函数依赖集

1）把函数依赖集 F 中右边包含多个属性的函数依赖分解为右边只包含一个属性的函数依赖，得到与 F 等价的 G，$G=\{AB \to C, A \to C, BC \to D, D \to A, D \to C\}$。

2）删除 G 中冗余的函数依赖：由于 $A \to C$，根据 Armstrong 公理的增广律，可得 $AB \to C$，因此可把 G 中的函数依赖 $AB \to C$ 删除，得到与 G 等价的函数依赖集 H_1，$H_1=\{A \to C, BC \to D, D \to A, D \to C\}$。由于 $D \to A$，$A \to C$，根据 Armstrong 公理的传递律可得 $D \to C$，因此可把 H_1 中的 $D \to C$ 删除，得到与 H_1 等价的函数依赖集 $H_2=\{A \to C, BC \to D, D \to A\}$。

3）H_2 中每一个函数依赖左边都不存在冗余属性，因此，H_2 即为所求的最小函数依赖集 F_{min}。

3. 因为 $R_1 \cap R_2 = D$，$R_2 - R_1 = E$，且有 $D \to E$ 成立，因此 ρ 是无损连接的分解。

4. 判断是否无损连接的分解。

1）首先，构造如下矩阵 M，见表 B-14。

表 B-14　矩阵 M

	A	B	C	D	E
R_1	a_1	a_2	a_3	b_{14}	b_{15}
R_2	b_{21}	b_{22}	b_{23}	a_4	a_5
R_3	b_{31}	b_{32}	a_3	a_4	b_{35}

2）逐个检查 F 中的函数依赖，修改 M：

对于 $(A,C) \to B$，AC 列中不存在相同的行，矩阵 M 保持不变。

对于 $C \to D$，C 列中 R_1 和 R_3 行的值相同，因此把 D 列中这两行的值改为一致，把 D 列 R_1 行的值改为 a_4，则矩阵 M 变为表 B-15。

表 B-15　调整 D 列后的矩阵 M

	A	B	C	D	E
R_1	a_1	a_2	a_3	a_4	b_{15}
R_2	b_{21}	b_{22}	b_{23}	a_4	a_5
R_3	b_{31}	b_{32}	a_3	a_4	b_{35}

对于 $D \to E$，D 列中 R_1、R_2 和 R_3 行的值相同，因此把 E 列中这三行的值改为一致，把 E 列中 R_1 和 R_3 行的值改为 a_5，则矩阵 M 变为表 B-16。

表 B-16　调整 E 列后的矩阵 M

	A	B	C	D	E
R_1	a_1	a_2	a_3	a_4	a_5
R_2	b_{21}	b_{22}	b_{23}	a_4	a_5
R_3	b_{31}	b_{32}	a_3	a_4	a_5

3）由于 R_1 行全为 a，因此分解 ρ 是无损连接的分解。

5. 经检查可知，F 就是最小函数依赖集。由于没有一个函数依赖的左右边相加等于关系模式 R 的所有属性，因此，R 需要分解。

1）对于函数依赖 $A \to B$，构建一个关系模式 $R_1(A,B)$；对于函数依赖 $E \to A$，构建一个关系模式 $R_2(A,E)$；对于函数依赖 $CE \to D$，构建关系模式 $R_3(C,D,E)$。

2）由于 $E \to A$，$A \to B$，所以有 $E \to B$，$E \to AB$。又因为 $CE \to D$，因此有 $CE \to ABCDE$，即 CE 是 R 的主键。由于 CE 同时存在于 R_3 中，因此不需要单独构建一个只包含 R 主键的关系模式。

3）分解结束，得到一个无损连接和保持函数依赖的满足 3NF 的关系模式集 $\{R_1(A,B)$，$R_2(A,E)$，$R_3(C,D,E)\}$。

6. 分解得到 BCNF 的关系模式集。

1）因为 $D \to B$，$B \to C$，所以有 $D \to C$；因为 $A \to B$，$B \to C$，所以有 $A \to C$。因此在 $R_1(A,C,D)$ 上的函数依赖有 $G=\{D \to C$，$A \to C\}$，其主键是 AD，C 为非主属性且部分依赖于候选键，所以 R_1 不是 2NF，更不是 BCNF，只是 1NF。

G 中函数依赖 $D \to C$ 其左边不是 R 的超键，因此，把关系模式 R_1 分解为：$R_{11}(C,D)$ 和 $R_{12}(A,D)$，在 R_{11} 上的函数依赖集为 $\{D \to C\}$，R_{11} 的候选键是 D；在 R_{12} 上的函数依赖集为 $\varnothing$，R_{12} 的候选键是 $(A，D)$。可见，在关系模式 R_{11} 和 R_{12} 中函数依赖的左边均是超键，R_{11} 和 R_{12} 均为 BCNF。同理，也可以把 R_1 进一步分解成为 $R_{13}(A,C)$ 和 $R_{12}(A,D)$，且 R_{13} 和 R_{12} 都是 BCNF。

2）在 $R_2(B,D)$ 上的函数依赖有 $\{D \to B\}$，R_2 的候选键是 D，R_2 中函数依赖的左边均是超键，因此 R_2 是 BCNF。

7. 因为 $AB \to CD$，所以有 $AB \to ABCD$，即 R 的主键是 AB。由 $A \to D$ 可知 D 部分依赖于 R 的主键，因此 R 不属于 2NF，R 最高是 1NF。

第 7 章

一、单选题

1.B　　　2.B　　　3.C　　　4.D　　　5.C　　　6.B

二、多选题

1.ABCD　　2.ABD

三、简答题

1. SQL 的特点包括：①一体化；②非过程化语言；③面向集合操作方式；④一种语法，两种使用方式；⑤结构简洁，易学易用。

2. SQL 语句的四个基本功能包括数据查询、数据操纵、数据定义和数据控制。

3. 基本表的数据和结构均存在于数据库内。视图是一张虚表，表的数据不存在于数据库内，在数据库中只保留其构造定义。其数据内容由 SQL 查询语句定义。同真实的表一样，视图包含一系列带有名称的列和行数据。但是，行和列数据来自定义视图的查询所引用的表，并且在引用视图时动态生成。视图除了在更新方面有较大的限制外，对视图的其他操作类似于对表的数据操作。

4. 视图的优点包括：①简化用户操作；②用户可以多角度看待同一数据；③提供一定的逻辑独立性；④对数据提供各种角度的安全保护。

5. 因为视图是虚表，数据并没有存储在数据库中，对数据的更新操作实际上是对基本表进行的增删改，这导致虽然是对视图做更新，却使数据库中其他数据发生变动，所以需要对视图的插入及修改等更新操作进行必要的限制，否则会引发各种不一致。在 openGauss 中不支持视图的更新。

四、SQL 练习题

1. 查询平均成绩大于 70 分的学生的学号和平均成绩，SQL 语句表示为：

SELECT 学号 , AVG(成绩)

FROM 选修

GROUP BY 学号

HAVING AVG(成绩)>70;

2. 查询所有同学的学号、姓名、选课数，并且按照学号从小到大排列，SQL 语句表示为：

SELECT 学号 , 姓名 ,COUNT(课程号) AS 选课数

FROM 学生 JOIN 选修 ON 学生 . 学号 = 选修 . 学号

GROUP BY 学号

ORDER BY 学号 ASC;

3. 查询学过课程号为 1024 和 1025 课程的学生学号和姓名，SQL 语句表示为：

SELECT 学生 . 学号 , 姓名

FROM 学生 JOIN 选修 ON 学生 . 学号 = 选修 . 学号

WHERE 课程号 ='1025'AND 学号 IN

(SELECT 学号

FROM 选修

WHERE 课程号 ='1024') ;

4. 查询选修了全部课程的学生学号和姓名，SQL 语句表示为：

SELECT 学号 , 姓名 , AVG(成绩) AS 平均成绩

FROM 学生 JOIN 选修 ON 学生 . 学号 = 选修 . 学号

GROUP BY 学号 , 姓名

ORDER BY 平均成绩 DESC;

5. 按照平均成绩从高到低显示学生的学号、姓名、平均成绩，SQL 语句表示为：

SELECT 课程号 , 课程名 ,MAX(成绩) AS 最高分数 ,MIN(成绩) AS 最低分数

FROM 课程 JOIN 选修 ON 课程 . 课程号 = 选修 . 课程号

GROUP BY 课程号 , 课程名 ;

上机实验（一）

1. 1）插入记录，SQL 语句表示为：

INSERT INTO 学生

VALUES('2021239',' 张丽 ',' 女 ',NULL);

2）修改学生姓名，SQL 语句表示为：

UPDATE 学生

SET 姓名 =' 李楠 '

WHERE 学号 ='2021239';

3）删除 2）修改后的记录，SQL 语句表示为：

DELETE FROM 学生

WHERE 学号 ='2021239';

2. 1）查询学生表里的全部记录，SQL 语句表示为：

SELECT *

FROM 学生 ;

2）在学生表中查询学生的学号、姓名和性别，SQL 语句表示为：

SELECT 学号 , 姓名 , 性别

FROM 学生 ;

3）在学生表中查找 2002 年之前出生的学生的学号，SQL 语句表示为：

SELECT 学号

FROM 学生

WHERE 出生日期 <'2002-01-01';

4）在学生表中查找 2002 年之前出生的女学生的学号，SQL 语句表示为：

SELECT 学号

FROM 学生

WHERE 出生日期 <'2002-01-01'AND 性别 =' 女 ';

5）在学生表中查找 18 至 21 岁的学生的学号和姓名，SQL 语句表示为：

SELECT 学号 , 姓名

FROM 学生

WHERE EXTRACT(day FROM (age(CURRENT_DATE::date , 出生日期 ::date))) BETWEEN

18 AND 22;

6）在学生表中查找"张"姓同学的学号和姓名，SQL 语句表示为：

SELECT 学号 , 姓名

FROM 学生

WHERE 姓名 LIKE ' 张 %';

7）在学生表中查找出生日期为空的学生学号和姓名，SQL 语句表示为：

SELECT 学号 , 姓名

FROM 学生

WHERE 出生日期 IS NULL;

8）查询学生的基本情况，按性别、学号升序显示结果，且只显示前 5 条，SQL 语句表示为：

SELECT *

FROM 学生

ORDER BY 性别 , 学号 DESC

LIMIT 5;

9）统计每个学生参加社团的数目，SQL 语句表示为：

SELECT 学号 ,COUNT(*)

FROM 参加社团

GROUP BY 学号 ;

10）统计每个社团拥有的学生数量，SQL 语句表示为：

SELECT 社团号 , 名称 ,COUNT(*)

FROM 参加社团

INNER JOIN 社团

ON 参加社团 . 社团号 = 社团 . 编号

GROUP BY 参加社团 . 社团号 , 名称 ;

第 8 章

一、单选题

1. C   2. A   3. A   4. A   5. C   6.A   7.B

二、判断题

1. F   2. F   3. F   4. T   5. T   6. T   7.F

三、简答题

1. DBMS 中数据库安全性的技术主要包括用户身份标识与鉴别、访问控制和审计技术。

用户身份标识与鉴别是系统提供的最外层安全保护措施，其方法是每个用户在系统中必须有一个标志自己身份的标识符，用以区别于其他用户。用户进入系统时，DBMS 将用户提供的身份标识与系统内部记录的合法用户标识进行核对，通过鉴别后才提供数据库的使用权。身份标识与鉴别是用户访问数据库的最简单且最基本的安全控制方式。

访问控制是对数据库用户访问数据库资源权限的一种规定和管理，是数据库安全性保护的主体技术。访问控制的前提是每个用户均属于不同的等级层面，因此需要确定数据库用户的基本类型；访问控制的实施在于对数据库用户进行权限管理，因此 DBMS 需要向用户提供有效的访问授权机制。

为了数据库安全，除了采取有效手段进行访问控制外，还可采取一些辅助的跟踪和审计手段，记录用户访问数据库的所有操作。数据库安全管理员可以利用日志信息，重现导致数据库现状的一系列事件，一旦发生非法访问，通过分析找出非法操作的用户、时间和内容等，这就是数据库安全性保护中的审计。

2. 作为共享性资源，数据库对安全性保护的需求十分迫切。所有 DBMS 都需要提供一定的数据库安全性保护的基本功能，首先，DBMS 对提出 SQL 访问请求的数据库用户进行身份鉴别，防止不可信用户登录系统。用户以某种角色登录系统后，在 SQL 处理层通过基于角色的访问控制机制，可获得相应的数据库资源以及对应的对象访问权限。

3. 事务是 DBMS 的基本执行单位之一，事务是由用户定义的一个数据操作的有限序列，这个操作序列具有"要么全做，要么全不做"的特性。引入事务的目的包括：①保证数据库操作并发执行的正确性；②保证数据库在系统发生故障时能从故障中恢复。事务具有隔离性、一致性、原子性、持久性等特性。

4. 并发操作中会出现丢失更新、读"脏"数据和不可重复读等问题。这些问题本质上是不同用户在同一时间访问同一数据内容而引发的冲突。

5. 死锁就是若干个事务都处于等待状态，相互等待对方解除封锁，结果这些事务都无法进行，系统进入对锁的循环等待。

目前有多种解决死锁的办法。

预防死锁发生，即预先采用一定的操作模式以避免死锁出现，主要有以下两种模式：顺序申请法和一次申请法。它们也是优化访问数据库的方法。

允许产生死锁，即死锁在产生后被一定手段解除。这里的关键是如何及时发现死锁，通常可以采用定时法或等待图法。发现死锁后，通常选择一个处理死锁代价最小的事务进行事务的回滚，即该事务好像从来没有执行过一样。

6. 数据库故障恢复是指使用数据库的备份以及数据库的变更历史记录本——"日志文件"，来重新构建数据库中已被损坏的部分，或者修复数据库中已不正确的数据。

上机实验（二）

一、数据库完整性

定义三个关系模式的 SQL 语句表示为：

```
/** 建表 **/
CREATE TABLE 社团 (
    编号 VARCHAR(4),
    名称 VARCHAR(20),
    活动地点 VARCHAR(40)
);
CREATE TABLE 参加社团 (
```

```
社团号 VARCHAR(4),
学号 VARCHAR(7),
加入时间 DATE
);
CREATE TABLE 学生 (
学号 VARCHAR(7),
姓名 VARCHAR(6),
性别 VARCHAR(1),
出生日期 DATE
) ;
```

1）定义每个模式的主键，SQL 语句表示为：

ALTER TABLE 社团 ADD PRIMARY KEY (编号);

ALTER TABLE 学生 ADD PRIMARY KEY (学号);

ALTER TABLE 参加社团 ADD PRIMARY KEY(社团号 , 学号);

2）往"社团"表中添加"负责人编号"列，SQL 语句表示为：

ALTER TABLE 社团 ADD COLUMN 负责人编号 VARCHAR(7);

3）定义"参加社团"表的参照完整性，SQL 语句表示为：

ALTER TABLE 参加社团 ADD FOREIGN KEY (社团号) REFERENCES 社团 (编号);

ALTER TABLE 参加社团 ADD FOREIGN KEY (学号) REFERENCES 学生 (学号);

4）定义"社团"表的参照完整性，SQL 语句表示为：

ALTER TABLE 社团 ADD FOREIGN KEY (负责人编号) REFERENCES 学生 (学号);

5）添加"社团"表约束，要求"活动地点"不为空，SQL 语句表示为：

ALTER TABLE 社团 ALTER COLUMN 活动地点 SET NOT NULL;

6）添加"社团"表约束，要求"名称"唯一，SQL 语句表示为：

ALTER TABLE 社团 ADD UNIQUE(名称) ;

7）添加"参加社团"表约束，要求更新记录时做级联更新，SQL 语句表示为：

ALTER TABLE 参加社团 ADD FOREIGN KEY (社团号) REFERENCES 社团 (编号) ON UPDATE CASCADE;

ALTER TABLE 参加社团 ADD FOREIGN KEY (学号) REFERENCES 学生 (学号) ON UPDATE CASCADE;

8）添加"参加社团"表约束，要求删除记录时做级联删除，SQL 语句表示为：

ALTER TABLE 参加社团 ADD FOREIGN KEY (社团号) REFERENCES 社团 (编号) ON DELETE CASCADE;

ALTER TABLE 参加社团 ADD FOREIGN KEY (学号) REFERENCES 学生 (学号) ON DELETE CASCADE;

9）添加"学生"表约束，要求检查"性别"是否填写正确，SQL 语句表示为：

ALTER TABLE 学生 ADD CHECK (性别 IN (' 男 ' , ' 女 ');

二、数据库安全性

1. 创建带有登录权限的学生角色 WangMing 和社团负责人角色 ChenFei，SQL 语句表示为：

CREATE ROLE WangMing WITH PASSWORD 'WANGMING@123' LOGIN;

CREATE ROLE ChenFei WITH PASSWORD 'CHENFEI@123' LOGIN;

2. 在三张表中插入数据，SQL 语句表示为：

INSERT INTO 学生 VALUES('2021239',' 王明 ',' 男 ','2000-12-29');

INSERT INTO 学生 VALUES('2021240',' 陈飞 ',' 女 ','2001-01-24');

INSERT INTO 社团 VALUES('0005',' 轮滑社 ',' 体育中心轮滑馆 ','2021240');

INSERT INTO 参加社团 VALUES('0005','2021232','2021-12-29');

INSERT INTO 参加社团 VALUES('0005','2021231','2021-11-11');

INSERT INTO 参加社团 VALUES('0005','2021239','2021-12-15');

3. 学生角色 WangMing 可查看、修改"学生"表，SQL 语句表示为：

GRANT SELECT,UPDATE ON 学生 TO WangMing;

4. 社团负责人 ChenFei 可查看三张表，可修改"社团"表和"参加社团"表，SQL 语句表示为：

GRANT SELECT ON 学生 TO ChenFei;

GRANT SELECT,UPDATE ON 社团 TO ChenFei;

GRANT SELECT,UPDATE ON 参加社团 TO ChenFei;

第 9 章

简答题

1. PL/pgSQL 练习，SQL 语句表示为：

```
CREATE TABLE JOB_PAST(
EMPLOYEE_ID INT PRIMARY KEY NOT NULL,
START_DATE TEXT NOT NULL,
END_DATE TEXT NOT NULL,
JOB_ID INT REFERENCES JOBS(ID),
DEPARTMENT_ID INT NOT NULL
);
CREATE TABLE JOBS(
    ID INT PRIMARY KEY NOT NULL,
    NAME TEXT NOT NULL,
    SALARY REAL
);
```

2. ODBC 是用于访问数据库的开放式标准应用程序编程接口，最早于 1992 年由微软推出。ODBC 允许应用程序与 SQL 数据库服务器连接。因此，一个应用程序可以通过调用相同的 ODBC API 访问多个不同公共数据库中的文件。JDBC 技术提供了访问数据库的便捷的方

法，面向对象，跨平台性较强、灵活性较高，移植性强，可写很复杂的 SQL 语句。ADO
技术可轻松与各种数据库进行交互，具有抽象性、兼容性和模块化。

3. ODBC 的版本之间的差异主要体现在加密属性更改、连接字符串关键字、驱动程序名称更
改等。

4. 游标是一种能从包括多条数据记录的结果集中每次提取一条记录的机制。游标常用于保存
查询结果、循环处理结果集等。游标还可以进行内容回滚，有利于数据库的安全。

上机实验（三）

1）在 Windows 环境中配置 ODBC 数据源。

openGauss 的 ODBC 数据源配置步骤如下：

①下载驱动程序（https://dbs-download.obs.cn-north-1.myhuaweicloud.com/rds/GaussDB_opengauss_
client_tools.zip），解压并运行 psqlodbc_x64.msi 程序安装驱动。

②打开 ODBC 数据源管理器，添加数据源，如图 B-2 所示。

图 B-2　在 ODBC 数据源管理器中添加数据源

③驱动设为 PostgreSQL Unicode(x64)，如图 B-3 所示，并配置数据源信息，包括数据库名称
（Database）、数据库部署的 IP 地址（Server）、端口（Port）、用户名（User Name）与密码（Password），
如图 B-4 所示。

④测试连接并保存。

2）使用 ODBC 或 JDBC 连接数据库。

JDBC 连接数据库的步骤基本如下：

①下载来自官方的 openGauss 的 JDBC 驱动，此处选择驱动包 opengauss-jdbc-3.1.0.jar，以确
保编译与运行时该驱动包在 classpath 中。

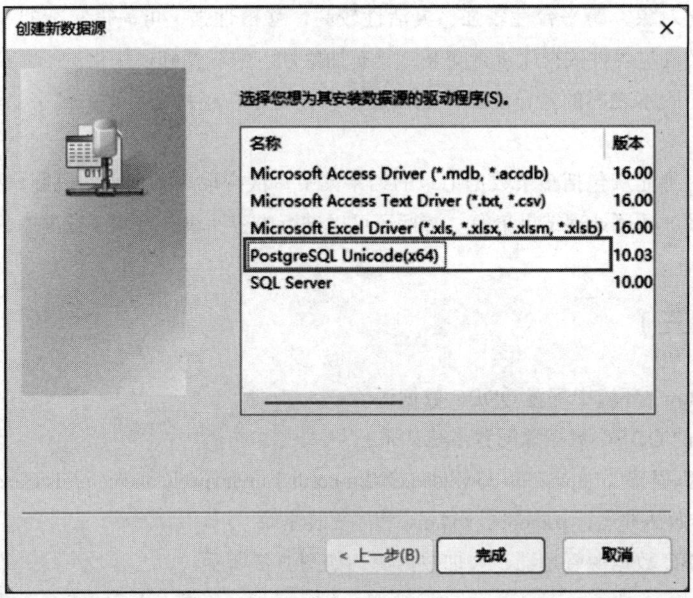

图 B-3　设置驱动

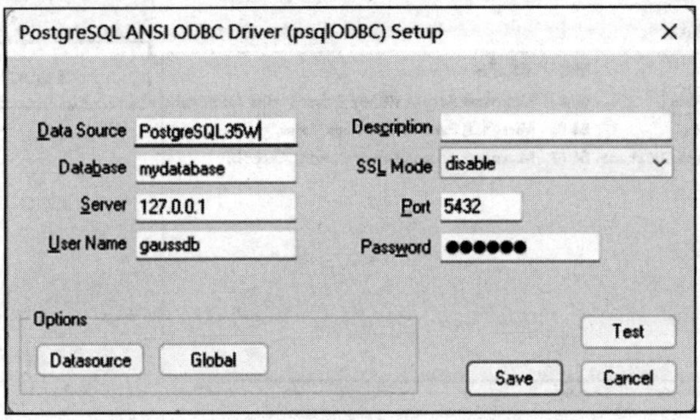

图 B-4　配置数据源信息

②实现数据库连接的示例代码如下：

```
public static void main(String[] args) throws Exception {
// 驱动类，不同的驱动包的包路径有所差异
String DRIVER = "org.opengauss.Driver";
    // 数据库连接描述符，格式为：jdbc:opengauss://host:port/ 数据库名
    String URL = "jdbc:opengauss://localhost:5432/mydatabase";
    String username = "your username"; // 连接数据库的用户名
    String passwd = "your password"; // 密码
    Connection conn = null;
    try {
    // 加载驱动
    Class.forName(DRIVER);
```

```
    // 创建连接
    conn = DriverManager.getConnection(URL, username, passwd);
    System.out.println("Connection succeed!");
    // 关闭连接
    conn.close();
} catch( Exception e ) {
    e.printStackTrace();
}
}
```

③编译运行。进入代码所在目录后执行如下命令：

```
javac -cp "path/to/opengauss-jdbc-3.1.0.jar" Connect.java
java -cp "path/to/opengauss-jdbc-3.1.0.jar:." Connect
```

上述命令分别为编译与运行命令。其中 -cp 参数将 JDBC 驱动包引入 classpath 中，参数值包括 opengauss-jdbc-3.1.0.jar 的绝对路径。第二个命令中包含额外加入的 "．" 表示当前所在目录，多条路径用 "："分隔。Connect.java 为 2）所编写代码所在的文件。

3）在程序中分别执行对数据库的增加、删除、修改和查询操作。

以下代码将基于上一题所创建的数据库连接对象（Connect 类），请确保连接数据库的用户具有足够权限，参考 Java 代码如下：

```
public static void operation(Connection conn) throws SQLException {
    String sql = "Create table test(col varchar(32))"; // 创建表
    String sql2 = "Insert into test values('test insert')"; // 插入数据
    String sql3 = "Update test set col = 'test update' where col = 'test insert' "; // 改操作
    String sql4 = "Select * from test"; // 查操作
    String sql5 = "Delete from test where col = 'test update' "; // 删操作
    Statement stmt = null;
    stmt = conn.createStatement();
    // 按顺序执行 sql 语句
    stmt.executeUpdate(sql);
    stmt.executeUpdate(sql2);
    stmt.executeUpdate(sql3);
    ResultSet rs = stmt.executeQuery(sql4); // 获取查询数据
    while (rs.next()) {
        // 打印查询数据
        System.out.println(rs.getString("col"));
    }
    stmt.executeUpdate(sql5);
    stmt.close();
}
```

该方法成功执行后将输出一行 "test update"。

第 10 章

简答题

1. 大数据具有 5V 特点，即 Volume（规模性）、Velocity（高速性）、Variety（多样性）、Value（价值性）和 Veracity（真实性）。Volume 表示数据的体量大，大数据的规模可以达到 PB 级别，甚至是 EB 级别。Velocity 体现在大数据的数据来源具有多样性，如来源包括结构化数据、半结构化数据以及非结构化数据。Variety 指数据处理速度快，时效性要求高。比如搜索引擎要求用户能够查询到几分钟前的新闻，个性化推荐算法尽可能地要求实时完成推荐。Value 指数据价值密度相对较低。从大量不相关或关联性很小的数据中提取出对未来趋势与预测分析模型有价值的数据，才是大数据真正的价值所在。Veracity 指数据的准确性和可信赖度，即数据是真实可信的。

2. 数据仓库主要有四个特性，分别是面向主题性、集成性、非易失性和反映历史变化。

3. 最常见的四种 NoSQL 数据库为键值数据库、图数据库、文档数据库和列数据库。

4. CAP 理论认为一个分布式系统最多只能同时满足一致性（C）、可用性（A）和分区容错性（P）这三项中的两项。

5. 云数据库在快捷的服务部署、可靠的服务、低成本等方面体现了云计算的特性。比如，云数据库的高可用和容错能力，降低了成本，体现了云计算性价比高的特性。云数据库资源是根据用户业务需求按需分配的，这体现了云计算的高灵活性。云计算还具有高可靠性，云服务厂商的数据库更加稳定，一旦主节点发生故障，可以秒级切换到备节点，服务可用性高，能够保障用户的数据安全。

上机实验（四）

本节实验要求学员已注册华为云账号。

1. GaussDB(for MySQL)

1）GaussDB(for MySQL) 数据库实例购买步骤：

①登录管理控制台 (https://console-intl.huaweicloud.com/?locale=zh-cn)。

②单击管理控制台左上角的 ⊙，选择区域，如"华南 – 广州"。

③在页面左上角单击 ≡，选择"数据库"→"云数据库 GaussDB(for MySQL)"。

④在"实例管理"页面，单击页面右上角的"购买数据库实例"按钮。

⑤在"服务选型"页面，选择计费模式，填写并选择实例相关信息后，单击"立即购买"。GaussDB(for MySQL) 支持"包年 / 包月"和"按需计费"购买，用户可以根据业务需要定制相应计算能力的 GaussDB(for MySQL) 数据库实例。

⑥对于按需计费的实例，进行规格确认。

- 如果需要重新选择实例规格，单击"上一步"，返回上个页面修改实例信息。
- 规格确认无误后单击"提交"，完成创建实例的申请。

⑦对于"包年 / 包月"模式的实例，进行订单确认。只有付款成功后，华为云才会完成数据库实例的创建。

- 如果需要重新选择实例规格，单击"上一步"，回到上个页面修改实例信息。
- 订单确认无误后单击"去支付"，进入"付款"页面完成订单支付。

⑧ GaussDB(for MySQL) 数据库实例创建成功后，用户可以在"实例管理"页面查看和管理该实例。

- 创建实例过程中，状态显示为"创建中"。创建完成的实例状态为"正常"，只有状态为"正常"的实例，才可以正常使用。
- 创建实例时，系统默认开启自动备份策略。实例创建成功后，备份策略不允许关闭，并且系统会自动创建一个全量备份。
- 实例创建成功后，可在"实例管理"页面的实例类型列确认目标实例为主备版实例。
- 实例创建成功后，支持对实例名称添加备注，以方便用户备注分类。
- 数据库端口默认为 3306，实例创建成功后可修改。修改数据库端口需进入"实例管理"页面，选择指定的实例，单击实例名称。选择"基本信息"→"网络信息"→"数据库端口"，单击 ∠，修改数据库端口。需要注意的是 GaussDB(for MySQL) 数据库端口设置范围为 1025 ~ 65534，其中 5342、5343、5344、5345、12017、20000、20201、20202 和 33062 被系统占用不可设置。

2）GaussDB(for MySQL) 数据库维护。GaussDB(for MySQL) 数据库实例在进入"实例管理"页面后，可查看实例相关信息，部分信息可编辑。有关实例信息编辑等操作请参考相关用户手册的实例生命周期管理

(https://support.huaweicloud.com/intl/zh-cn/usermanual-gaussdb/gaussdb_lifecycle.html)。本节仅简要介绍手动数据库备份、查看错误日志和数据库实例运行监控。

①**手动数据库备份**。GaussDB(for MySQL) 支持对运行正常的主节点创建手动备份，用户可以通过手动备份恢复数据，从而保证数据的可靠性。当数据库实例被删除时，GaussDB(for MySQL) 数据库实例的自动备份将被同步删除，手动备份不会被删除。当删除华为云账号时，自动备份和手动备份的数据将被同步删除。自动备份数据库请参考 https://support.huaweicloud.com/intl/zh-cn/usermanual-gaussdb/gaussdb_03_0057.html。手动备份数据库实例的操作方法如下：

- 登录管理控制台后，进入"实例管理"页面，选择目标实例，在操作列选择"更多"→"创建备份"，或选择目标实例后，直接单击实例名称。
- 在创建备份的弹出对话框中，命名该备份，并添加描述，单击"确定"，创建备份。如通过单击实例名称打开的页面，可在左侧导航栏中选择"备份恢复"，单击"创建备份"，命名该备份，并添加描述，单击"确定"，创建备份，单击"取消"，取消创建。注意备份名称的长度在 4~64 个字符之间，必须以字母开头，区分大小写，可以包含字母、数字、中划线或者下划线，不能包含其他特殊字符；备份描述不能超过 256 个字符，且不能包含回车和 !<"='>& 特殊字符；创建备份任务所需时间，由实例的数据量大小决定；实例在执行备份时，会将数据从实例上复制并上传到 OBS（对象存储服务）备份空间，备份时长和实例的数据量有关；页面长时间未刷新时，可手动刷新页面，查看实例是否备份完成，若实例状态为正常，则备份完成。
- 手动备份创建成功后，用户可在"备份恢复管理"页面，对其进行查看和管理操作。

②**查看错误日志**。GaussDB(for MySQL) 的日志管理功能支持查看数据库级别的日志，包括数据库运行的错误信息，以及运行较慢的 SQL 查询语句，有助于用户分析系统中存在的问题。错误日志记录了数据库运行时的日志。用户可以通过错误日志分析系统中存在的问题。操作方法如下：

- 登录管理控制台后，进入实例的"基本信息"页面，在左侧导航栏，单击"日志管理"。
- 在"错误日志"页，选择节点，查看节点对应的错误日志详情。日志级别包括 ALL、INFO、

WARNING、ERROR、FATAL 和 NOTE 等。

③**数据库实例运行监控**。GaussDB(for MySQL) 数据库实例在正常运行一段时间（约 10min）后可查看监控指标。操作方法如下：

- 登录管理控制台后，在页面左上角单击三，选择"管理与监管"→"云监控服务 CES"，进入"云监控服务"信息页面。
- 在左侧导航栏选择"云服务监控"→"云数据库 GaussDB(for MySQL)"。
- 选择目标实例，单击实例名称左侧的∨，选中一个目标节点，单击操作列的"查看监控指标"，查看此节点的监控指标。
- 在 Cloud Eye 页面，可以查看实例监控信息。通过"设置监控指标"框可选择在页面中要展示的指标名称并排序。Cloud Eye 支持的性能指标监控时间窗包括：近 1h、近 3h、近 12h、近 24h、近 7 天。

用户如需实时监控数据库实例运行，在"实例管理"页面单击目标实例后，在左侧导航栏，单击"高级运维"。在"高级运维"页面，选择"实时监控"页，查看 CPU 使用率、内存使用率、Select 语句执行频率、Delete 语句执行频率、Insert 语句执行频率的实时监控数据。用户也可以在"实时监控"页面，单击"查看更多指标详情"，跳转到云监控页面。

3）GaussDB(for MySQL) 数据库基本操作。GaussDB(for MySQL) 数据库实例创建后，数据库 DDL、DML 等操作兼容原生的数据库，即 MySQL，因此可通过 DAS(Data Admin Service，数据管理服务) 方法执行数据库操作。在 GaussDB(for MySQL) "实例管理"页面，选择目标实例并单击"登录"后进入数据管理服务实例登录界面。通过 DAS 完成 GaussDB(for MySQL) 数据管理。详细操作方法见 https://support.huaweicloud.com/intl/zh-cn/usermanual-das/das_04_0001.html。

本节主要介绍通过管理控制平台创建数据库和数据库用户。

①**创建数据库**。

- 登录管理控制台后，进入"实例管理"页面，选择目标实例，单击实例名称，进入实例的"基本信息"页面。
- 在左侧导航栏，单击"数据库管理"，单击"创建数据库"，在弹出对话框中输入数据库名称，选择字符集并授权数据库账号，单击"确定"，提交创建任务。

②**创建数据库用户**。

用户在创建云数据库 GaussDB(for MySQL) 实例时，系统默认同步创建了 root 用户。通过管理控制台直接创建数据库用户的方法如下：

- 登录管理控制台后，进入"实例管理"页面，选择目标实例，单击实例名称，进入实例的"基本信息"页面。
- 在左侧导航栏，单击"账号管理"，单击"创建账号"。在"创建账号"弹出对话框中，输入账号名称、授权数据库，并输入密码和确认密码，单击"确定"，提交创建任务。
- 数据库账号添加成功后，用户可在当前实例的数据库账号列表中，对其进行管理。

创建数据库用户时，账号名称要求在 1 ～ 32 个字符，由字母、数字、下划线组成，不能包含其他特殊字符。密码长度为 8~32 个字符，至少包含大写字母、小写字母、数字、特殊字符三种字符的组合，其中允许输入 ~!@#$%^*-_=+?,()& 特殊字符。如需使用更细粒度的授权，可通过下述 DAS 完成：

- 登录管理控制台后，进入"实例管理"页面，选择目标实例，单击操作列的"登录"，进入 DAS 登录界面。

- 正确输入数据库用户名和密码，单击"登录"，进入指定的数据库。
- 在"SQL 窗口"输入命令，如创建用户使用"create user 账号名;"。

2. GaussDB(for openGauss)

1）GaussDB(for openGauss) 数据库实例购买。

GaussDB(for openGauss) 数据库实例的购买与 GaussDB(for MySQL) 数据库实例购买方法相似。在管理控制台页面选择"数据库"→"云数据库 GaussDB"，或在 https://www.huaweicloud.com/theme/241532-1-G-undefined 页面单击"立即购买"。GaussDB 实例创建成功后，用户可以在"实例管理"页面对其进行查看和管理操作。数据库端口默认为 8000，目前只支持创建时设置，后期不可修改。

2）GaussDB(for openGauss) 数据库连接。

GaussDB 提供使用内网、公网和 DAS 三种连接方式连接数据库实例。

①**通过内网连接实例。**

当应用部署在弹性云服务器上，且该弹性云服务器与 GaussDB 实例处于同一区域、同一 VPC（虚拟私有方）时，通过内网 IP 连接弹性云服务器与 GaussDB 是性能最好的选择。通过内网连接实例时，在访问数据库前需要将访问数据库的 IP 地址或者 IP 段加入安全组入方向的访问规则（加入方法可参考 https://support.huaweicloud.com/usermanual-opengauss/opengauss_security_group.html）。连接数据库实例的操作步骤如下：

- 登录申请的弹性云服务器。
- 在申请的弹性云服务器上，上传客户端工具包并配置 gsql 的执行环境变量，包括以下子步骤：
  - 以 root 用户登录客户端机器。
  - 创建"/tmp/tools"目录。
  - 从 https://dbs-download.obs.cn-north-1.myhuaweicloud.com/GaussDB/1660794000209/GaussDB_opengauss_client_tools.zip 获取 GaussDB 软件包"GaussDB_opengauss_client_tools.zip"并解压。
  - 根据弹性云服务器的操作系统架构进入不同目录，获取"GaussDB-Kernel-xxx-EULER-64bit-gsql.tar.gz"，上传到申请的弹性云服务器"/tmp/tools"路径下并解压。
  - 设置环境变量，打开"~/.bashrc"文件，添加"export PATH=/tmp/tools/bin:$PATH"和"export LD_LIBRARY_PATH=/tmp/tools/lib:$LD_LIBRARY_PATH"。保存退出后运行"source ~/.bashrc"使环境变量配置生效。
- 使用 gsql 连接数据库实例，输入实例名称、实例 IP 地址、用户名、端口号和密码等。

上述步骤为内网连接数据库实例的一般方法，若用户对安全性要求高，可采用 SSL 连接，详见 https://support.huaweicloud.com/qs-opengauss/opengauss_01_0024.html#section3。

②**通过公网连接实例**

GaussDB 实例创建成功后，默认未开启公网访问功能（即未绑定弹性公网 IP）。GaussDB 支持用户绑定弹性公网 IP，通过公共网络来访问数据库实例，绑定后也可根据需要解绑。

- 绑定弹性公网 IP。用户登录华为云管理控制台后，在"实例管理"页面，选择指定的实例，单击实例名称，进入实例"基本信息"页面。在"连接信息"模块处，单击内网地址后的"绑定"。在弹出对话框的 EIP 地址列表中，显示"未绑定"状态的 EIP，选择所需绑定的 EIP，单击"是"，提交绑定任务。如果没有可用的 EIP，单击"查看弹性公网 IP"，获取 EIP。在"连接信息"模块的内网地址处，查看绑定的弹性公网 IP。

- 设置安全组规则。将访问数据库的 IP 地址或者 IP 段加入安全组入方向的访问规则，详见 https://support.huaweicloud.com/usermanual-opengauss/opengauss_security_group.html。
- 连接数据库。连接步骤与通过内网连接数据实例步骤相同，最后使用 gsql 连接数据库时输入 IP 地址为绑定的弹性公网 IP。

③通过 DAS 连接实例

华为云 DAS 是一款可视化的专业数据库管理工具，可获得执行 SQL、高级数据库管理、智能化运维等功能，做到易用、安全、智能地管理数据库。

- 登录华为云管理控制台后，在页面左上角单击选择"数据库"→"数据管理服务 DAS"，进入 DAS 信息页面。
- 在开发工具数据库登录列表页面，选择需要登录的目标数据库，单击操作列表中的"登录"，进入数据库内部控制台页面。
- 在操作页面，选择相应操作，如"新建数据库""库管理""SQL 查询"等。

3）使用 JDBC 连接 GaussDB(for openGauss) 数据库

要使用 JDBC 连接 GaussDB 需要先下载数据库驱动程序，从 https://dbs-download.obs.cn-north-1.myhuaweicloud.com/GaussDB/1660794000209/GaussDB_opengauss_client_tools.zip 下载 GaussDB 驱动包"GaussDB_opengauss_client_tools.zip"并解压，根据操作系统架构获取 JDBC 驱动。在程序中使用"Class.forName（"org.postgresql.Driver"）;"或在 JVM（Java 虚拟机）启动时通过参数传递"java -Djdbc.drivers=org.postgresql.Driver jtest"（jtest 为应用程序名）加载驱动。连接参数和示例见 https://support.huaweicloud.com/qs-opengauss/opengauss_jdbc_connect.html。

4）使用 ODBC 连接 GaussDB(for openGauss) 数据库。

目前，GaussDB 提供 Linux 和 Windows 环境下 ODBC3.5 的支持。为使用 ODBC 连接数据库实例，首先需要从 https://dbs-download.obs.cn-north-1.myhuaweicloud.com/GaussDB/1660794000209/GaussDB_opengauss_client_tools.zip 下载 GaussDB 驱动包"GaussDB_opengauss_client_tools.zip"并解压，根据操作系统架构获取 ODBC 驱动。详细的 ODBC 配置方法和示例见 https://support.huaweicloud.com/qs-opengauss/opengauss_odbc_connect.html。

参 考 文 献

[1]　徐红云 . 大学计算机基础 [M]. 3 版 . 北京：清华大学出版社，2018.

[2]　周屹，李艳娟 . 数据库原理及开发应用 [M]. 2 版 . 北京：清华大学出版社，2013.

[3]　王珊，萨师煊 . 数据库系统概率 [M]. 5 版 . 北京：高等教育出版社，2014.

[4]　侯树文，王春 . 我国企业跻身新一代数据库核心技术方阵，[N]. 科技日报，2019-05-19.

[5]　宪瑞 . 华为 GaussDB 数据库通过金融行业标准测评 82 项标准全部达标 [EB/OL].（2019-09-30）[2023-12-13]. http://news.mydrivers.com/1/650/650092.htm.

[6]　蚂蚁金服自研数据库 OceanBase 拿下世界第一！性能超老牌数据库 Oracle 100%[EB/OL].（2019-10-04）[2023-12-13]. http://m.mpaypass.com.cn/news/201910/04143412.html.

[7]　何玉洁 . 数据库原理与应用教程 [M].4 版 . 北京：机械工业出版社，2019.

[8]　苏召学 . 利用 ODBC 实现应用程序与异构数据库的连接 [J]. 计算机应用与软件，2004（12）：30-31；68.

[9]　韩兵，江燕敏，方英兰 . 基于 JDBC 的数据访问优化技术 [J]. 计算机工程与设计，2017，38（8）：1991-1996；2031.

[10]　薛志东 . 大数据技术基础 [M]. 北京：人民邮电出版社，2018.

[11]　孟小峰，慈祥 . 大数据管理：概念、技术与挑战 [J]. 计算机研究与发展，2013，50（1）：146-169.

[12]　杜小勇，卢卫，张峰 . 大数据管理系统的历史、现状与未来 [J]. 软件学报，2019，30（1）：127-141.

[13]　英蒙 . 数据仓库：第 4 版 [M]. 王志海，译 . 北京：机械工业出版社，2006.

[14]　皮雄军 . NoSQL 数据库技术实战 [M]. 北京：清华大学出版社，2015.

[15]　林子雨，赖永炫，林琛，等 . 云数据库研究 [J]. 软件学报，2012，23（5）：1148-1166.

[16]　华为技术有限公司 . 云数据库 GaussDB: for MySQL. [EB/OL]. [2023-12-13]. https://support.huaweicloud.com/gaussdb/index.html.

[17]　华为技术有限公司 . 云数据库 GaussDB: for openGauss. [EB/OL]. [2023-12-13] https://support.huaweicloud.com/opengauss/.